单片机轻松入门丛书

PIC 单片机轻松入门
（第 2 版）

周 坚 编著

北京航空航天大学出版社

内 容 简 介

本书以 PIC16 系列单片机为例,详细介绍了 PIC16 系列单片机的内部结构、C 语言的基础知识、C 编译器与 MPLABX 软件的使用、程序的编写与调试方法以及其他相关知识。

本书以硬件电路板及 Proteus 仿真软件为教学工具,便于读者在计算机上进行仿真练习,以提高学习效果。本书配套资料以动画形式记录了各个实验的过程及现象,同时提供了作者所设计的仿真电路文件、书中所有例子的源程序及工程文件等。

本书可作为中等职业学校、高等职业学校、电视大学的教学用书,也可作为单片机爱好者自学 PIC 单片机的教材。

图书在版编目(CIP)数据

PIC 单片机轻松入门. / 周坚编著. —2 版. —北京:
北京航空航天大学出版社,2016.11
 ISBN 978 - 7 - 5124 - 2306 - 0

Ⅰ. ①P… Ⅱ. ①周… Ⅲ. ①单片微型计算机 Ⅳ.
①TP368.1

中国版本图书馆 CIP 数据核字(2016)第 266809 号

版权所有,侵权必究。

PIC 单片机轻松入门(第 2 版)
周 坚 编著
责任编辑 冯 颖
*
北京航空航天大学出版社出版发行

北京市海淀区学院路 37 号(邮编 100191)　http://www.buaapress.com.cn
发行部电话:(010)82317024　传真:(010)82328026
读者信箱:emsbook@buaacm.com.cn　邮购电话:(010)82316936
北京市同江印刷有限公司印装　各地书店经销
*
开本:710×1 000　1/16　印张:22.5　字数:480 千字
2017 年 3 月第 2 版　2017 年 3 月第 1 次印刷　印数:3 000 册
ISBN 978 - 7 - 5124 - 2306 - 0　定价:59.00 元

若本书有倒页、脱页、缺页等印装质量问题,请与本社发行部联系调换。联系电话:(010)82317024

第 2 版前言

《PIC 单片机轻松入门》第 1 版出版以后,得到了读者的支持与肯定,也有一些读者陆续向作者提出修订的要求。

随着技术的不断进步,第 1 版中采用的一些技术已有更新和发展;第 1 版发行后,读者反馈了大量的建议和意见;同时作者在教学实践过程中也积累了更多的教学经验,所采用的"任务教学法"逐步完善。为更好地服务于读者,作者对《PIC 单片机轻松入门》一书进行了修订。第 2 版延续了第 1 版的写作风格,保留了轻松易懂的特点,并在以下几个方面做了修改:

(1) 重新设计了硬件实验环境。单片机是一门实践性非常强的技术,本书第 1 版使用了 Proteus 软件进行仿真,同时提供了使用 PIC16F877A 芯片的单片机实验电路板原理图。第 2 版,作者仍使用 Proteus 作为仿真软件,同时还设计了一块组合式的实验电路板,由 CPU 板和实验母板组合而成,实验母板提供了按钮、显示、驱动等各个系统,其中输入部分由 8 位独立按键、矩阵键盘、PS2 键盘接口、旋转编码器等部分组成;显示部分由 8 位 LED 以及 8 位数码管、字符型液晶、点阵型液晶、OLED 以及 2.8 英寸并口式彩屏等部分组成;串行接口器件部分包括 AT24C02、93C46、DS1302、74HC595 等;驱动部分包括继电器、电机驱动及转速采样接口等;模拟量部分由 PT100 测温电路、PWM 平滑滤波等部分组成;实验母板还提供了丰富的接口部分,可与市场上常见的各种功能模块(如 Wi-Fi、蓝牙、超声波测距、一线制接口器件、红外遥控接口)直接连接,充分利用现有的嵌入式学习环境。实验母板通过 2 条 40 芯插座与 CPU 板相连,CPU 板可以是 51、PIC、STM32 等各类嵌入式系统的 CPU。作者使用万能板焊接了装有 28 脚和 40 脚插座的 CPU 板,将 CPU 板插入母板插座中,再根据需要接入杜邦线就可以做各种实验了。读者如果没有条件制作这块实验电路板,也没有关系,这块电路板连线最为复杂的是 8 位数码管、点阵型液晶屏和字符型液晶屏,这些都可以通过 Proteus 软件来仿真。读者还可以自行焊接 14 脚的 PIC16F676,这块 CPU 板只要 2 个电源就可以正常工作,焊接一个 5 针的单排针与 PICkit3 连接后就可以做各种硬件实验了。

(2) 对各章内容与文字均进行了细致的修改,使读者更容易理解。

(3) 结合新出现的技术,对书中各个部分进行修改。微芯(Microchip)公司已不再更新原来的 MPLAB 软件,而是改为使用 MPLABX 软件,本书也改为使用 MPLABX 作为开发环境。微芯公司建议将编译软件改为 XC8,但考虑到目前 XC8 尚未普及,因此本书中的例子仍使用 HI-TECH 的 C 编译器来编译程序,但

第 2 版前言

在本书配套资料中提供了使用 XC 编译器的方法。

(4) 新增了部分内容。根据读者的反馈及作者对教学规律的认识,在本书的第 6 章"PIC 单片机内部资源编程"中增加了"中断"的内容,并且在 6.2 节"定时/计数器"中增加了有关定时/计数器基本知识的介绍,在 6.3 节"通用串行接口"中增加了串行通信基本知识的介绍。这样使得本书的独立性更强,不需要读者有其他单片机的编程知识作为基础。此外,作者在第 8 章"单片机接口的 C 语言编程"中增加了点阵型液晶显示器接口、OLED 显示器接口等内容,与时代接轨;在第 9 章"应用设计举例"中增加了状态转移法、软件定时器等内容,让读者能够了解真实的各类控制软件的编写方法。

本书的内容安排与第 1 版基本相同,只是略有调整,具体如下:

第 1 章是 PIC 单片机系列简介及单片机的 C 语言概述,使读者学习、了解 PIC 单片机的特点,了解 C 语言的基本知识,识读一些 C 语言源程序。

第 2 章介绍如何建立单片机的 C 语言学习环境。对于 C 语言学习而言,一个可供练习的环境非常重要。不同于在计算机上使用的 C 语言,除了软件实验环境外,单片机的 C 语言学习要求有软/硬件实验环境。本章介绍的即是一个具有可操作性的软/硬件实验环境。

第 3~5 章介绍 C 语言的数据类型、程序结构和构造数据类型。这部分知识是 C 语言最基本的知识,掌握之后即可编写常用程序。

第 6 章介绍单片机的内部结构编程知识,包括 PIC 单片机内部常用的中断、定时器、A/D 转换、CCP 功能和串行接口等功能部件的编程方法。

第 7 章介绍函数及相关知识,包括函数定义、函数调用及全局变量与局部变量、变量的存储方式等内容。

第 8 章介绍常用单片机接口的 C 语言编程,安排了键盘、LED 显示器、I²C 接口器件、SPI 接口、D/A 转换、OLED、字符型液晶显示器、点阵型液晶显示器的 C 语言编程实例。通过这些实例,读者可掌握常用外围电路的 C 语言编程方法,增强实际应用能力。

第 9 章介绍应用设计实例,引导读者从入门到开发,其中包括若干个简单但比较全面的程序,以及使用状态转移法编写嵌入式程序、非死循环的延时等编程方法,读者可以利用它们来做一些比较完整的产品,了解使用 PIC 单片机开发项目的完整过程。

本书由常州市职教电子技术周坚名教师工作室组织编写。周坚老师编写了第 1、2 章;姚坤福老师编写了第 3、4 章;许康老师编写了第 5、6 章;企业工程师华颖编写了第 7 章;常州轻工职业技术学院冷雪锋老师编写了第 8、9 章,并负责全书 Proteus 软件相关的绘图、仿真调试等工作。全书由周坚统稿。

作者从事单片机开发与教学工作多年,常有读者和学员问及"如何才能快速入门?"答案就是:一定要动手做! 仅仅看书是远远不够的,所以本书特别强调单片机

第 2 版前言

学习环境的建立。本书提供了 Proteus 软件仿真，还提供了硬件实现电路。硬件电路从简单到复杂逐步组合而成，介绍时引导读者由小见大，剖析其中用到的典型的开发技术。这样的安排有利于读者获得动手练习的机会。读者在学习过程中要勤于思考，但不能"执迷"，一时无法理解的内容，可以先不必去思考其原理，而是将相关例子做出来，看看产生的现象，再对程序做一些修改，如：原来显示 0，改成显示 1；原来灯流动的速度很快，现在让它变慢一点……总之，这时可以抱着"玩一玩"的态度来学习。也就是可以通过"结果"反过来帮助"理解"。随着学习的深入，这些原来不懂的内容就能慢慢理解了。

作者与很多读者一样，对包括单片机在内的许多知识，都是通过读书等方法自学的。因此，作者深深地认识到，一本好书对于初学者的重要性是不言而喻的，它可以引导学习者进入知识的大门；而一本不合适的书却可以断送初学者的热情。本书定位于"引导初学者入门"，要达到这样的目的并非易事，要认真研究初学者的认知规律，并采用适当的方法进行引导。这样的教材，语言表达得通俗易懂固然重要，更重要的是教学方法的设计与教学内容的选择。由于作者本身就从事教学工作，常常会对这些内容进行思考，加上教学过程中及时收集学员反馈的信息，对于读者的需要比较了解，因此本书第 1 版出版后，受到了读者的欢迎，许多读者认为"这是单片机入门的好书"、"本书的确可以做到轻松入门"、"本书值得向入门者推荐"。

作者在提供文字教材的同时，通过网络为广大读者提供服务。欢迎读者通过以下方式与作者交流探讨：

邮箱：czlyzhj@163.com

博客：http://blog.sina.com.cn/calyzhj

作　者

2016 年 7 月

第1版前言

随着单片机开发技术的不断发展,目前已有越来越多的人从普遍使用汇编语言过渡到逐渐使用高级语言进行开发。其中以C语言为主,市场上几种常见的单片机均有C语言开发环境。本书将以目前广为流行的Microchip公司PIC单片机为例来学习单片机的C语言编程技术。

简　介

在本书编写以前,作者在多年教学、科研实践以及对单片机课程进行教学改革的基础上,编写了《单片机C语言轻松入门》一书。该书以80C51单片机为例来学习C语言,发行后受到广大读者的欢迎,读者反映该书的确能起到"轻松入门"的作用。本书以PIC单片机为例,延续《单片机C语言轻松入门》一书的风格,带领读者"轻松入门"。通过学习PIC单片机内部结构、C语言的基础知识、Proteus软件的使用及用C语言开发PIC单片机所需的其他相关知识等,最终学会用C语言编写程序。

本书采用C语言体系结构和"以任务为中心"两条主线来编排内容:全书的内容按C语言体系结构来编排,而每一章的内容则采用"以任务为中心"的方式来编排,将C语言编程所需的基本知识,如C语言中的变量、常量、保留字、程序结构、运算符、表达式等知识,结合PIC单片机的结构特点及HI-TECH软件使用方法等,通过一系列的"任务"进行介绍。每个"任务"都包括了一些C语言的知识点、HI-TECH软件的使用、程序调试方法,单片机结构及开发中必须了解的其他知识。每个任务都是易于完成的,在完成这些任务后,即可掌握上述各知识点。因此,对于有一定汇编程序编写经验的单片机程序员而言,甚至在学完第1章后,就可以尝试用C语言来改写原来编写过的程序。对于刚开始学习单片机的读者来说,可以同步学到单片机结构、C语言编程及HI-TECH软件使用等各方面的知识。

为了给读者一个完整的练习环境,作者使用Proteus软件设计了一系列仿真文件,读者可以直接使用这些仿真文件来练习LED显示、键盘操作、数码管显示、串行通信等程序,也可利用学到的Proteus软件相关知识来完成更多的仿真设计。此外,作者还设计了一块硬件实验板,并在随书光盘中提供了该实验板的原理图和印刷线路板图,读者可以使用这一电路板来做一些使用仿真无法完成的练习。

内容安排

第1章是单片机的C语言概述。通过本章的学习,可以了解C语言的基本知

第1版前言

识,识读一些 C 语言源程序。

第 2 章介绍如何建立单片机的 C 语言学习环境。对于 C 语言学习而言,练习的环境非常重要,不同于 PC 上用的 C 语言,除了软件实验环境外,单片机的 C 语言学习还要求有硬件实验环境。本章介绍的是一个具有可操作性的软/硬件实验环境。

第 3~5 章介绍 C 语言的数据类型、程序结构和构造数据类型。这部分知识是 C 语言的最基本知识,掌握之后即可进行常用程序的编写工作。

第 6 章介绍单片机的内部结构编程知识,包括 PIC 单片机内部常用的定时器、串行接口、CCP 功能和 A/D 转换器的编程方法。

第 7 章介绍函数及其相关知识,包括函数定义、函数调用、全局变量与局部变量、变量的存储方式等内容。

第 8 章介绍常用单片机接口的 C 语言编程,安排了键盘、LED 显示器、I^2C 接口、SPI 接口、实时时钟转换、液晶显示器等内容的 C 语言编程实例,并通过这些实例,讲述常用外围电路的 C 语言编程方法,增强读者的实际应用能力。

第 9 章是应用设计举例,引导读者从入门到开发。本章介绍了若干个简单但比较全面的程序,读者可以利用它们来做一些比较完整的"产品",以便了解使用 C 语言开发项目的完整过程。

本书特点

C 语言的语法知识并不难学,使用也不困难,很多读者的问题在于不知道在什么场合使用这些知识。因此,本书在编写时,尽可能为每一个知识点都找到工程实际中的应用实例,以便读者更好地理解相关知识,并尽快将其应用到自己的开发实践中。

使用 C 语言进行嵌入式开发实践性很强,必须通过较多的实践操作才能学好。本书编写时考虑读者的实际情况,在讲解例子时,假设读者不能随时有老师指导,立足于自学。书中不仅使用文字对有关实验过程进行细致的介绍,而且在随书光盘上还大量应用动画形式提供实验过程和效果以供参考,对于部分内容还提供了完整的操作过程的动画记录,保证读者可以无师自通。

作者在本书中使用 Proteus 设计了多个仿真文件,并设计了实验电路板。随书光盘提供了作者所设计的 Proteus 仿真文件、书中所有的例子,以及记录使用仿真板进行实验的全过程动画等。读者获得的不仅是一本文字教材,更是一个完整的学习环境。

本书安排的例子大部分是由作者编写的,部分是参考其他资料改写而成的,全部程序都由作者调试并通过。对于例子的使用说明也尽量详细,力争让读者"看则能用,用则能成",保证读者在动手过程中会常常体会到成功的乐趣,而不是常常遇到挫折。

本书第 1、2、7 章由周坚编写;第 3、4 章由常州旅游商贸高等职业技术学校汤欣老师编写；第5、6章和第8、9章分别由常州轻工职业技术学院龚益民、冷雪锋两位老师编写，他们还负责全书Proteus软件相关的绘图、仿真调试等工作；全书由周坚统稿。另外，华旭东、夏爱联参与了部分硬件电路的设计、制作及调试工作；张庆明、史建福等参与了部分程序的调试工作；陈素娣参与了多媒体制作、插图绘制、文字输入、排行等工作，在此由衷地表示感谢。

本书在提供文字教材的同时还通过网络为广大读者提供服务，欢迎读者与作者探讨。

网站：平凡单片机工作室(http://www.mcustudio.com)。

作　者

2009年2月

目 录

第1章 概 述 1
1.1 PIC 单片机简介 1
1.2 PIC16F887 单片机的特点 2
1.2.1 PIC16F88x 系列单片机的引脚 4
1.2.2 PIC16F88x 的振荡器、复位、看门狗及器件配置 9
1.3 C 语言简介 15
1.3.1 C 语言的产生与发展 15
1.3.2 C 语言的特点 15
1.4 C 语言入门知识 17
1.4.1 简单的 C 程序介绍 18
1.4.2 C 语言编程的特点 22

第2章 PIC 单片机开发环境的建立 24
2.1 软件开发环境的建立 24
2.1.1 MPLABX 软件的安装与使用 24
2.1.2 编译软件的安装 26
2.1.3 Proteus 软件简介 28
2.2 用 PIC 单片机控制一个 LED 29
2.2.1 配置 PIC16F887 芯片 30
2.2.2 任务分析 32
2.3 Proteus 仿真的实现 39
2.3.1 电路图的设置 39
2.3.2 电路图的绘制 43
2.4 硬件实验环境的建立 46
2.4.1 实验板简介 47
2.4.2 硬件结构 48

第3章 数据类型、运算符与表达式 58
3.1 数据类型概述 58
3.2 常量与变量 59
3.2.1 常 量 59
3.2.2 变 量 61

目 录

- 3.3 整型数据 ··· 63
  - 3.3.1 整型常量 ··· 63
  - 3.3.2 整型变量 ··· 63
- 3.4 字符型数据 ··· 68
  - 3.4.1 字符常量 ··· 68
  - 3.4.2 字符变量 ··· 69
- 3.5 数的溢出 ··· 70
- 3.6 实型数据 ··· 71
  - 3.6.1 实型常量 ··· 71
  - 3.6.2 实型变量 ··· 72
- 3.7 PIC16F887 单片机的数据存储 ··· 77
  - 3.7.1 程序存储器 ··· 77
  - 3.7.2 数据存储器 ··· 80
- 3.8 变量赋初值 ··· 82
- 3.9 运算符和表达式 ··· 82
  - 3.9.1 C 运算符简介 ··· 82
  - 3.9.2 算术运算符及其表达式 ··· 83
  - 3.9.3 各类数值型数据间的混合运算 ··· 84
  - 3.9.4 赋值运算符及其表达式 ··· 85
  - 3.9.5 逗号运算符及其表达式 ··· 89
  - 3.9.6 位操作运算符及其表达式 ··· 89
  - 3.9.7 自增减运算符、复合运算符及其表达式 ··· 91

第 4 章 C 流程与控制 ··· 92

- 4.1 顺序结构程序 ··· 92
- 4.2 选择结构程序 ··· 92
  - 4.2.1 引 入 ··· 93
  - 4.2.2 关系运算符和关系表达式 ··· 95
  - 4.2.3 逻辑运算符和逻辑表达式 ··· 96
  - 4.2.4 选择语句 if ··· 97
  - 4.2.5 if 语句的嵌套 ··· 101
  - 4.2.6 条件运算符 ··· 102
  - 4.2.7 switch/case 语句 ··· 103
- 4.3 循环结构程序 ··· 106
  - 4.3.1 循环结构程序简介 ··· 107
  - 4.3.2 while 循环语句 ··· 108
  - 4.3.3 do-while 循环语句 ··· 109

4.3.4　for 循环语句 …………………………………………… 112
　　4.3.5　break 语句 ……………………………………………… 113
　　4.3.6　continue 语句 …………………………………………… 114
4.4　使用硬件调试程序 ……………………………………………… 116

第 5 章　C 构造数据类型

5.1　数　　组 ………………………………………………………… 119
　　5.1.1　引　　入 ………………………………………………… 119
　　5.1.2　一维数组 ………………………………………………… 121
　　5.1.3　二维数组 ………………………………………………… 122
　　5.1.4　字符型数组 ……………………………………………… 123
　　5.1.5　数组与存储空间 ………………………………………… 125
5.2　指　　针 ………………………………………………………… 127
　　5.2.1　指针的基本概念 ………………………………………… 127
　　5.2.2　定义一个指针变量 ……………………………………… 128
　　5.2.3　指针变量的引用 ………………………………………… 131
　　5.2.4　HI-TECH PICC 的指针类型 …………………………… 134
5.3　结　　构 ………………………………………………………… 136
　　5.3.1　结构的定义和引用 ……………………………………… 136
　　5.3.2　结构数组 ………………………………………………… 140
5.4　共用体 …………………………………………………………… 140
5.5　枚　　举 ………………………………………………………… 143
　　5.5.1　枚举的定义和说明 ……………………………………… 144
　　5.5.2　枚举变量的取值 ………………………………………… 144
5.6　用 typedef 定义类型 …………………………………………… 147

第 6 章　PIC 单片机内部资源编程

6.1　中　　断 ………………………………………………………… 149
　　6.1.1　中断源 …………………………………………………… 149
　　6.1.2　PIC16F887 的中断逻辑 ………………………………… 150
　　6.1.3　外部中断实例 …………………………………………… 152
6.2　定时/计数器 ……………………………………………………… 153
　　6.2.1　定时/计数的基本概念 …………………………………… 153
　　6.2.2　定时/计数器 TIMER0 …………………………………… 155
　　6.2.3　定时/计数器 TIMER1 …………………………………… 161
　　6.2.4　定时/计数器 TIMER2 …………………………………… 168
6.3　通用串行接口 …………………………………………………… 171
　　6.3.1　EUSART 模块关键寄存器介绍 ………………………… 172

目 录

6.3.2 EUSART 波特率设定 …… 176
6.3.3 EUSART 工作过程分析 …… 177
6.3.4 EUSART 实例分析 …… 180
6.4 CCP 模块 …… 183
 6.4.1 与 CCP 模块相关的控制寄存器 …… 184
 6.4.2 CCP 模块的输入捕捉模式 …… 186
 6.4.3 CCP 模块的比较输出模式 …… 190
 6.4.4 CCP 模块的 PWM 模式 …… 192
6.5 模/数转换模块及使用 …… 196
 6.5.1 ADC 模块概述 …… 196
 6.5.2 ADC 模块相关控制寄存器 …… 197
 6.5.3 模拟通道输入口引脚的设置 …… 200
 6.5.4 A/D 转换实例分析 …… 200

第7章 函 数 …… 205
7.1 概 述 …… 205
7.2 函数的定义 …… 207
7.3 函数参数和函数的值 …… 209
7.4 函数调用 …… 213
7.5 数组作为函数参数 …… 220
7.6 局部变量和全局变量 …… 221
 7.6.1 局部变量 …… 221
 7.6.2 全局变量 …… 222
7.7 变量的存储类别 …… 223

第8章 单片机接口的 C 语言编程 …… 228
8.1 LED 数码管 …… 228
 8.1.1 静态显示接口 …… 229
 8.1.2 动态显示接口 …… 233
8.2 键盘接口及应用 …… 237
 8.2.1 键盘工作原理 …… 237
 8.2.2 键盘与单片机的连接 …… 238
8.3 I^{2}C 总线接口 …… 243
 8.3.1 I^{2}C 总线接口概述 …… 243
 8.3.2 24 系列 EEPROM 的结构及特性 …… 244
 8.3.3 24 系列 EEPROM 的使用 …… 246
8.4 93Cxx 系列 EEPROM 的使用 …… 248
 8.4.1 93Cxx 系列 EEPROM 的结构及特性 …… 248

8.4.2　93C46 芯片的使用 …………………………………… 249
8.5　DS1302 实时时钟及应用 ……………………………………… 253
　　8.5.1　DS1302 的结构及特性 ………………………………… 253
　　8.5.2　DS1302 芯片的使用 …………………………………… 254
8.6　LED 点阵显示屏及其应用 …………………………………… 256
　　8.6.1　认识 LED 点阵显示屏及字模 ………………………… 256
　　8.6.2　用 LED 点阵屏显示汉字 ……………………………… 263
8.7　液晶显示屏及其应用 ………………………………………… 271
　　8.7.1　使用字符型液晶显示屏制作小小迎宾屏 …………… 272
　　8.7.2　用点阵型液晶显示屏显示汉字和图像 ……………… 279

第 9 章　应用设计举例 ……………………………………………… 289

9.1　秒　表 ………………………………………………………… 289
9.2　可预置倒计时钟 ……………………………………………… 293
9.3　使用 DS1302 芯片制作的时钟 ……………………………… 299
9.4　AT24C02 的综合应用 ………………………………………… 305
9.5　93C46 的综合应用 …………………………………………… 311
9.6　交通灯控制 …………………………………………………… 321
9.7　模块化编程 …………………………………………………… 330

参考文献 ……………………………………………………………… 341

第1章 概述

1.1 PIC单片机简介

PIC单片机由美国微芯(Microchip)公司开发和生产,包括32位系列、16位系列和8位系列。

图1-1所示为从微芯公司的技术支持与服务网站(http://www.microchipdirect.com)上截取的8位PIC单片机系列列表。

从图1-1中可以看出,8位PIC单片机按产品系列来分,可以分为PIC10、PIC12、PIC16和PIC18等不同类型;单片机的引脚数从6个到100个;片内存储器从0.5K到256K。

此外,针对特定应用,微芯公司还推出了具有相应特殊功能的单片机。

PIC单片机不搞功能堆积,不是在一块芯片中不断增加新的功能,而是做成一个完整的系列,使得各种应用都能够找到最适合的芯片,从而提高产品的性价比。

为了保证PIC系列单片机的易用性,微芯公司推出了自己的开发环境和系列开发工具。不论是8位单片机、16位单片机还是32位单片机,开发环境和开发工具都是通用的,开发者从8位单片机入门,然后进入16位及32位嵌入式系统领域,不会有开发工具方面的障碍。

本书主要以PIC16F887芯片为例编写。下面首先介绍PIC16F887系列芯片的性能及参数,阅读时需要注意这些信息的来源及学习的方法,遇到PIC其他系列的芯片可以用同样的方法来学习。

第1章 概 述

8位PIC®单片机		
产品系列	**存储器大小（KB）**	**存储类型**
PIC10 MCU	0.5K - 1K	闪存
PIC12 MCU	2K - 4K	OTP
PIC16 MCU	8K - 16K	ROM/无ROM
PIC18 MCU	24K - 32K	
引脚数	48K - 64K	**射频**
6、8、14引脚	96K - 128K	带有UHF RF发射器的rfPIC®单片机
18、20引脚	128K - 256K	UHF RF接收器
28、40、44引脚		
64、80、100引脚	**特定应用**	
经典PIC® MCU	CAN	
经典PIC® MCU	mTouch触摸传感	
	nanoWatt XLP	
	USB	
	以太网	
	PIC32以太网	
	纳瓦技术	
	LCD	
	电机控制	
	16 bit PWM	

图 1-1　8 位 PIC 单片机系列列表

1.2　PIC16F887 单片机的特点

要了解 PIC 系列任何一款单片机的特点，最好的方法是下载这块芯片的数据手册。打开微芯公司的网站（www.microchip.com），在图 1-2 所示的 Search Data Sheets 搜索框中输入所需要的数据手册名，然后单击放大镜按钮开始搜索。

图 1-2　在微芯公司网站搜索数据手册

搜索结果如图 1-3 所示，显示找到了 PIC16F882/883/884/886/887 系列型号的数据手册。这些手册通常都是 PDF 格式的文件，因此，计算机上必须要安装 PDF 阅读器。PDF 阅读器安装完成后，单击芯片型号，即可打开数据手册。

数据手册的页面如图 1-4 所示。这是一个 300 多页的文档，它详细地介绍了

数据手册

产品信息	文档标题	上次更新日期
PIC16F887		
PIC16F887	PIC16F882/883/884/886/887 Data Sheet	27 Feb 2011

图 1-3 搜索结果

PIC16F88x 系列芯片的各项性能特点。初次看这些资料是有一定困难的,本书将带领读者一起来阅读这些资料的内容,逐步掌握相关知识。随着学习的不断进行,会有越来越多的内容能够看懂。以后遇到 PIC 其他型号系列的芯片,可用同样的方法来学习。PIC 系列芯片的统一性做得很好,除了各系列本身具有的特殊功能以外,通用功能部分都是相同的。因此,学会了一种芯片的用法,再学其他型号的芯片也就很容易了。

图 1-4 PIC16F882/883/884/886/887 的数据手册

图 1-5 所示为从数据手册中截取的 PIC16F88x 系列芯片的性能特点,从中可以看到这一系列芯片的总体概况及不同芯片之间的差异。

从图 1-5 中可以看到:PIC16F882/883/886 的 I/O 引脚是 24 条,A/D 通道是 11 个,而 PIC16F884/887 的 I/O 引脚是 35 条,A/D 通道是 14 个;PIC16F882 芯片

第1章 概述

器件	程序存储器 闪存/字	数据存储器 SRAM/字节	数据存储器 EEPROM/字节	I/O	10位A/D (通道数)	ECCP/ CCP	EUSART	MSSP	比较器	8/16位 定时器
PIC16F882	2 048	128	128	24	11	1/1	1	1	2	2/1
PIC16F883	4 096	256	256	24	11	1/1	1	1	2	2/1
PIC16F884	4 096	256	256	35	14	1/1	1	1	2	2/1
PIC16F886	8 192	368	256	24	11	1/1	1	1	2	2/1
PIC16F887	8 192	368	256	35	14	1/1	1	1	2	2/1

图1-5 PIC16F882/883/884/886/887芯片的特点

的程序存储器、SRAM、EEPROM最少,分别是2 048字节、128字节和128字节,而PIC16F883/884的程序存储器、SRAM、EEPROM分别为4 096字节、256字节和256字节;PIC16F886/887的程序存储器、SRAM、EEPROM分别是8 192字节、368字节和368字节。除此之外,这些芯片的ECCP/CCP个数、EUSART个数、MSSP个数、比较器个数、8/16位定时器个数等都是完全相同的。数据手册中的这张表非常重要,查看一块芯片的数据手册,一定要找到这张表,以了解这块芯片的基本情况。

1.2.1 PIC16F88x系列单片机的引脚

PIC16F88x系列的引脚有28引脚、40引脚和44引脚等多种,这里以40引脚PDIP封装的PIC16F884/887芯片为例,其引脚排列如图1-6所示。

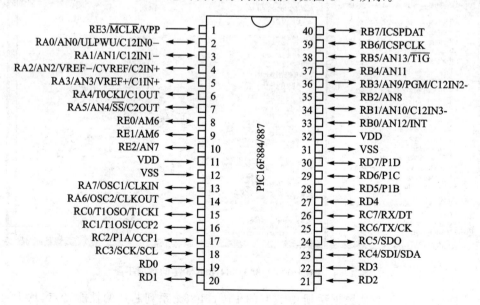

图1-6 PIC16F884/887的引脚分布图

从图1-6中可以看到,PIC16F884/887的40条引脚中,接电源正极(VDD)和电源负极(VSS)的引脚各有2条,分列于芯片的左右两侧。剩余的36条引脚分别是:

PORTA、PORTB、PORTC、PORTD 等 4 个 8 位的 I/O 引脚共 32 条,还有 4 条引脚是 PORTE 中的 RE0～RE3。这些引脚大多有其他功能,例如它们可能是定时器的输入端、A/D 转换器的输入端、SPI 串行接口的数据线或时钟线等。PIC16F884/887 的引脚功能在数据手册中有详细的说明,图 1-7 所示为其中有关引脚配置的部分截图。

名称	功能	输入类型	输出类型	描述
RA0/AN0/ULPWU/C12IN0-	RA0	TTL	CMOS	通用 I/O
	AN0	AN	—	A/D 通道 0 输入
	ULPWU	AN	—	超低功耗唤醒输入
	C12IN0-	AN	—	比较器 C1 或 C2 的负输入
RA1/AN1/C12IN1-	RA1	TTL	CMOS	通用 I/O
	AN1	AN	—	A/D 通道 1 输入
	C12IN1-	AN	—	比较器 C1 或 C2 的负输入
RA2/AN2/VREF-/CVREF/C2IN+	RA2	TTL	CMOS	通用 I/O
	AN2	AN	—	A/D 通道 2
	VREF-	AN	—	A/D 负参考电压输入
	CVREF	—	AN	比较器参考电压输出
	C2IN+	AN	—	比较器 C2 的正输入
RA3/AN3/VREF+/C1IN+	RA3	TTL	CMOS	通用 I/O
	AN3	AN	—	A/D 通道 3.
	VREF+	AN	—	A/D 正参考电压输入
	C1IN+	AN	—	比较器 C1 的正输入

图 1-7 数据手册中的引脚配置

从图 1-7 中可以看到,RA0 引脚有 4 种功能,即通用 I/O 口、A/D 通道 0 输入、超低功耗唤醒输入和比较器 C1 或 C2 的负输入。那么,这些功能有什么用途?如果需要用到其中的某一项功能,应该怎么做?

要查看完整的列表,读者可以自行阅读数据手册的相关部分。以下对图 1-6 中所示引脚的功能及其使用的相关知识进行说明。

1. 基本 I/O 口

PIC 单片机引脚的基本功能是通用 I/O,即输入和输出功能。既可以作为输出使用,使得引脚上的电平根据需要发生变化,从而控制外部电路(如灯的亮/灭、电机的旋转/停止等),也可以作为输入来使用,感知引脚上的电平变化,从而判断接在引脚上的元器件状态(如按键是否按下、接入开关是否动作、智能器件是否应答等)。

PIC 单片机的引脚不能同时作为输入和输出使用,在任一时刻只能用作其中的一种用途,并且需要通过设置来确定。

PORTA 是一个 8 位的双向端口,它由一个数据方向寄存器 TRISA 来控制。TRISA 是一个 8 位的寄存器,数据手册中其各数据位定义的截图如图 1-8 所示,每一位对应着一个 PORTA 的引脚。从图中可以看出,TRISA 各位均可读/写,复位后 TRISA 各位均为 1(R/W-1)。如果向 TRISA 寄存器的相应位写入 0(记忆时可以记作代表 OUT 的 O),那么这个引脚就作为输出来使用;如果向 TRISA 寄存器的相应位写入1(记忆时可以记作 IN 中的 I),那么这个引脚就作为输入来使用。

寄存器 3-2:   TRISA:PORTA 三态寄存器

R/W-1(1)	R/W-1(1)	R/W-1	R/W-1	R/W-1	R/W-1	R/W-1	R/W-1
TRISA7	TRISA6	TRISA5	TRISA4	TRISA3	TRISA2	TRISA1	TRISA0
bit 7							bit 0

图注:
R = 可读位   W = 可写位   U = 未实现位,读为 0
-n = 上电复位时的值   1 = 置 1   0 = 清零   x = 未知

bit 7-0   TRISA<7:0>: PORTA 三态控制位
          1 = PORTA 引脚被配置为输入(三态)
          0 = PORTA 引脚被配置为输出

注   1: TRISA<7:6> 在 XT、HS 和 LP 振荡器模式下总是读为 1。

图 1-8   TRISA 各数据位定义

例如:

要求将 PORTA 的所有引脚均设置为输出引脚,程序可以这样写:

```
TRISA = 0;
```

要求将 PORTA 的所有引脚均设置为输入引脚,程序可以这样写:

```
TRISA = 0xff;
```

要求将 PORTA 的第 1~4 引脚(记作 RA0~RA3)设置为输出,其他 4 个引脚设置为输出,则程序可以这样写:

```
TRISA = 0xf0;
```

依此类推。

PORTA 引脚用作输出时,其状态由 PORTA 寄存器来决定。数据手册中,PORTA 寄存器各数据位定义的截图如图 1-9 所示。从图中可以看出,PORTA 各位均可读/写,复位后各位状态未知(R/W-x),实际上由于 TRISA 复位后的值是 1,也就是复位后端口被设置成输入状态,因此,PORTA 引脚的状态由外部电路决定。

寄存器 3-1:   PORTA:PORTA 寄存器

R/W-x	R/W-x	R/W-x	R/W-x	R/W-x	R/W-x	R/W-x	R/W-x
RA7	RA6	RA5	RA4	RA3	RA2	RA1	RA0
bit 7							bit 0

图注:
R = 可读位   W = 可写位   U = 未实现位,读为 0
-n = 上电复位时的值   1 = 置 1   0 = 清零   x = 未知

图 1-9   PORTA 各位定义

根据需要将设置数据写入 TRISA 寄存器,将 PORTA 各引脚设定为所需输入或者输出状态,将数据送入 PORTA 寄存器,即可改变引脚的状态。设已将 PORTA 的所有引脚设置为输出功能,现要求将所有引脚设置为低电平,程序可以这样写:

```
PORTA = 0;
```

如果要将所有引脚均设置为高电平,则程序可以这样写:

```
PORTA = 0xff;
```

2. A/D 转换器的输入通道

ANSEL 寄存器用于将引脚配置为模拟模式或者为 I/O 模式。将 ANSEL 中适当的位置 1,可以使相应的引脚工作于模拟状态。图 1-10 所示为数据手册中 ANSEL 各数据位的定义。从图中可以看出,ANSEL 各位可读/写,复位后均为 1,也就是复位后引脚均处于模拟输入状态。因此,如果要将 PORTA 引脚作为 I/O 口来使用,则必须写上这样一行程序:

```
ANSEL = 0;
```

寄存器 3-3:	ANSEL:模拟选择寄存器							
R/W-1	R/W-1	R/W-1	R/W-1	R/W-1	R/W-1	R/W-1	R/W-1
ANS7	ANS6	ANS5	ANS4	ANS3	ANS2	ANS1	ANS0
bit 7							bit 0

图注:			
R = 可读位	W = 可写位	U = 未实现位,读为 0	
-n = 上电复位时的值	1 = 置 1	0 = 清零	x = 未知

bit 7-0　ANS<7:0>:模拟选择位
　　　　分别选择引脚 AN<7:0> 的模拟或数字功能。
　　　　1 = 模拟输入。引脚被分配为模拟输入。
　　　　0 = 数字 I/O。引脚被分配给端口或特殊功能。

图 1-10　数据手册中 ANSEL 寄存器各数据位的定义

3. 超低功耗唤醒输入

超低功耗唤醒输入是 PIC16F88x 系列单片机的特殊功能之一,它可用于定时唤醒单片机。在一些对于功耗要求特别高的应用场合,例如仅用一节电池却需要工作长达 10 年之久的水表、蒸汽表等,尽量降低功耗是最重要的问题之一。解决这个问题的方案是休眠,也就是让单片机关闭运算器等耗电单元,从而让单片机工作于仅需极小电流的休眠状态(当然,这时单片机是不能进行操作的),只有在必要时,才让单片机回到正常工作状态进行计数、运算等操作;等到工作完成,再次进入到休眠状态。对于水表、蒸汽表来说,单片机只需要在计数脉冲出现的瞬间工作,绝大部分时间都在休眠,因此,功耗可以做到极低。

这种设计的关键在于如何唤醒单片机,根据唤醒的要求不同,唤醒的方法可以是由外部电路引发单片机引脚的电平变化,也可以由单片机定时唤醒。单片机内部有定时器,通常的做法是在 CPU 休眠时让定时器继续运行,每隔一段时间来唤醒 CPU。PIC16F887 芯片中的 TIMER1 定时器内置了低功耗的振荡电路,可以满足一般的低功耗要求。但对于超低功耗的应用来说,这种方法仍不可行,因为这需要定时器始终处于工作状态,这同样会增加功耗。

PIC16F88x 提供了另一种唤醒方法,功耗更低。

RA0 引脚上有关超低功耗唤醒的电路如图 1-11 所示。让它工作的硬件电路非常简单,在 RA0 引脚上接一只电容即可。工作过程描述如下:在 RA0 引脚上接一只电容,让 RA0 工作于输出状态,为电容充电,然后将 RA0 引脚工作于输入状态且工作于超低功耗唤醒状态,这时 RA0 引脚的内部电路有一个极小电流的电流源 I_{ULP},电容通过这个电流源放电,电压缓慢下降,当电压降到预设值 V_{TRG} 时,接在 RA0 引脚上的比较器动作,使得比较器输出端的电平发生变化,利用这个电平的变化来唤醒单片机。

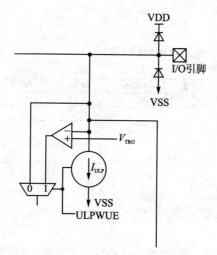

图 1-11 RA0 工作于超低功耗唤醒电路的部分

使用这一方法的操作步骤如下:

① 将 RA0 引脚配置为输出,并送出高电平给电容充电。
② 将 RA0 配置为输入。
③ 将 PIE2 中的 ULPWUE 位置 1,以允许中断。
④ 将 PCON 寄存器中的 ULPWUE 位置 1,开始给电容放电。
⑤ 执行 SLEEP 指令。

电容可以直接接在 RA0 引脚上,也可以在 RA0 引脚上串接一个电阻,然后再接电容。串接一个电阻可以限制最大充电电流,也可以调节充/放电时间,以补偿由于制造误差、温度等造成的定时时间偏差。

4. 比较器 C1 或 C2 的负输入

在 PIC16F88x 中有两个比较器 C1 和 C2（注意：不要把这两个比较器和上述的超低功耗中的比较器混淆）。图 1-12 所示为数据手册中比较器 C1 的简化功能框图的一部分。从图中可以看出，$C1V_{IN-}$ 的来源有 4 个，分别是 C12IN0−、C12IN1−、C12IN2− 和 C12IN3−，而 RA0 正是其中的 C12IN0−。这 4 个来源通过多路开关 MUX 选择哪一个接入而成为 $C1V_{IN-}$，而 4 选 1 的选择位则是 C1CH<1:0>。根据这一新的研究线索，在数据手册中以 C1CH 为关键字查找，可以找到相关的内容。C1CH1 和 C1CH0 是寄存器 CM1CON0 中的 bit1 和 bit0 位，只要根据需要给这两位赋值，就能选择哪一个引脚作为 $C1V_{IN-}$ 端了。

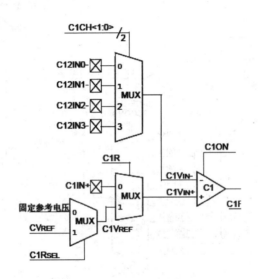

图 1-12　比较器 C1 的输入部分

至此，RA0 引脚的功能分析完成。

RA1~RA7 各引脚除了基本的 I/O 功能外，还有其他用途。图 1-6 中列出了各引脚的功能。读者可以阅读数据手册中的相关部分，参考其中关于 RA0 引脚功能的分析。

1.2.2　PIC16F88x 的振荡器、复位、看门狗及器件配置

单片机芯片需要时钟信号才能正常工作，PIC 单片机通常都有多种时钟信号源可供选择；单片机正常工作之前，各功能部件必须工作于确定的工作状态，这需要通过复位电路来实现，PIC 单片机内部有多种复位功能可供选择；PIC 单片机内部一般都有看门狗电路，工作时可以被允许或者被禁止使用。上述功能大多通过配置字来预设，也有一些功能需要配合软件编程来实现，本节将它们放在一起进行介绍。

第1章 概 述

1. 时钟源

PIC16F88x 系列单片机的时钟信号有两大来源,即片内时钟源和片外时钟源。图 1-13 所示为从数据手册上截取的 PIC16F887 时钟信号源框图。从图中可以看到,片内时钟源有 2 个,即经过校正的高频振荡信号发生器(HFINTOSC)、没有经过校正的低频信号发生器(LFINTOSC)。其中 HFINTOSC 接有后分频器,可将 8 MHz 的信号分成 4 MHz、2 MHz 等 6 个不同频率的信号,这 6 个分频后的信号与未分频的信号(8 MHz)及 LFINTOSC 产生的信号共 8 种,通过 OSCCON 寄存器中的 IRCF<2:0>这 3 位来选择,最终决定哪一路信号作为片内时钟信号源。

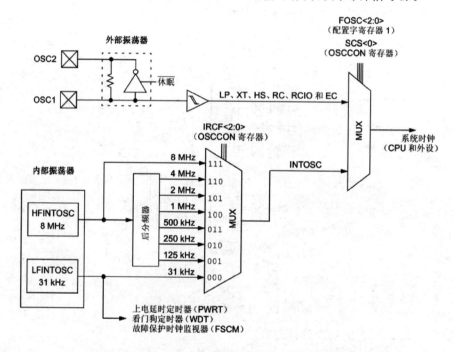

图 1-13 数据手册中的 PIC16F887 时钟信号源框图

单片机与外部时钟有关的引脚是 OSC1 和 OSC2,这 2 个引脚之间内置了一个振荡电路,即图 1-13 中的"外部振荡器"部分。按要求在 OSC1/OSC2 接入 RC 网络/晶振/陶瓷谐振器即可产生振荡信号,也可以将外部时钟信号直接接入 OSC1 引脚。RC、RCIO、XT、LP、HS 和 EC 是 PIC16F887 芯片的 5 种外部时钟方式。

如果在 OSC1 与 OSC2 之间接入的是一个 32 768 Hz 的调节音叉型晶振,那么应选择 LP 方式。LP 方式下振荡电路的增益最低,功耗也最小。XT 模式与 HS 模式的设置同样会影响到内部振荡电路的增益,究竟选择哪种方式与所用晶振或陶瓷谐振器的型号有关。

图 1-14 所示为数据手册中提供的连接石英晶振的典型电路图。图中 RF 可以取值 10 MΩ 或者开路,RS 可以短接。石英晶振是根据所需工作频率购买的晶振,购

买晶振时可以向销售商咨询这个晶振需要配置的电容值。对于大部分晶振来说,电容 C1 和 C2 取值在 18～30 pF 之间的都可以用,一般可以取 20 pF。以上的参数搭配不一定能保证电路工作于最佳工作状态,但通常能保证电路可靠地工作。

如果需要更多振荡电路的设计细节,则可以参考数据手册上提供的几个应用笔记。

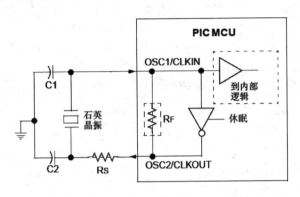

图 1-14 外接石英晶振的典型电路

通过 OSCCON 寄存器的系统选择(SCS)位选择外部或内部时钟源。图 1-15 所示为从数据手册截取的 OSCCON 寄存器各数据位功能说明。

从图 1-15 中可以看到,IRCF<2:0>共 3 位,用来选择内部振荡器的频率。建议结合图 1-13 来学习。

OSTS 是振荡器起振延时状态位,这是一个只读位。用户可以通过读这一位的状态来判断当前的系统时钟来源。

HTS 和 LTS 位是内部振荡电路是否稳定的标志位。单片机的振荡电路并不时刻处于工作状态。在单片机休眠期间,振荡电路停止工作;当单片机从休眠中醒来时,振荡器有一个起振的过程;当单片机刚开始上电时,振荡电路也有一个起振的过程。在振荡器的起振阶段,它的频率、幅度等都不稳定,这时如果让单片机进入工作状态,可能会引起定时不准确、工作状态不稳定等后果。HTS 和 LTS 位可以用来查询当前振荡电路是否已进入稳定状态,一般应用中不需要如此精确,但如果确有需要,可以按数据手册上的提示找到手册中 4.4 节的内容来学习如何处理。这样的多重保护可以保证单片机工作的稳定性和可靠性。

SCS 位用于选择系统时钟,上电时默认为 0,即时钟源由 CONFIG1 寄存器中的 FOSC<2:0>决定。

2. 复 位

单片机复位电路的主要功能是使得单片机内部的各个功能部件在复位后工作于确定的工作状态,另一个功能就是维持单片机处于"复位"的状态,也就是单片机通电但不运行程序的状态。

PIC16F882/883/884/886/887 器件有以下几种不同类型的复位方式:

第1章 概　述

寄存器 4-1： OSCCON：振荡器控制寄存器

U-0	R/W-1	R/W-1	R/W-0	R-1	R-0	R-0	R/W-0
—	IRCF2	IRCF1	IRCF0	OSTS	HTS	LTS	SCS
bit 7							bit 0

图注：
R = 可读位　　　　　　　W = 可写位　　　　　　　U = 未实现位，读为 0
-n = 上电复位时的值　　　1 = 置 1　　　　　　　　0 = 清零　　　　　　　x = 未知

bit 7　　未实现：读为 0

bit 6-4　IRCF<2:0>：内部振荡器频率选择位
　　　　 111 = 8 MHz
　　　　 110 = 4 MHz（默认）
　　　　 101 = 2 MHz
　　　　 100 = 1 MHz
　　　　 011 = 500 kHz
　　　　 010 = 250 kHz
　　　　 001 = 125 kHz
　　　　 000 = 31 kHz (LFINTOSC)

bit 3　　OSTS：振荡器起振延时状态位
　　　　 1 = 器件依靠由 CONFIG1 寄存器中的 FOSC<2:0> 定义的时钟源运行
　　　　 0 = 器件依靠内部振荡器（HFINTOSC 或 LFINTOSC）运行

bit 2　　HTS：HFINTOSC 状态位（高频——8 MHz 到 125 kHz）
　　　　 1 = HFINTOSC 稳定
　　　　 0 = HFINTOSC 不稳定

bit 1　　LTS：LFINTOSC 稳定位（低频——31 kHz）
　　　　 1 = LFINTOSC 稳定
　　　　 0 = LFINTOSC 不稳定

bit 0　　SCS：系统时钟选择位
　　　　 1 = 内部振荡器用作系统时钟
　　　　 0 = 时钟源由 CONFIG1 寄存器中的 FOSC<2:0> 定义

图 1-15　OSCCON 寄存器各数据位的功能

- 上电复位(POR)；
- 正常工作期间的 WDT 复位；
- 休眠期间的 WDT 复位；
- 正常工作期间的 MCLR 复位；
- 休眠期间的 MCLR 复位；
- 欠压复位(BOR)。

单片机有额定的工作电压范围，如果电压过高，就会损坏单片机。工作电压较低时，其内部的振荡电路也会起振，看起来单片机似乎也能运行，但这样的工作状态是不可靠的，会带来不可预测的后果。因此，在单片机上电过程中，如果工作电压没有达到预定的电压值，POR 电路将会让电路保持在复位状态而不能进入正常的工作状态，只有工作电压超过了预定值，才能正常工作。在单片机工作过程中，一旦工作电压下降并低于预定的值，则欠压复位电路(BOR)将工作并使单片机处于复位状态而不能工作。POR 和 BOR 电路工作时，有一个上电延时定时器(PWRT)的功能可以被选择禁止或者使能。这个延时定时器的功能是确保在工作电压超过了预定值后延时一段时间(约 64 ms)，再让 CPU 脱离复位状态进入工作状态。

PIC16F88x 芯片上有一条 MCLR 引脚。对于 PIC16F884/887 芯片来说，这条 MCLR 引脚与 RE3 复用。如果设置这条引脚作为 MCLR 来使用，那么把这条引脚拉为低电平，就是让单片机处于复位状态。这提供了一种使用外部电路使单片机进入复位的方法。

BOR 的工作模式、PWRT 是否允许、MCLR 引脚是否工作于复位状态等都是通过 PIC16F88x 芯片的配置寄存器来设置的。

3. 看门狗

看门狗是一种运行机制，它的基本功能部件是一个定时器，可以预设定时时间。每当定时时间到，看门狗就会送出复位信号，让单片机复位。正常工作时，当然不能允许单片机不断复位，因此，就需要在程序中增加喂狗指令，只要在预设的时间内喂狗了，那么复位就不会产生，并且定时器重新开始定时。如果由于某种原因，单片机一直没有喂狗指令送出，则意味着程序出现了差错，也许是运行到了某个死循环无法跳出来，这时可以让单片机复位。

很多人刚开始学习单片机时很难接受单片机工作中的"复位"，这是因为他们更熟悉 PC，PC 一旦复位通常意味着数据丢失等损失，而单片机不同。单片机的工作往往就是不断地重复，例如不断检测温度并且判断温度是否超过设定值，并且根据这个条件来输出预设的值。在进行这样的操作时，单片机的复位并不影响任务的正常执行，而陷入死循环无法跳出来却是严重的错误，系统此时可能已完全丧失了检测、判断、执行的功能。因此，PIC 单片机内部通常都内置了看门狗，遇到这样的情况时，让单片机复位是不错的选择。当然，不同的应用场合复位对于系统的工作影响各不同。如何让复位尽可能不影响系统工作，是在硬件开发时就要考虑的。

PIC16F88x 芯片中的看门狗可以通过配置寄存器设置为启用或者不启用。

4. 配置寄存器

PIC16F88x 芯片有两个配置寄存器 CONFIG1 和 CONFIG2，它们分别位于地址 0x2007 和 0x2008，这个地址位于特殊存储空间，只能在烧写芯片时由编程器写入。

CONFIG1 和 CONFIG2 均是 14 位寄存器，其中 CONFIG1 的 14 位已全部用到，而 CONFIG2 的 14 位中只用到了其中的 3 位。图 1-16 所示为数据手册中 CONFIG1 各位名称及其功能说明的一部分。

CONFIG1 寄存器的 FOSC<2:0>这 3 位用来配置振荡器工作方式。前面已说明 OSCCON 寄存器的 OSC 位用来选择振荡源，当该位为 0 时，振荡源由 CONFIG1 中的 FOSC<2:0>决定。这 3 位所决定的振荡源可以是以下 8 种之一。

EC——外部时钟信号从 OS1 引脚输入，OSC2 作为 I/O 引脚来使用。

LP——32 kHz 低功耗晶振模式，此时 OSC1 和 OSC2 之间只可接 32 768 Hz 晶振。

第1章 概述

寄存器 14-1： CONFIG1：配置字寄存器 1

—	—	DEBUG	LVP	FCMEN	IESO	BOREN1	BOREN0
bit 15							bit 8

CPD	CP	MCLRE	PWRTE	WDTE	FOSC2	FOSC1	FOSC0
bit 7							bit 0

bit 15-14　未实现：读为 1

bit 13　　DEBUG：在线调试器模式位
　　　　　1 = 禁止在线调试器，RB6/ICSPCLK 和 RB7/ICSPDAT 为通用 I/O 引脚
　　　　　0 = 使能在线调试器，RB6/ICSPCLK 和 RB7/ICSPDAT 专用于调试器

bit 12　　LVP：低电压编程使能位
　　　　　1 = RB3/PGM 引脚具有 PGM 功能，使能低电压编程
　　　　　0 = RB3 引脚为数字 I/O，MCLR 上的 HV 必须用于编程

bit 11　　FCMEN：故障保护时钟监视器使能位
　　　　　1 = 使能故障保护时钟监视器
　　　　　0 = 禁止故障保护时钟监视器

bit 10　　IESO：内外时钟切换位
　　　　　1 = 使能内外时钟切换模式
　　　　　0 = 禁止内外时钟切换模式

图 1-16　配置寄存器的各数据位定义

XT——片内振荡电路设置为中等增益，此时 OSC1 与 OSC2 之间可接晶振或陶瓷谐振器。

HS——片内振荡电路设置为高增益，此时 OSC1 与 OSC2 之间可接晶振或陶瓷谐振器。

RC——OSC1 接一个电阻和一个电容构成振荡电路，OSC2/CLKOUT 输出频率为 $F_{\text{OSC}}/4$ 的时钟信号。

RCIO——OSC1 接一个电阻和一个电容构成振荡电路，OSC2/CLKOUT 作为 I/O 引脚来使用。

INTOSC——使用片内振荡器，同时从 OSC2 输出频率为 $F_{\text{OSC}}/4$ 的时钟信号，OSC1/CLKIN 作为 I/O 引脚来使用。

INTOSCIO——使用片内振荡器，OSC1/CLKIN 和 OSC2/CLKOUT 均作为 I/O 引脚来使用。

配置 CONFIG1 和 CONFIG2 有两种方法：一种方法是在烧写程序时，根据自己的需要手工设置；另一种是编译工具支持的方法，通过名为 __CONFIG 的函数将所需设定的参数写入程序中，在烧写芯片时，烧写工具能够直接从程序代码中找到配置参数并且自动设置。显然，第二种方法更方便且不易出错，并且 PIC 的烧写工具几乎都支持这种方法。不同的编译器配置函数的写法略有不同，以下是使用 HI-TECH 编译器时配置函数的写法：

```
__CONFIG(FOSC_INTRC_NOCLKOUT & WDTE_OFF & PWRTE_OFF & MCLRE_ON & CP_OFF & CPD_OFF & BOREN_ON & IESO_ON & FCMEN_ON & LVP_ON);
__CONFIG(BOR4V_BOR40V & WRT_OFF);
```

如果使用 XC8 编译器，配置函数可以按以下方法书写：

```
//CONFIG1
#pragma config FOSC = INTRC_NOCLKOUT
#pragma config WDTE = OFF
#pragma config PWRTE = OFF
#pragma config MCLRE = ON
#pragma config CP = OFF
#pragma config CPD = OFF
#pragma config BOREN = ON
#pragma config IESO = ON
#pragma config FCMEN = ON
#pragma config LVP = ON
// CONFIG2
#pragma config BOR4V = BOR40V
#pragma config WRT = OFF
```

由于函数中大量采用了有意义的符号,因此仅凭猜测就能大概猜出一些设置项来。例如上述函数中设置振荡电路用内部 RC 振荡电路且不通过引脚向外送出,关闭看门狗,关闭 WRT 定时器等。关于这些符号从何而来、如何设置,将会在 2.2 节中结合实例来说明。

1.3 C 语言简介

随着单片机开发技术的不断发展,目前已有越来越多的人使用高级语言开发单片机,其中主要是以 C 语言为主,市场上几种常见的单片机均有其 C 语言开发环境。下面首先来介绍有关 C 语言的基本知识。

1.3.1 C 语言的产生与发展

C 语言是由早期的编程语言 BCPL(Basic Combined Programming Language)发展、演变而来的。1970 年,美国贝尔实验室的 Ken Thompson 根据 BCPL 语言设计出 B 语言,并用 B 语言编写了 UNIX 操作系统。1972—1973 年间,贝尔实验室的 D. M. Ritchie 又在 B 语言的基础上设计出了 C 语言。

随着微型计算机的日益普及,出现了许多 C 语言版本,由于没有统一的标准,使得这些 C 语言之间出现了一些不一致的地方。为了改变这种情况,美国国家标准研究所(ANSI)为 C 语言制定了一套 ANSI 标准,成为现行的 C 语言标准。

1.3.2 C 语言的特点

C 语言的发展非常迅速,现已成为最受欢迎的语言之一,这主要是因为它具有强大的功能。归纳起来,C 语言具有以下特点。

第1章 概　述

1. 与汇编语言相比

C语言是一种高级语言,具有结构化控制语句。结构化控制语句的显著特点是代码及数据的分隔化,即程序的各个部分除了必要的信息交流外,彼此独立。这种结构化方式可使程序层次清晰,便于使用、维护以及调试。

C语言适用范围广,可移植性好。与其他高级语言一样,C语言不依赖于特定的CPU,其源程序具有很好的可移植性。只要某种CPU或MCU有相应的C编译器,就能使用C语言进行编程。目前,主流的CPU和常见的MCU都有C编译器。作为嵌入式系统的开发者,这一点很重要。目前可供选用的不同公司的MCU种类极多,这些MCU各有特点,开发者在做不同项目时往往需要选用不同种类的MCU,以发挥其特长。想要熟悉每一种MCU的汇编语言并能写出高质量的程序,并非易事。如果使用C语言编程,借助于C语言的可移植性,只要熟悉所用MCU的特性即可编程,这可节省大量的时间,将精力专注于所要解决的问题上面。

作者曾多次将应用程序从80C51单片机上移植到PIC单片机、AVR单片机、32位的STM32单片机。对于这些内核完全不同的单片机,如果使用汇编语言,则必须完全重写程序,要想在短时间内掌握各种单片机的汇编语言并非易事。但由于这些程序都是用C语言编写的,因此可以进行移植。用户在找到这些单片机的C编译器程序后,可一边熟悉这些单片机的内部结构,一边进行移植,在很短的时间内即可将程序完全移植成功。这其中的绝大部分时间是用来熟悉不同系列型号单片机的内部结构,理解其硬件用法与其他单片机之间的差异,真正用于改写代码的时间非常少,需要修改的代码量也很少。

2. 与其他高级语言相比

① 简洁紧凑、灵活方便。C语言一共只有32个关键字、9种控制语句,程序书写自由,主要用小写字母表示。它把高级语言的基本结构和语句与低级语言的实用性结合起来。

② 运算符丰富。C语言的运算符包含的范围很广泛,共有34个运算符。C语言把括号、赋值、强制类型转换等都作为运算符处理,从而使C语言的运算类型极其丰富,表达式类型多样化。灵活使用运算符,可以实现在其他高级语言中难以实现的运算。

③ 数据结构丰富。C语言的数据类型有:整型、实型、字符型、数组类型、指针类型、结构体类型、共用体类型等,可用来实现各种复杂的数据类型的运算。

④ C语言语法限制不太严格,程序设计自由度大。例如对数组下标越界不做检查,由程序编写者自己保证程序的正确性;对变量的类型使用比较灵活,整型、字符型等各种变量可通用。

⑤ C语言允许直接访问物理地址,可以直接对硬件进行操作。C语言既具有高级语言的功能,又具有低级语言的许多功能,能够像汇编语言一样对位、字节和地址进行操作。

⑥ C语言程序生成代码质量高,程序执行效率高。用 C 语言编写的程序,编译后一般只比有丰富经验的汇编编程人员所写的汇编程序效率低 10%~20%。

3. 关于 C 语言的学习

很多人对于学习 C 语言有一种畏惧情绪,因为听说 C 语言很难学。这里有必要对此进行说明。

C 语言难学的这种说法是来源于在 PC 上编程的程序员。早期 PC 上使用的编程语言主要有 BASIC 语言、PASCAL 语言、数据库(DBASE、FOXBASE 等)编程语言和 C 语言等。和前面这些语言相比,C 语言的确是属于"难学"的语言,但必须对为何"难学"进行深入的分析。由于 C 语言能够完成底层的操作,所以往往被用来编写一些系统软件,而这些则必然涉及更深奥的计算机基础知识。例如:必须理解 ASCII 码的知识以及数据在内存中如何存放的知识以及才能理解为何只要简单的一个"c= c+0x32;"语句即可完成大写字母到小写字母的转换工作,而这样的工作在 BASIC 中是用专门的函数来完成的,并不需要使用者了解这些知识。换言之,C 语言的难学来自于其要完成的任务。如果编程者已有一定的硬件基础知识,那么这就不是什么难题。作为单片机开发者,必须要接触硬件,理解这些知识,所以以上这些并不能说明"C 语言难学"。

1.4　C 语言入门知识

下面将通过一些实例介绍 C 语言编程的方法。这里使用微芯公司的 MPLABX IDE 作为开发环境,HI-TECH 的 PICC 9.83 版作为编译工具,此外,所有源程序也可以稍作修改后使用 XC8 编译器来编译。第 2 章将对开发环境和编译工具进行详细说明。

图 1-17 所示电路图使用 PIC16F887 单片机作为实验用芯片,这种单片机内部有 8 KB×14 的 FLASH ROM,可以反复擦写,使用 PICkit3 等开发工具可以在线下载,不需要反复拔、插芯片,非常适于做实验。2.5 节将详细介绍使用这种单片机制作的硬件实验平台。如图 1-17 所示,PIC16F887 的 PORTC 引脚上接 8 个发光二极管,下面给出一些例子,其任务是让接在 PORTC 引脚上的这些发光二极管按要求发光。

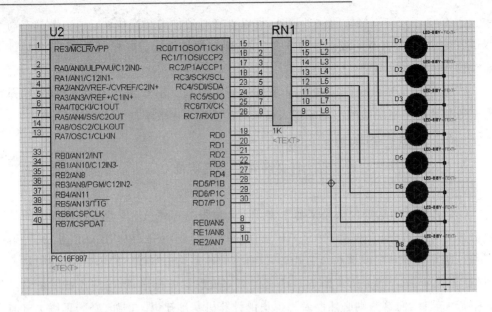

图1-17 接有LED的单片机基本电路

1.4.1 简单的C程序介绍

【例1-1】 让接在RC0引脚上的LED发光。

```
#include <htc.h>
    __CONFIG(FOSC_INTRC_NOCLKOUT & WDTE_OFF & PWRTE_OFF & MCLRE_ON & CP_OFF & CPD_OFF &
BOREN_ON & IESO_ON & FCMEN_ON & LVP_OFF);
    __CONFIG(BOR4V_BOR40V & WRT_OFF);
//配置文件,设置为内部RC方式振荡,禁止看门狗,低压编程关闭
void main()
{    TRISC = 0;              //PORTC 设置为输出
     PORTC = 0x01;           //RC0 输出高电平,其余引脚均为低电平
     for(;;){;}
}
```

这个程序的作用是让接在RC0引脚上的LED点亮。下面来分析这个C语言程序中包含了哪些信息。

1."文件包含"处理

程序的第一行是一个"文件包含"处理。

所谓"文件包含"是指一个文件将另外一个文件的内容全部包含进来,所以看起来这个程序只有8行,但C编译器在处理这段程序时却要处理几十甚至几百行。这段程序中包含htc.h文件的目的是为了使用PORTC和TRISC符号,即通知C编译器,程序中所写的PORTC、TRISC符号是指PIC单片机的PORTC端口、TRISC寄

存器，而不是其他(这里的 PORTC 就是指图 1-17 中的 RC0~RC7 引脚)。这是如何做到的呢？

打开 htc.h 文件可以看到 pic.h 文件被包含了进来：

```
/* HI-TECH PICC / PICC - Lite compiler */
#ifdefined(__PICC__) || defined(__PICCLITE__)
#include <pic.h>
#endif
```

而打开 pic.h 文件则可以看到 chip_select.h 文件被包含了进来。打开 chip_select.h 文件，可以看到如下内容：

```
……
#ifdef _16C622
#ifdef _LEGACY_HEADERS
#include <legacy/pic1662x.h>
#else
#include <pic16c622.h>
#endif
#endif


#ifdef _16F887
#ifdef _LEGACY_HEADERS
#include <legacy/pic16f887.h>
#else
#include <pic16f887.h>
#endif
#endif


#ifdef _16LF720
#ifdef _LEGACY_HEADERS
#include <legacy/pic16lf720.h>
#else
……
```

PIC 单片机包含了一个庞大的系列，这个系列中的很多芯片有其特定的头文件。为了编写程序方便，HI-TECH 编译器给出了一个统一的头文件(即 htc.h)，在这个文件中根据编译环境所定义的器件名称调入定义这个器件的头文件。在 2.2 节介绍工程实现时将会看到，要编译这段程序，需要先建立一个工程，在建立工程时选择器件型号为 PIC16F887，相当于满足了上述程序行中的 #ifdef_16F887，因此，编译时会通过

```
#include<pic16f887.h>
```

第1章 概 述

这样的一行语句,从而调入 pic16887.h 头文件。下面来看一看这个头文件中又包含了什么样的内容。

pic16887.h 中的内容如下:

```
// Register: PORTC
volatile unsigned char       PORTC              @ 0x007;
// bit and bitfield definitions
volatile bit RC0             @((unsigned)&PORTC * 8) + 0;
volatile bit RC1             @((unsigned)&PORTC * 8) + 1;
volatile bit RC2             @((unsigned)&PORTC * 8) + 2;
volatile bit RC3             @((unsigned)&PORTC * 8) + 3;
volatile bit RC4             @((unsigned)&PORTC * 8) + 4;
volatile bit RC5             @((unsigned)&PORTC * 8) + 5;
volatile bit RC6             @((unsigned)&PORTC * 8) + 6;
volatile bit RC7             @((unsigned)&PORTC * 8) + 7;
#ifndef _LIB_BUILD
volatile union {
    struct {
        unsigned RC0         : 1;
        unsigned RC1         : 1;
        unsigned RC2         : 1;
        unsigned RC3         : 1;
        unsigned RC4         : 1;
        unsigned RC5         : 1;
        unsigned RC6         : 1;
        unsigned RC7         : 1;
    };
} PORTCbits @ 0x007;
#endif
……
```

这个头文件很长,以上是部分与 PORTC 有关的定义。从以上定义中可以看出,这些符号的定义,规定了符号名与地址的对应关系。注意:其中有

```
volatile unsigned char PORTC @ 0x07;
```

这样的一行(前面程序中用黑体表示),即定义 PORTC 符号与地址 0x07 对应,而 PIC16F887 芯片的 PORTC 地址就是 0x07。因此,任何对符号 PORTC 的操作实际就是对地址 0x07 寄存器的操作,也就是对单片机 PORTC 的操作。此外,在以上定义中还可以看到,这里定义了位名称 RC0~RC7 分别与 PORTC 的 8 个位一一对应。当需要对某一引脚操作时,直接写相应的位名称就可以了。

2. 配置寄存器

```
__CONFIG(FOSC_INTRC_NOCLKOUT & WDTE_OFF & PWRTE_OFF & MCLRE_OFF & CP_OFF & CPD_OFF &
BOREN_ON & IESO_ON & FCMEN_ON & LVP_OFF);
__CONFIG(BOR4V_BOR40V & WRT_OFF);
```

以上是这个程序的配置函数，函数中设置了时钟信号来源、看门狗是否打开等，编译后可以由烧写程序直接识别并自动设置。由于很多设置只需要默认值就可以，因此，在以后的程序中一般将配置寄存器的设置简化，如下：

```
__CONFIG(FOSC_INTRC_NOCLKOUT & WDTE_OFF & MCLRE_OFF);
```

即仅保留第 1 个配置寄存器中的 3 项，设置时钟为内部 RC 振荡电路且不向外输出，看门狗关闭，MCLR 引脚复位功能关闭（MCLR 引脚作为 I/O 使用，不作为复位引脚使用）。以后在程序编写时，没有特殊情况将只列出这 3 项。

3. main 函数

每一个 C 语言程序有且只有一个主函数 main，函数后面一定有一对大括号"{}"，在大括号里面书写其他程序。

通过上面的分析，相信读者已经了解了部分 C 语言的特性。下面再来看一个稍复杂一点的例子。

【例 1-2】 让接在 RC0 引脚上的 LED 闪烁发光。

```c
#include "htc.h"
#define uchar unsigned char
#define uint  unsigned int
__CONFIG(FOSC_INTRC_NOCLKOUT & WDTE_OFF & MCLRE_OFF);
//配置文件,设置为内部RC振荡,禁止看门狗,MCLR复位功能关闭
void mDelay(uint DelayTime)
{   uchar  temp;
    for(;DelayTime>0;DelayTime--)
    {   for(temp=0;temp<165;temp++)
        {;}
    }
}
void main()
{   TRISC = 0;                    //PORTC 设为输出
    PORTC = 0;
    for(;;)
    {   RC0 = !RC0;               //取反 RC0
        mDelay(1000);
    }
}
```

程序分析：main 函数中的第 1 行暂且不看，第 5 行是"RC0=！RC0;"，在 RC0

前有一个符号"!"。符号"!"是 C 语言的一个运算符,就像数学中的"+"、"-"一样,是一种运算符号,意义是"取反",即将该符号后面的那个变量的值取反。

注意:取反运算只是对变量的值而言的,并不会自动改变变量本身。

可以认为 C 编译器在处理"!RC0"时,将 RC0 的值给了一个临时变量,然后对这个临时变量取反,而不是直接对 RC0 取反,因此取反完毕后还要使用赋值符号"="将取反后的值再赋给 RC0。这样,如果原来 RC0 是低电平(LED 灭),那么取反后,RC0 就是高电平(LED 亮);反之,如果 RC0 是高电平,那么取反后,RC0 就是低电平。这条指令被反复地执行,接在 RC0 上灯就会不断亮、灭。

main 函数中的第 5 行程序会被反复执行的关键就在于 main 函数中的第 4 行程序"for(;;)",这里不对此详细解释。读者暂时只要知道,这行程序连同其后的一对大括号"{}"构成了一个无限循环语句,一旦程序开始运行,该大括号内的语句会被反复执行,直到断电为止。

main 函数中的第 6 行程序是"mDelay(1000);"。这行程序的用途是延时 1 s,由于单片机执行指令的速度很快,如果不进行延时,则灯亮之后马上就灭,灭了之后马上就亮,亮与灭之间的间隔时间非常短,人眼根本无法分辨。

这里"mDelay(1000);"并不是由 HI-TECH 提供的库函数,如果在编写其他程序时写上这么一行,会发现编译通不过。那么这里为什么能正确编译呢?注意观察,可以发现这个程序中有 void mDelay(…)开始的一段程序行,可见 mDelay 这个词是编程者自己起的名字,并且为此编写了一段程序。如果读者的程序中没有这么一段程序,那就不能使用 mDelay(1000) 了。有人可能马上想到,可不可以把这段程序复制到其他程序中,然后就可以在那个程序中用 mDelay(1000) 了呢?回答是:当然可以。还有一点需要说明,mDelay 这个名称是由编程者自己命名的,可自行更改名称,但一旦更改了,main() 函数中的名称也要进行相应的更改。

mDelay 后面有一个小括号,小括号里有数据 1 000,这个 1 000 被称为参数。用它可以在一定范围内调整延时时间的长短,这里用 1 000 来要求延时时间为 1 000 ms。要达到这一效果,必须通过自行编写 mDelay 程序来实现。

1.4.2 C 语言编程的特点

通过上述几个例子,可以总结出 C 语言编程的特点如下:

① C 程序是由函数构成的。一个 C 源程序至少包括一个函数,有且只有一个名为 main 的函数,也可以包含其他函数,且一个实用程序中通常都有大量函数,函数是 C 程序的基本单位。main 函数通过直接书写语句和调用其他函数来实现有关功能,这些其他函数可以是由 C 语言本身提供的(这样的函数称为库函数),也可以是用户自己编写的(这样的函数称为用户自定义函数)。库函数与用户自定义函数的区别在于,使用 HI-TECH C 语言编写的任何程序,都可以直接调用 C 语言的库函数,调用时只需要包含具有该函数说明的相应的头文件即可;而自定义函数则是完全个

性化的,是用户根据自己的需要而编写的有关代码。HI-TECH 编译器提供了 100 多个库函数供用户直接使用。

② 一个 C 语言程序,总是从 main 函数开始执行,而不管物理位置上这个 main 函数放在什么地方,如例 1-2 中就是放在了最后。

③ 程序中的 mDelay 如果写成 mdelay 就会编译出错,即 C 语言区分大小写,这一点往往让初学者非常困惑,尤其是学过其他语言的人。有人喜欢,有人不喜欢,但不管怎样,编程者应遵守这一规定。

④ C 语言书写的格式自由,可以在一行写多个语句,也可以把一个语句写在多行,没有行号(但可以有标号);书写的缩进没有要求,但建议读者按一定的规范来写,可以给自己带来方便。

⑤ 每个语句和定义的最后必须有一个分号。分号是 C 语句的必要组成部分。

⑥ 可以用"/*……*/"的形式为 C 程序的任何一部分添加注释。从"/*"开始一直到"*/"结束,中间的任何内容都被认为是注释,所以在书写特别是修改源程序时要注意,如果无意之中删掉一个"*/",那么从这里开始一直要遇到下一个"*/"中的全部内容都将被认为是注释了。原本好好的一个程序,编译已过通过了,稍作修改,一下出现了几十甚至上百个错误,初学 C 语言的人往往对此深感头痛,这时就要检查一下,是否存在这样的情况,如果存在,就要赶紧把这个"*/"补上。

特别地,HI-TECH 编译器也支持 C++风格的注释,就是用"//"引导的后面的语句是注释,例如:

RC0 = !RC0;   //取反 RC0

这种风格的注释只对本行有效,不会出现上述问题,而且书写比较方便,所以在只需要一行注释的时候,往往采用这种格式。在本书的源程序中,这两种注释方法都会出现。

第 2 章

PIC 单片机开发环境的建立

学习 PIC 单片机首先要建立开发环境，边学边练，这样才能尽快地掌握。要使用 C 语言编写 PIC 单片机程序，需要一个编译器、一个集成开发环境。此外，还要准备一个软件仿真平台和一个硬件开发平台。

目前，常用的 PIC 单片机 C 语言编译器是 HI-TECH 的 C 编译器，集成编程环境是 MPLAB X IDE(简称 MPLABX)。下面首先介绍这两个软件的安装与使用，然后介绍如何使用 Proteus 来仿真调试，最后介绍一个硬件实验平台。

2.1 软件开发环境的建立

微芯公司提供了 MPLABX 集成开发环境和 HI-TECH 的 C 编译器，利用这两个软件可以建立 PIC 单片机开发的软件开发环境。

2.1.1 MPLABX 软件的安装与使用

1. MPLABX 简介

MPLABX 是跨平台的微芯公司微处理器开发综合集成开发环境，可工作于 Windows(X86)平台、Linux 平台和 Mac 平台。它把开发过程中用到的各种独立工具集合为一体，实现 PIC 单片机开发的一站式开发。它集成了源程序编译器；支持多种不同的第三方程序语言编译、链接工具；内含一个软件模拟器，可用于模拟调试单片机指令运行；可生成丰富的调试信息；直接支持硬件仿真器和调试器对目标系统进行源程序级的调试；直接支持烧写器，实现芯片的编程功能。

2. MPLABX 的安装

MPLABX 是免费软件，进入微芯公司中文网站 http://www.microchip.com (如图 2-1 所示)，单击"设计支持"栏下面"开发工具"前的"＋"号，在展开后的项目中单击"MPLAB X IDE"即可进入下载页面。这里提供 MPLABX 的最新版本。请

第 2 章　PIC 单片机开发环境的建立

读者选择适合自己平台的版本下载并安装,本书以 Windows 平台为例。

图 2-1　微芯公司中文网站部分界面

3. MPLABX 窗口

图 2-2 所示是一个 MPLABX 窗口,该窗口中展示了尽可能多的子窗口。实际打开 MPLABX 时,有可能什么窗口也不显示,或者仅显示项目窗口和源程序窗口,其他的窗口由用户根据需要通过菜单栏中的"窗口"菜单来打开。

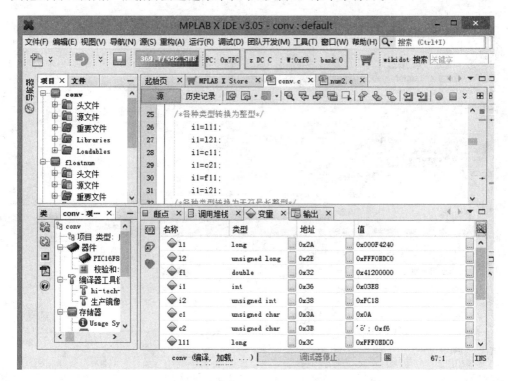

图 2-2　MPLABX 的窗口组成

MPLABX 的窗口非常多,而且窗口中的每一个子窗口都可以拖动,拖动后既可以成为一个独立的窗口,也可以成为其他窗口的一个子窗口。这样的安排使得开发

第2章　PIC单片机开发环境的建立

环境的功能极具个性化,使用者可以根据自己的需要来定制软件的窗口,在做不同的开发时,能达到最优的效果。但是这个强大的功能也会带来麻烦,有时整个窗口会被拖得面目全非,既难以达到使用者的要求,又难以恢复原状。为此,软件提供了"窗口界面恢复"的功能,选择菜单命令"窗口"→"重置窗口",就能使MPLABX窗口恢复到默认设置。无论对于新手还是老手,这都是一个非常实用的功能。

2.1.2　编译软件的安装

支持PIC单片机的C编译器很多,本书以PICC 9.83版为例来讲解。

PICC编译器可以直接挂接在MPLABX集成开发平台下,实现一体化的编译链接和源代码级调试。使用调试工具如ICE2000、ICD3和MPLABX内嵌软件模拟器都可以实现源代码级的调试,非常方便。选择菜单命令"工具"→"选项",打开"选项"对话框,单击"嵌入式"按钮,即出现如图2-3所示界面。在"工具链"列表中显示出当前计算机中已安装好的编译、汇编等工具软件。从图2-3中可以看到,本机安装了C32、mpasm、PICC 9.83、XC8这4个开发工具。

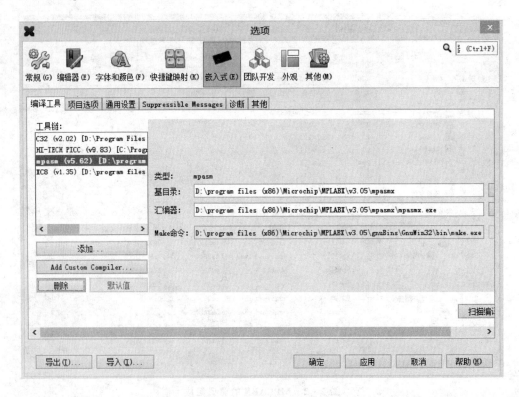

图2-3　"选项"对话框

如果已安装好MPLABX软件后再安装编译工具软件,那么新安装的编译工具不会自动出现在"工具链"列表中,需要扫描编译器或者手动添加。在图2-3所示对话框左侧单击"添加"按钮,即弹出如图 2-4 所示的"添加新的工具链"对话框。

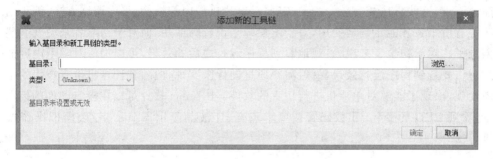

图 2-4 "添加新的工具链"对话框

单击"基目录"文本框后面的"浏览"按钮,弹出"选择基目录"对话框,找到编译软件安装目录,选择安装目录中的 bin 文件夹,然后单击"打开"按钮,如图 2-5 所示。

图 2-5 "选择基目录"对话框

选中基目录后,MPLABX 会自动分析基目录并进行设置,因此不必再手动一一设置编译器、连接器等的位置。当然,如果所用的编译工具比较特殊,也可以通过单击图 2-3 所示对话框中的 Add Custom Compiler 按钮打开对话框,并对编译器的每一个细节进行设置。这种方式通常用不到,这里就不介绍了。

开发工具挂接完成后,在建立项目时可以选择语言工具为 HI-TECH PICC 或者 XC8,具体的步骤通过 2.2 节中的例子来说明。

第 2 章　PIC 单片机开发环境的建立

MPLABX 功能强大，内置了一个模拟器（Simulator），可以在源程序一级调试程序。不过，这些方法相对较为抽象，需要对单片机的内部结构、程序调试方法、编程语言等有所了解才能正确地使用，对于工程师来说较为适用，而对于初学者来说就有些困难了。对于初学者来说，直观地看到程序运行之后的效果，可以加深对学习内容的理解。要看到程序运行效果，一般需要通过硬件来实现，但随着计算机仿真技术的不断发展，出现了能够对单片机进行仿真的软件。Proteus 软件可以在没有硬件的情况下，看到 LED 的变化、让数码管按要求点亮、让液晶显示器显示字符、模拟操作按键等。

2.1.3　Proteus 软件简介

Proteus 软件是英国 Labcenter 公司开发的电路分析与实物仿真软件，它的启动界面如图 2-6 所示。它运行于 Windows 操作系统上，可以仿真、分析各种模拟器件和集成电路。

Proteus 软件的特点如下：

- 具有模拟电路仿真、数字电路仿真、单片机及其外围电路组成的系统的仿真、RS232 动态仿真、键盘和 LCD 系统仿真、I^2C 调试器、SPI 调试器；有各种虚拟仪器，如示波器、逻辑分析仪、信号发生器等。
- 支持主流单片机系统的仿真。目前支持的单片机类型有：68000 系列、80C51 系列、AVR 系列、PIC12 系列、PIC16 系列、PIC18 系列、Z80 系列、HC11 系列、ARM 系列以及各种外围芯片。
- 提供软件调试功能。在该软件的仿真中具有全速、单步、设置断点等调试功能，调试时观察各个变量、寄存器等的当前状态。

图 2-6　Proteus 启动界面

第 2 章　PIC 单片机开发环境的建立

- 具有强大的原理图绘制功能。
- 具有印刷线路板绘制功能。

图 2-7 所示为 Proteus 软件自带的一个实例，是使用 PIC16F876 单片机制作的计算器。从图中可以看出，键盘、LCD 显示器与实物类似。单击窗口左下角的"▶"按钮即可运行这个例子，单击键盘上的数字、符号即可将相应的内容和结果等在 LCD 显示器上显示出来，非常直观。

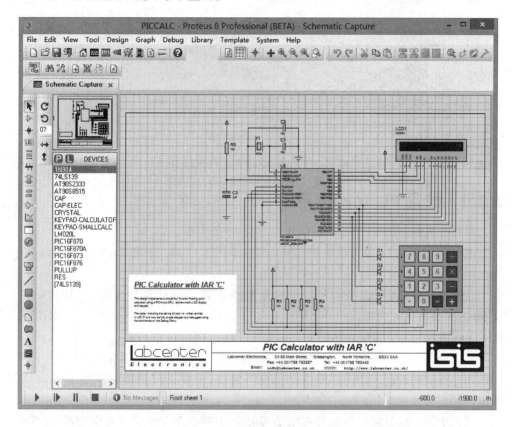

图 2-7　Proteus 软件自带的一个实例

2.2　用 PIC 单片机控制一个 LED

本节要完成的任务是用 PIC16F887 芯片来控制一个 LED，并让这个 LED 按要求点亮或熄灭。

图 2-8 所示为 PIC16F887 芯片控制一个 LED 的电路原理图，首先来分析一下单片机的引脚。

第 2 章 PIC 单片机开发环境的建立

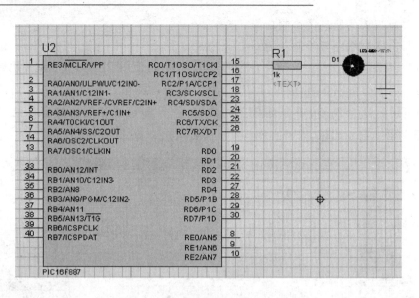

图 2-8 PIC16F887 控制一个 LED

2.2.1 配置 PIC16F887 芯片

双列直插封装的 PIC16F887 单片机共有 40 条引脚。

电源：PIC16F887 单片机使用 5 V 电源，其中第 11 脚、第 32 脚均接 VCC，第 12 脚和第 31 脚接地。

时钟信号电路：PIC16F877 芯片共有 8 种不同的时钟信号来源，其中 INTOSCIO 方式是使用片内振荡电路，并且振荡信号不对外输出，即其 OSC1/CLKIN 和 OSC2/CLK2 两条引脚作为通用 I/O 引脚来使用。

复位：PIC16F887 芯片有多种不同的复位方式，包括芯片上电复位（POR）、正常工作和休眠时的外部 $\overline{\text{MCLR}}$ 引脚上加低电平复位、正常工作和休眠状态下的 WDT 复位以和掉电锁定复位（BOR）等 6 种。

这其中有一些复位不需要外部电路的配合，直接在单片机芯片内部完成，而有一些则需要外部电路连接来完成。为了避免在刚开始学习时由于芯片内部看门狗复位而造成的误判，一般在学习程序中总是关掉看门狗。

本电路不使用外接晶振，直接使用内部振荡电路 INTOSCIO 格式。关闭看门狗，关闭 MCLR 复位，其他都用默认值。以下是例 1-1 中的配置文件：

```
__CONFIG(FOSC_INTRC_NOCLKOUT & WDTE_OFF & PWRTE_OFF & MCLRE_OFF & CP_OFF & CPD_OFF & BOREN_ON & IESO_ON & FCMEN_ON & LVP_OFF);
__CONFIG(BOR4V_BOR40V & WRT_OFF);
```

括号中 FOSC_INTRC_NOCLKOUT、WDTE_OFF 等符号都是由 PICC 编译器预先定义好的，有以下两种方法可以使用这些符号：

第 2 章 PIC 单片机开发环境的建立

第一种方式是打开 HT-PIC 编译软件的安装目录，找到 PIC16F887.h 文件。以作者的计算机为例，打开存放在 C:\Program Files (x86)\HI-TECH Software\PICC\9.83\include 文件夹中的这个文件，可以看到这些符号的定义。为便于读者理解，以下程序行中添加了部分中文注释。

```c
//配置寄存器：CONFIG1
#define CONFIG1              0x2007        //CONFIG1 配置寄存器的地址
//振荡器选择位
// RC oscillator: CLKOUT function on RA6/OSC2/CLKOUT pin, RC on RA7/OSC1/CLKIN
#define FOSC_EXTRC_CLKOUT    0xFFFF
// RCIO oscillator: I/O function on RA6/OSC2/CLKOUT pin, RC on RA7/OSC1/CLKIN
#define FOSC_EXTRC_NOCLKOUT  0xFFFE
// INTOSC oscillator: CLKOUT function on RA6/OSC2/CLKOUT pin, I/O function on RA7/
// OSC1/CLKIN
#define FOSC_INTRC_CLKOUT    0xFFFD
// INTOSCIO oscillator: I/O function on RA6/OSC2/CLKOUT pin, I/O function on RA7/
// OSC1/CLKIN
#define FOSC_INTRC_NOCLKOUT  0xFFFC
// EC: I/O function on RA6/OSC2/CLKOUT pin, CLKIN on RA7/OSC1/CLKIN
#define FOSC_EC              0xFFFB
// HS oscillator: High-speed crystal/resonator on RA6/OSC2/CLKOUT and RA7/OSC1/CLKIN
#define FOSC_HS              0xFFFA
// XT oscillator: Crystal/resonator on RA6/OSC2/CLKOUT and RA7/OSC1/CLKIN
#define FOSC_XT              0xFFF9
// LP oscillator: Low-power crystal on RA6/OSC2/CLKOUT and RA7/OSC1/CLKIN
#define FOSC_LP              0xFFF8
// Watchdog Timer Enable bit
// WDT enabled
#define WDTE_ON              0xFFFF
// WDT disabled and can be enabled by SWDTEN bit of the WDTCON register
#define WDTE_OFF             0xFFF7
……
```

第二种方式相对简单一些，借助 MPLABX 的一项功能来完成。选择菜单命令"窗口"→"PIC 存储器视图"→"配置位"，打开"配置位"窗口。当前 CPU 的所有可设置项均由表格列出，如图 2-9 所示。单击 Option 列中的各个下拉列表，找到所需的设置项。如图 2-9 所示，FOSC 为 INTRC_NOCLKOUT 模式，WDTE 是处于 OFF 的状态等。

配置完成后，单击"输出生成源代码"按钮，即自动生成配置语句（见图 2-10）。

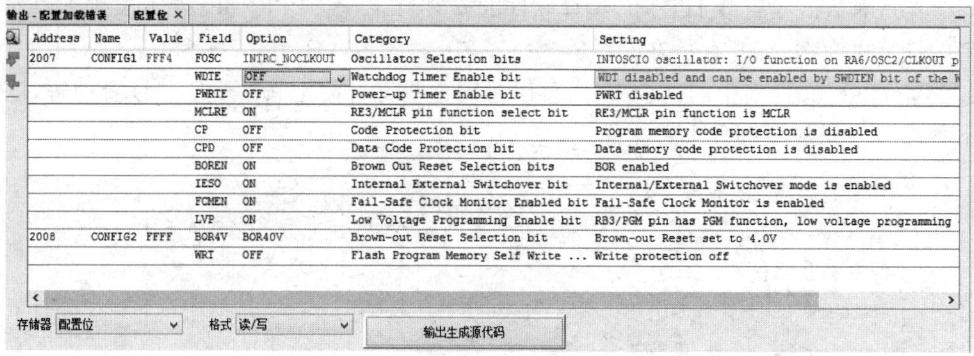

第 2 章　PIC 单片机开发环境的建立

```
// PIC16F887 Configuration Bit Settings

// 'C' source line config statements

#include <htc.h>

__CONFIG(FOSC_INTRC_NOCLKOUT & WDTE_OFF & PWRTE_OFF & MCLRE_ON & CP_OFF & CPD_OFF & BOREN_ON & IESO_ON & FCMEN_ON & LVP_ON);
__CONFIG(BOR4V_BOR40V & WRT_OFF);
```

图 2-9　设置配置位

图 2-10　自动生成配置源代码

复制 __CONFIG(……) 语句，粘贴到自己的程序中，即可实现相应的配置。

如果使用的编译器是 XC8，那么所有的步骤都与使用 PICC 相同，仅在输出生成源代码时，生成形式不同的源代码，如下：

```
#include "xc.h"
//CONFIG1
#pragma config FOSC = INTRC_NOCLKOUT
#pragma config WDTE = OFF
……
```

同样，只要将这些源代码复制粘贴到自己的程序中，即可实现相应的配置。

本书例子均以 PICC 9.83 来编译，读者可以根据这里的提示改为使用 XC8 来编译。

2.2.2　任务分析

按图 2-8 所示的接法，要发光二极管 D1 点亮，第 15 脚必须为高电平"1"，通过限流电阻 R1 向 D1 供电，使 D1 发光。

按图 2-8 所示，第 15 脚为 RC0，让这个引脚变为高电平的程序如下：

第 2 章　PIC 单片机开发环境的建立

```
#include <htc.h>
__CONFIG(FOSC_INTRC_NOCLKOUT & WDTE_OFF & MCLRE_OFF);
//配置文件,设置为内部 RC 振荡,禁止看门狗,MCLR 复位功能关闭
void main()
{    TRISC = 0x0;                //PORTC 设置为输出
     PORTC = 0x01;               //点亮 LED1
     for(;;){;}
}
```

程序分析：PIC 单片机的引脚通常都是复用的,即同一引脚具有多种功能。其中数字输入/输出是其基本功能。除了极个别的引脚外,几乎所有的引脚都是既能作为输出使用,又可以作为输入使用。但这两种用途不能同时实现,需要对其设置才可分时使用。

对于 PORTC 来说,TRISC 是其方向控制寄存器,这是一个 8 位的寄存器,每一位与端口引脚的每一位对应:当其值为 0 时,相应引脚作为输出使用;而当其值为 1 时,相应引脚作为输入使用。这段程序中有"TRISC＝0x0;"这样的一行,即将十六进制数 0(相当于二进制数 0000 0000B)赋给 TRISC,也就是将 TRISC 的所有位均置 0,这样 PORTC 的 8 个引脚均作为输出来使用。

在设置了 RC0 引脚作为输出以后,只要将该位置 1,该引脚就能输出高电平,接在该引脚上的 LED 就应该被点亮。程序中有"PORTC＝0x01;"这样的一行语句,将 PORTC 的第 0 位(即 RC0)置 1,因此,执行完这一行程序后,接在 RC0 上的 LED 被点亮。

配置文件由 MPLABX 自动生成,但做了一些简化。

接下来开始学习如何在 MPLABX 中一步一步地建立项目、输入这段源程序并编译、链接通过。

运行 MPLABX,选择菜单命令"文件"→"新建项目",即弹出"新建项目"对话框,如图 2-11 所示。

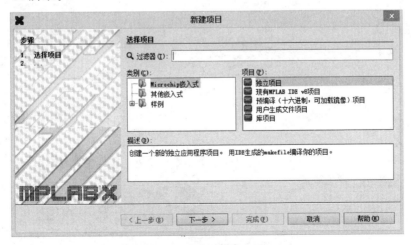

图 2-11　"新建项目"对话框

第 2 章　PIC 单片机开发环境的建立

在"类别"列表框中选择"Microchip 嵌入式",在"项目"列表框中选择"独立项目",单击"下一步"按钮,要求选择项目所用器件,如图 2-12 所示。在"系列"下拉列表中选择 Middle Rage 8-bit Mcus(PIC10/12/16/MCP),然后在"器件"下拉列表中找到并单击 PIC16F887 芯片,完成器件选择任务。完成第一次选择以后,系列中会出现"最近使用"选项,并将最近用过的"器件"型号列在器件下拉列表中,这样以后就不用每次都在冗长的器件列表中寻找所需的芯片了。选择的型号会作为 MPLABX 的环境变量保存,在编译程序时,根据这一环境变量选择 htc.h 文件中提供的各种 CPU 的头文件。例如:选择了 PIC16F887 芯片,在编译时将会把 PIC16F887.h 的文件包含进来。

图 2-12　选择所使用的芯片

单击"下一步"按钮,选择调试工具,如图 2-13 所示。列表框中列出了本机所支持的各种调试工具,包括 ICD3、PICkit2、PICkit3 和 Simulator 等,这里选择 Simulator。

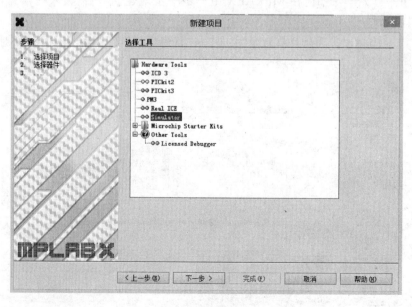

图 2-13　选择使用 Simulator 仿真

第 2 章　PIC 单片机开发环境的建立

单击"下一步"按钮，要求选择编译工具。所有编译工具都已出现在列表框中，需要使用哪一个编译工具，单击选中即可。这里选择 HI-TECH PICC 9.83 版，如图 2-14 所示。

图 2-14　选择编译工具为 HI-TECH PICC 9.83 版

编译工具选择完成后，单击"下一步"按钮，进入创建项目名称的对话框，如图 2-15 所示。为项目起一个名字，然后再选择项目被保存的位置。

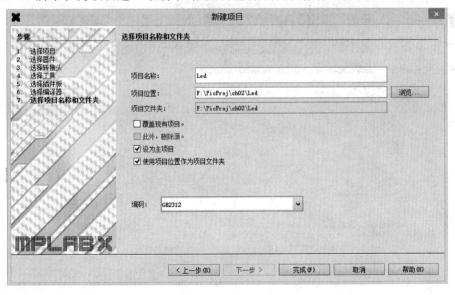

图 2-15　将项目文件保存在指定的文件夹中

第 2 章　PIC 单片机开发环境的建立

图 2-15 中有一个选择项为"使用项目位置作为项目文件夹",如果勾选该项,那么图中项目文件夹将与项目位置文件夹中的设置保持一致,否则 MPLABX 将在项目位置文件夹中再建一个名为 Led.x 的文件夹,并将其作为项目文件夹。两种方法没有优劣之分,读者可以根据个人习惯来选择。本书例子中要将这两个文件夹放在一起,因此需要勾选此项。

图 2-15 中另一个选择项为"设为主项目",也应该勾选。MPLABX 以工作区的概念来组织项目,在一个工作区中有若干个项目,这些项目并列于项目管理窗口中,方便相互之间的切换。例如在开发一个产品时,往往需要对这个产品的各个部分编写程序进行测试,如显示部分、键盘部分、存储部分等。这些测试程序是独立的,但又都是围绕着同一块电路板进行的,它们之间有一定的关联。在编写键盘部分的程序时可能会用到显示部分,在编写完整应用程序时会用到各个测试程序等。利用工作区概念,将这些测试程序项目和应用开发项目全部放在一个工作区中,随时切换、查看,非常方便。不论工作区中有多少个项目,在任一时刻只能有一个主项目,或者称之为当前被选中的项目。所有的编译、调试等操作都是针对主项目的。

在"编码"下拉列表中选择 GB2132,以支持中文应用。

命名并选择完毕,单击"完成"按钮回到主界面,如图 2-16 所示。

观察图 2-16,可以看到这个项目的整体情况。项目名为 Led,其下有头文件、源文件、重要文件等多个管理组。接下来要做的是新建一个源程序文件,输入源程序,并将

图 2-16　项目文件保存的路径

源程序加入到项目中。首先在项目栏中单击"源文件"使得"源文件"项高亮显示,然后选择菜单命令"文件"→"新建文件",弹出"新建文件"对话框,如图 2-17 所示。

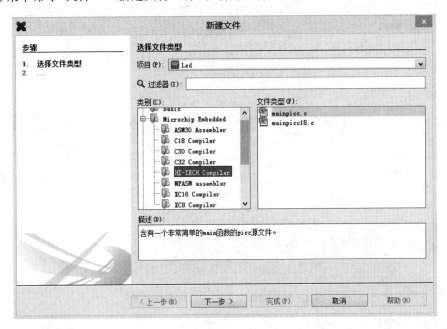

图 2-17 "新建文件"对话框

在"类别"列表框中选择 Microchip Embedded 并展开,选择 HI-TECH Compiler,然后在右侧"文件类型"列表中选择 mainpicc.c,单击"下一步"按钮,弹出如图 2-18 所示的对话框。

修改文件名,命名为 Led,单击"完成"按钮,自动产生一个名为 Led.c 的源程序文件,并将这个文件加到源文件栏目中,如图 2-19 所示。

如果在新建文件时没有先选中源文件栏,则新建后的 Led.c 文件会出现在其他栏目的位置,这时只要拖动文件名到源文件栏即可。

双击 Led.c,可以看到文件内容如下:

```
/*
 * File:   Led.c
 * Author: Administrator
 *
 * Created on 2015 年 8 月 18 日, 下午 8:55
 */
#include "htc.h"
int main(void) {
    return 0;
}
```

第 2 章　PIC 单片机开发环境的建立

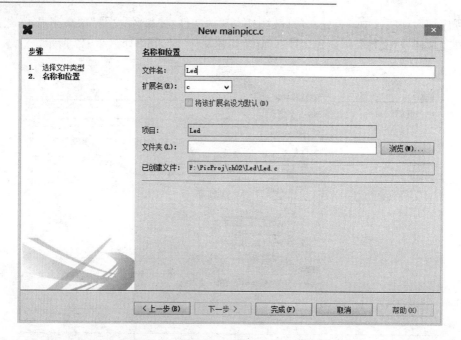

图 2-18　确认文件的名称和保存位置

可见，这个操作是生成了一个简单的模板文件，编程者可以在这个基础上编写自己需要的程序。

将 2.2.2 小节的源程序输入，并保存，选择菜单命令"运行"→"编译主项目"即可对项目中的源程序进行编译，编译的结果如图 2-20 所示。

至此，这个程序已建立完成，并编译、链接通过，生成了名为 Led.production.cof 的目标代码文件。该文件可供调试器调用以进行源程序级的

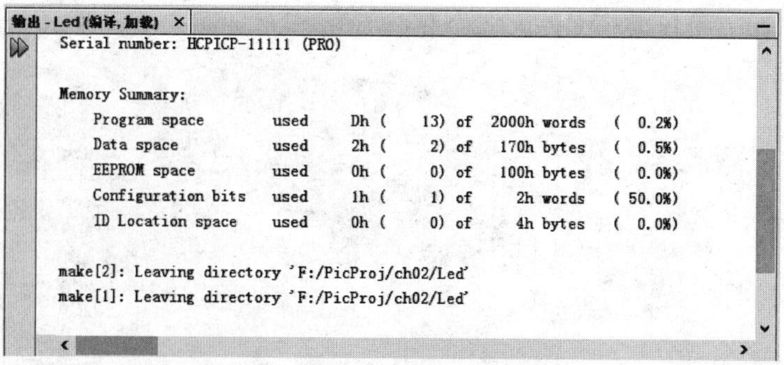

图 2-19　在源文件栏目下增加源程序文件

图 2-20　编译的结果

调试。同时还生成了名为 Led. production. hex 的目标文件，如果有硬件电路，可以将 Led. production. hex 文件写入芯片中来验证 LED 是否被点亮。

为使读者在手边没有硬件的情况下也能看一看程序执行的结果，下面介绍如何在 Proteus 中实现这一电路，并模拟运行结果。

2.3 Proteus 仿真的实现

Proteus 软件安装好后，双击桌面上的 Proteus 图标即可打开。其启动界面是一个列有功能的主页窗口，如图 2-21 所示。

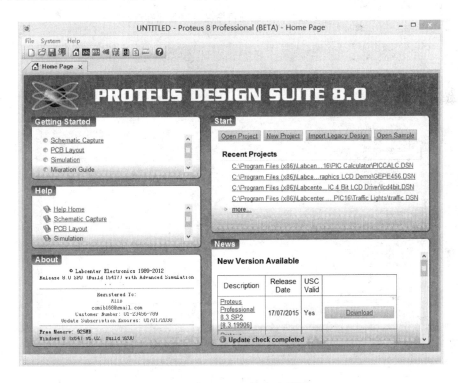

图 2-21 Proteus 的启动界面

2.3.1 电路图的设置

单击菜单命令 File→New Project 打开新建项目向导对话框，为新建项目命名并设置保存路径。在 PicProj 的 ch02 文件夹下建立一个名为 Proteus 的文件夹，并将其设为新建项目所在文件夹，如图 2-22 所示。

设置完成后，单击 Next 按钮，在随后弹出的对话框中选择图纸，如图 2-23 所示。

这里选择 A4 图纸横放，然后单击 Next 按钮进入 PCB 设置对话框。由于本项

第2章 PIC单片机开发环境的建立

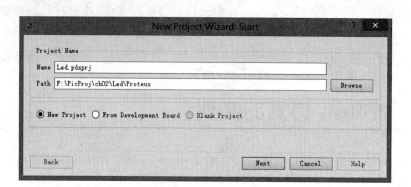

图 2-22 为新建项目命名并设置保存路径

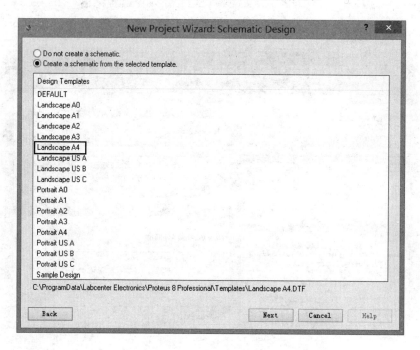

图 2-23 选择图纸

目设定时不需要用到 PCB 设计,因此,直接单击 Next 按钮进入如图 2-24 所示的 Firmware 设置对话框。

选择 Create Firmware Project 项,在 Family 下拉列表中选择 PIC16,在 Contoller 下拉列表中选择 PIC16F887,在 Compiler 下拉列表中选中 HI-TECH C for PIC10/12/16,勾选 Creat Quick Start Files 选项(该选项将为项目创建一个 main.c 的源程序文件),然后单击 Next 按钮进入下一个总结页面,然后再单击 Finish 按钮返回主界面。系统提供了一个页面为 A4 的图纸,并已放置了一个 PIC16F887 的芯片元件,如图 2-25 所示。

第 2 章　PIC 单片机开发环境的建立

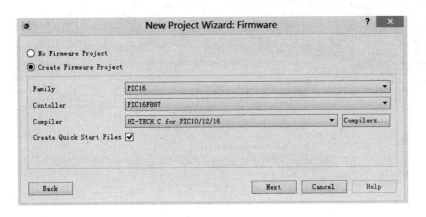

图 2-24　设置 Firmware

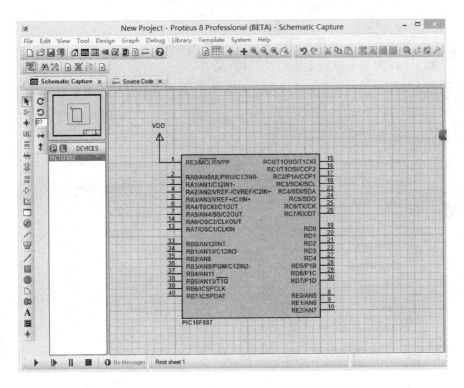

图 2-25　放置了一个 PIC16F887 芯片的图纸界面

系统同时生成了一个名为 main.c 的文件,该文件有一些简单的说明并包含一个 main 函数,如图 2-26 所示。

如果不希望自动生成图纸及源程序文件,那么可以在图 2-24 所示的对话框中勾选 No Firmware Project 选项,这样系统就会生成一个空白的图纸,也不会自动增加 main.c 文件。

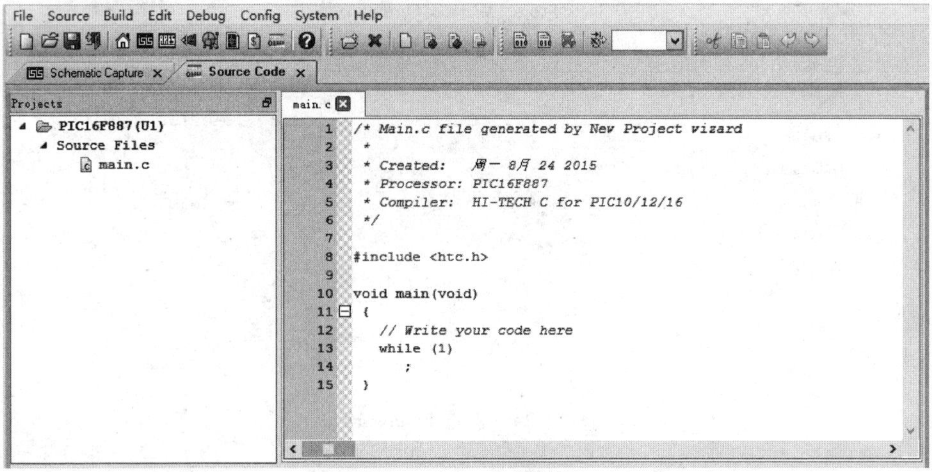

第 2 章 PIC 单片机开发环境的建立

图 2-26 系统自动生成的模板文件

在图 2-24 所示对话框中进行设置时,还有一个选项是 Compilers,这是要求为这个项目选择编译工具。单击 Compilers 按钮,即打开如图 2-27 所示对话框。

图 2-27 Proteus 软件中支持的编译工具链

从图 2-27 中可以看到,Proteus 软件已在系统中找到了多种编译工具,包括由 Proteus 软件自带的 3 种汇编工具(MPASM、AVRASM 和 ASEM-51)以及 HI-TECH 编译器。如果所安装的编译器没有出现在对话框中,则可单击 Manual 按钮打开对话框,然后手工添加编译器所在路径。

从以上设置过程可以看到,Proteus 软件不借助于外部的 MPLABX,同样可以完成源程序的编写、编译、调试等工作。不过,本书并不是单纯地学习 Proteus 软件,因此各项目仍以 MPLABX 为开发环境,而 Proteus 仅用作仿真软件。

2.3.2 电路图的绘制

单击主窗口中的 Schematic Capture,切换回仿真工作图,现在图纸上仅有一个 PIC16F887 芯片,还需要添加发光二极管和限流电阻,因此,单击 DEVICES 左侧的 P 按钮(如图 2-28 所示)打开 Pick Devices 对话框,如图 2-29 所示。这里包含了各种元件,左侧的 Category 是大的分类,其下方的 Sub-category 是大的分类中的小类别,例如在 Optoelectronics(光电子学)分类中,又有很多个小类别,找到其中的 LEDs,可以在中间的 Results(结果)窗口中找到 Proteus 提供的所有与 LED 有关的元件。选择其中的 LED-YELLOW 元件,根据描述,这是一个黄色的发光二极管。双击元件名称即可将这一元件加入到当前项目中,并且对话框不关闭,可以继续选择其他元件。接下来用同样的方法找到电阻,选择 0.6 W 系列,选择其中的 470R,也就是 470 Ω 的电阻,加入项目中。

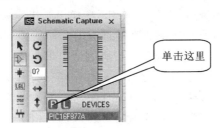

图 2-28　单击 P 按钮打开选取元件对话框

选好元件后,单击 OK 按钮关闭 Pick Devices 对话框并回到主界面。然后单击左侧边工具条上的 按钮,使得窗口左上角看起来如图 2-30 所示。

选中 MINRES470R,然后在图纸中再次单击,可以看到有一个电阻跟随鼠标指针移动,找到合适的位置单击,将元件放下,这就是电阻 R1;将鼠标指针移到电阻 R1 的标号字符或者数值字符上并且按下鼠标左键,即可拖动这些字符,而将鼠标移到表示电阻的图形上时,按住鼠标左键即可拖动电阻本身。适当移动电阻 R1 的标号及其阻值字符,使得字符与图形尽量紧凑一些,然后用同样的方法放置电阻 R2~R8 以及发光二极管 D1~D8。

放置发光二极管时,发光二极管是竖直放置的,如需它水平放置,则可在放置好

第 2 章 PIC 单片机开发环境的建立

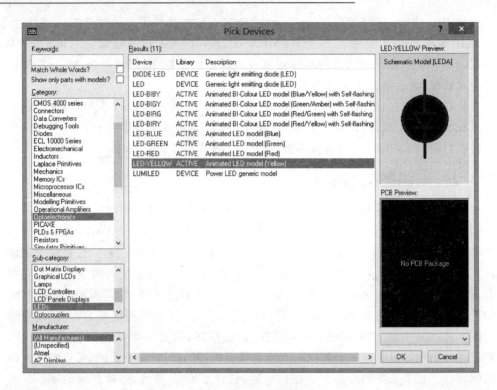

图 2-29 挑选元件

后,将鼠标指针移到发光二极管上,然后右击,在弹出的快捷菜单中选择 Rotate Anti-Clockwise(逆时针),或者直接按下数字键盘上的"+"键,就可以让元件旋转。元件放置完毕,将鼠标指针移到元件引脚端,引脚端会出现红色小方块,示意已找到引脚,按住鼠标左键,然后移动鼠标,这时会有一根线跟随鼠标移动,找到需要连接的另一个元件引脚,单击,两个引脚就被导线连在了一起。导线全部连接好以后,单击左侧边工具条上的 图标,切换到 TERMINALS 窗口,如图 2-31 所示。

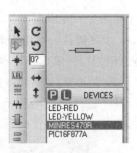

图 2-30 以 Compan Mode 来查看项目中的元件

图 2-31 TERMINALS 窗口

在 TERMINALS 窗口中找到 GROUND，为所绘制的图形加上接地端。最终完成的电路图如图 2-32 所示。

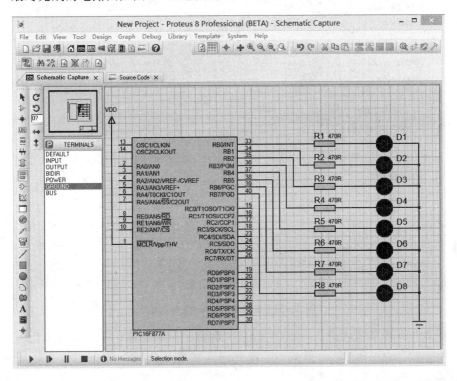

图 2-32　PORTB 端口接 8 只 LED

单击 U1，其颜色变为红色，说明该芯片被选中；再次单击，即弹出如图 2-33 所示的 Edit Component 对话框。

图 2-33 所示对话框中包含的内容较多，当设计该图的目的在于仿真时，主要关心其中的 Program File 和 Processor Clock Frequency 文本框即可。将 2.3 节生成的程序文件连同路径一起直接写入 Program File 文本框中，如果不知道路径，则可单击该文本框后的图标找到这一程序文件。使用 MPLABX 开发工具生成的目标文件路径有些复杂，图 2-34 所示为 LED 项目文件的树状文件结构图。

从图 2-34 可以看到，在 Led 文件夹下有 5 个文件夹，其中前面 4 个是由 MPLABX 自动生成的，最后一个 Proteus 文件夹是在建立 Proteus 项目时手动建立的，Proteus 仿真文件就保存在这个文件夹中。而由 MPLABX 编译完成的目标文件则放在 dist\default\production\路径下。在图 2-33 所示对话框中打开查找程序文件的对话框，找到该文件夹，即可找到 Led.production.cof 文件。

设置好 Program File 后，在 Processor Clock Frequency 文本框中输入这一电路所用晶振的频率，这里填写 4 MHz，这是 PIC16F887 芯片使用内部振荡电路时的默认振荡频率。

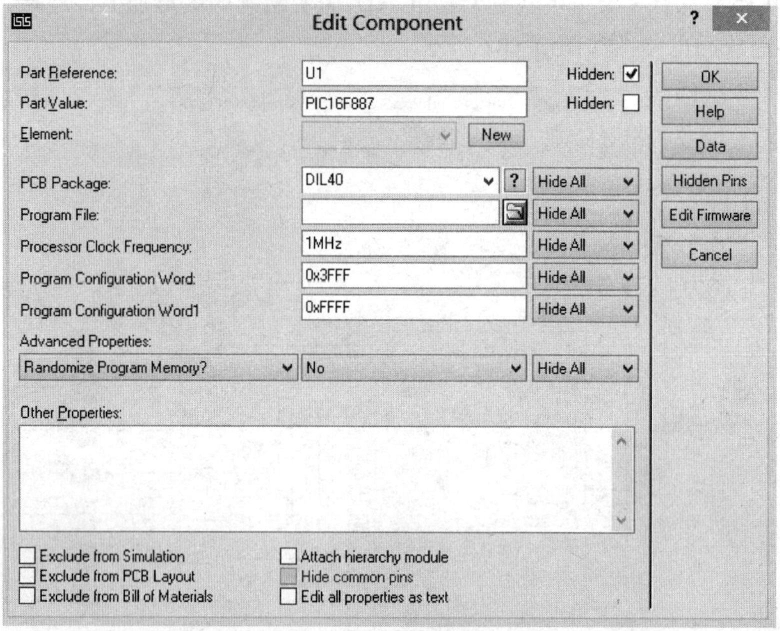

第 2 章 PIC 单片机开发环境的建立

图 2-33 Edit Component 对话框

设置好程序及处理器频率后，单击 OK 按钮回到主界面。单击如图 2-35 所示工具条中的"运行"按钮（即图 2-35 左侧第 1 个按钮图标），即可运行程序并观察结果。

图 2-34 项目文件夹树状结构图

图 2-35 工具条中的"运行"按钮

2.4 硬件实验环境的建立

使用 Proteus 软件虽然能在一定程度上演示程序运行的结果，但仿真运行的结果和实际使用硬件运行的结果不可能完全相同，故有一些练习在仿真软件上也无法实现。因此,作者特意设计了一块硬件电路板,以便通过硬件调试来学习 PIC 单片机。本实验板由底板和 CPU 板两部分组成。底板的外形如图 2-36 所示。CPU 板可以根据自己的需要使用万能板自行焊接或者根据底板插座定义自行设计制作。

图 2-36　组合式单片机实验板的底板外形

2.4.1　实验板简介

本实验板上安装了 8 位数码管、8 个发光二极管、8 个独立按钮开关、16 个矩阵接法的按钮开关、1 个 PS2 接口插座、1 个音响电路、1 个 555 振荡电路、1 个 EC11 旋转编码器、AT24C02 芯片、93C46 芯片、RS232 串行接口、RS485 接口、DS1302 实时钟芯片(带有外接电源插座,可外接电池用以断电保持)、20 引脚的复合型插座(可以插入 16 引脚的字符型 LCM 模块、20 引脚的点阵型 LCM 模块、6 引脚的 OLED 模块)34 芯并行接口的 2.8 英寸彩色触摸屏显示器。彩屏显示器下方有一个 595 芯片制作的交通灯模块,提供了双 6 芯插座,可以直接接入 NRF2401 无线遥控模块和EC28J60 网络模块,提供了 4 个单排孔插座,可以插入市场上常见的各类功能模块,如无线 Wi-Fi、蓝牙、超声波测距、单线制测温芯片、湿度测试芯片、数字光强计、红外遥控接收头、三轴磁场测试模块接口等,充分利用了当前嵌入式系统的学习生态,极大地拓展了本实验板的应用范畴。

使用这块实验板可以进行流水灯、人机界面程序设计、音响、中断、计数器等基本编程练习，还可以学习各类串行接口芯片的编程方法、各类液晶接口的编程方法以及电机驱动方法、串行通信技术等。下面对实验板进行详细说明。

2.4.2 硬件结构

1. 电源电路

实验板上有两路供电电路，如图 2-37 所示。第 1 路是通过 J6 输入 8～16 V 交/直流电源，经 BR1 整流、E1 滤波后，经 MP1 稳压成为 5 V 电源，通过自恢复保险丝 F1 后提供给实验板使用。第 2 路是通过 USB 插座 J3 直接从计算机中取电，经过 D5 隔离、自恢复保险丝 F2 后提供给实验板使用。大部分情况下，使用第 2 路供电即可。这样，只需要一根 USB 连接线就可以完成板上的各种项目。但如果遇到所用计算机的供电能力较弱或需要做电机、温控等实验时，也可以通过外接电源供电。

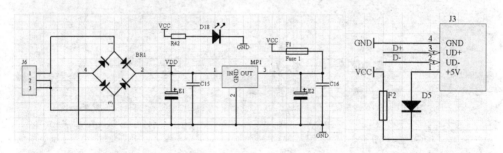

图 2-37 实验板的电源电路

2. 发光二极管

实验板上有 8 个发光二极管，如图 2-38 所示。这些发光二极管的阳极通过限流排阻 PZ1 连接到电源端，阴极可以连接到单片机的任意一个 8 位端口。P15 可以选择这些发光管是否接入电路。这些发光二极管在 PCB 板上被排列成圆形，除了做一般意义上的流水灯等练习项目以外，还可以做风火轮等各种有趣的练习项目。

3. 数码管

实验板上设计了 8 位数码管，使用了 2 个 4 位动态数码管。为了保护单片机芯片并提供更好的通用性，实验板上使用了 2 片 74HC245 芯片作为驱动，如图 2-39 所示。其中一片 74HC245 芯片的 E 引脚被接入选择端子 P11，如果 E 引脚被接入 VCC，那么该芯片输出引脚为高阻态，这样数码管就不会显示了。在做 LCM 模块实验时，可以避免各功能模块之间的相互干扰。

4. 串行接口

串行接口通信是目前单片机应用中经常要用到的功能。PIC16F887 单片机

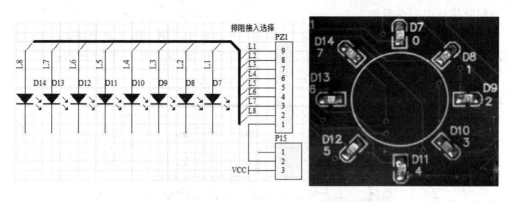

图 2-38 发光二极管电路原理图及 PCB 布置图

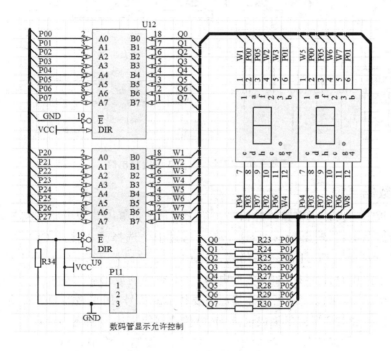

图 2-39 显示器接口电路原理图

RC6 和 RC7 是复合功能引脚,其所具有的功能之一就是分别作为串行接口的 TX 引脚与 RX 引脚,其内部的串行接口电路具有全双工异步通信功能,但是单片机输出的信号是 TTL 电平。为获得电平匹配,实验板上安装 HIN232 芯片,利用该芯片进行电平转换。该芯片内部有电荷泵,只要单一的 5 V 电源供电即可自行产生 RS232 所需的高电压,使用方便。

实验板上同时还安装了 MAX485 芯片,可以进行 485 通信实验。

5. 各类键盘输入

PIC 单片机的端口既可以作为输入使用,又可以作为输出使用,而且在作为输入使用时是真正的高阻输入。

本实验板上与键盘有关的有 3 组,如图 2-40 所示。第一组是 8 个独立按键,可以直接接入 8 个 I/O 口中;第二组是 16 个矩阵式键盘;第三组是 PS2 键盘接口,这是一个有源键盘接口,可以接入 PS2 标准键盘。

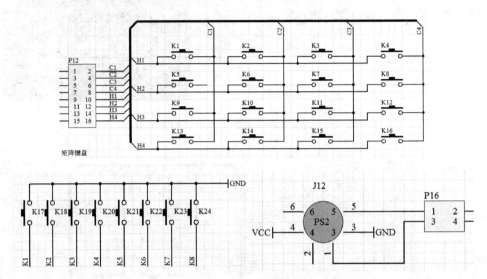

图 2-40 实验板上的 3 组键盘电路

6. 计数信号源

实验板上还设计了多路脉冲信号。第 1 路是通过 555 集成电路及相关阻容元件构成多谐振荡电路,输出矩形波;这个信号通过 JP1 选择是否接入 CPU 插座。第 2 路是电路中安装了 EC11 旋转编码器,转动 EC11 编码器手柄,即可产生计数信号。第 3 路是电路中设计了 LM393 整形电路,将不规则的波形整形为矩形波,这是为测速电机预留的,也可以接入正弦等其他需要整形的信号,用来做测频等实验。第 4 路是通过外接 CS3020 等霍尔集成电路、光电传感器等来进行相应的计数实验。

EC11 是一种编码器,广泛应用于各类音响、控制电路中。EC11 的外形及其内部电路示意图如图 2-41 所示。

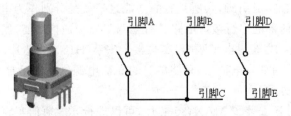

图 2-41 EC11 编码器外形及电路连接示意图

第2章　PIC单片机开发环境的建立

EC11共有5个引脚,其中AC、BC分别组成2个开关:旋转开关时,两组开关依次接通、断开;当旋转方向不同时,两组开关接通和关闭的顺序也不同。当顺时针旋转EC11编码器时,电路的工作波形如图2-42(a)所示;当逆时针旋转EC11编码器时,电路的工作波形如图2-42(b)所示。通过编程,EC11可用于音量控制、温度升降等各种场合。EC11还有两条引脚D和E,组成一个独立开关:按下手柄,开关接通;松开手柄,开关断开。

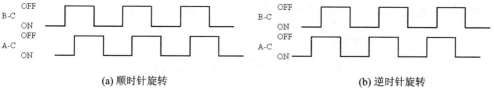

(a) 顺时针旋转　　　　　　　　　　(b) 逆时针旋转

图2-42　EC11工作波形图

图2-43所示为实验板上555振荡电路及EC11编码器相关电路。通过P8可以决定是否将555振荡电路的信号接入CPU插座,EC11的两个输出端是否接入CPU插座,整形电路的输出端(SM1和SM2)是否接入CPU插座,EC11中的一路独立开关是否接入CPU插座。

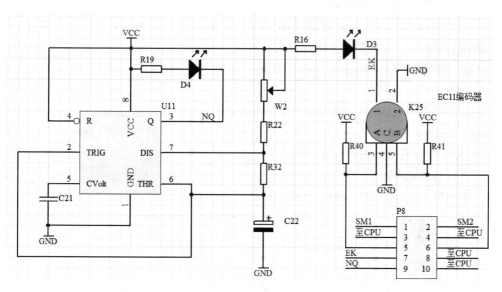

图2-43　实验板上的信号产生电路

7. 音响及继电器接口

电路板上的三极管驱动一个无源蜂鸣器构成一个简单的音响电路,三极管Q2及周边电路组成继电器控制电路,如图2-44所示。

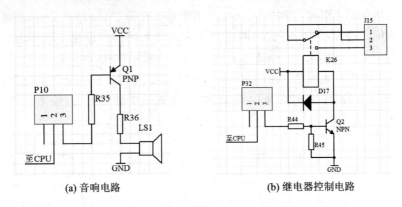

图 2-44 音响电路和继电器控制电路

8. 串行接口芯片

传统的接口芯片与单片机连接时往往采用并口方式,如经典的 8255 等芯片。并行接口方式需要较多的连接线,而目前各类与单片机接口的芯片越来越多地使用串行接口,这种连接方式仅需要数量很少的连接线就可以了,使用方便。

3 种典型串行接口原理图如图 2-45 所示。

(1) AT24Cxx 接口芯片

AT24Cxx 接口芯片系列是 EEPROM 中应用广泛的一类,该系列芯片仅有 8 条引脚,采用二线制 I^2C 接口。本实验板设计安装了 AT24C02 芯片,可以做该芯片的读/写实验。

(2) 93C46 接口芯片

93C46 接口芯片为三线制 SPI 接口方式芯片,这也是目前应用比较广泛的一种芯片。通过学习这块芯片与单片机接口的方法,还可以了解和掌握三线制 SPI 总线接口的工作原理及一般编程方法。

(3) DS1302 接口芯片

DS1302 接口芯片是美国 DALLAS 公司推出的具有涓细电流充电能力的低功耗实时时钟电路。它可以对年、月、日、星期、时、分、秒进行计时,且具有闰年补偿等多种功能。本实验板上焊有 DS1302 芯片及后备电池座,可用于制作时钟等实验。

9. 显示模块接口

液晶显示屏由于具有体积小、重量轻、功耗低等优点,逐渐成为各种便携式电子产品的理想选择。字符型液晶显示器专门用于显示数字、字母、图形符号并可显示少量自定义符号。这类显示器均把 LCD 控制器、点阵驱动器、字符存储器等集成在一块板上,再与液晶屏一起组成一个显示模块。这类显示器的安装与使用都较简单。

字符型液晶显示屏一般均采用 HD44780 及兼容芯片作为控制器,因此,其接口方式基本是标准的。点阵型液晶显示屏的品种更多,而接口种类也要多一些。本实

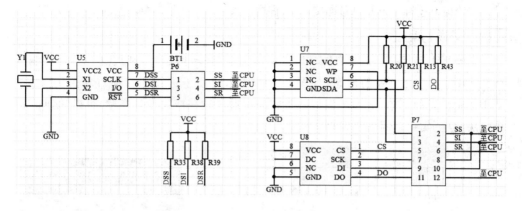

图 2-45　3 种典型串行接口原理图

验板选择的是一款经典的 128×64 点阵型液晶显示屏接口。OLED（有机发光二极管）日渐成为当前流行的显示模块，广泛应用于各类电子产品中。本实验板提供了对 OLED 显示模块的支持。

图 2-46 所示为 3 种常见的显示模块。

(a) 1602 字符型液晶模块　　　(b) 12864 点阵型液晶模块　　　(c) 12864 OLED 显示模块

图 2-46　3 种常见的显示模块

图 2-47 所示为本实验板上的显示模块插座。经过独特的设计，一个 20 引脚的插座可以兼容至少 3 种型号的显示器：16 引脚的字符型液晶模块、20 引脚的点阵型液晶模块和 6 引脚的 OLED 显示模块。此外，市场上还有很多彩屏模块使用了与 1602 相同的标准接口，这个插座也同时兼容这些模块。为了提供良好的兼容性，插座可以通过 P24 来选择 5 V 或者 3 V 供电。

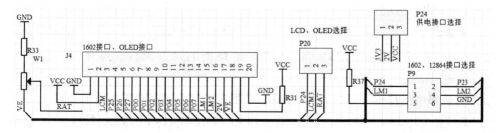

图 2-47　液晶和 OLED 显示器接口插座

实验板上还有一个并口彩屏接口,可直接接入2.8英寸带触摸功能的彩屏显示器。

10. 交通灯电路

实验板上使用了一片74HC595芯片作为串/并转换芯片,利用这一芯片控制8个LED,排列成交通灯的形态(如图2-48所示),便于进行与交通灯相关的实验。交通灯实验看似简单,其实要做好并不容易。通过这一应用设计实验,可以学到状态转移法编程、实用延时程序设计方法等知识。

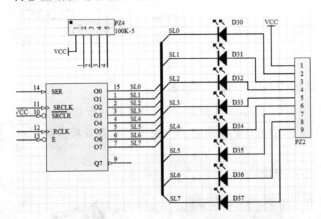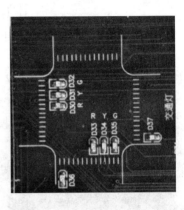

图2-48 74HC595控制的LED及其组成的交通灯电路

11. 电机驱动电路

实验板上设计了L298电机驱动模块,如图2-49所示。这一模块可以用来驱动两路独立的直流电机,实现直流电机的PWM调速等实验;也可用来驱动2相4线步进电机,用来进行步进电机驱动的实验。电路中同时设计了LM393制作的波形整形电路,这是与带有光电测速板的测速电机配套的,用来测量电机转速。由于市售的简易测速电机中只有一个简单的光耦电路,输出的波形不标准,通过整形电路可以获得较好的矩形波。此外,各类信号可直接从J17输入,包括正弦信号等都可以,LM393工作频率可达数百kHz,可用来做频率计等练习项目。

12. PT100测温电路

实验板上专门设计了针对PT100温度传感器的测温电路,如图2-50所示。使用一片Rail-Rail运放LMV358,可以获得最大的动态范围。温度的变化使得PT100的阻值发生变化,通过电路转化为U1B引脚7的电压变化,这个电压值通过A/D转换即可测量出来,然后通过相应的数据处理程序即可获得温度值。

通过温度计等项目,学习者可以获得很多在一般性实验中不会接触到的知识,如传感器标定、程序归一化处理等,是进阶学习的好素材。如果使用继电器或者电机驱动模块来驱动大功率电阻,配合使用PT100测温,则可以学习PID等控制工程方面的知识。

第2章 PIC单片机开发环境的建立

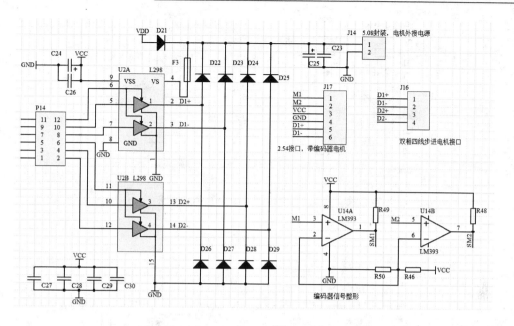

图 2-49 电机驱动及电机测速信号处理电路

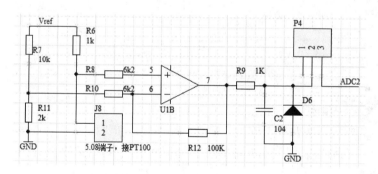

图 2-50 PT100测温电路

13. 基准源及A/D转换插座

图 2-51 所示为电路板上的 2.5 V 的基准源。这个基准源可以通过 J10 端子提供给外部电路，也可以通过 P2 选择是否接入 ADC3 通道。W3 是电路板上安装的一个 3296 精密电位器，可以通过 P1 选择是否接入 ADC0。接入 ADC0 后，W3 可以用来做 A/D 转换输入、控制程序的给定、电机控制实验中的调速电位器等。

14. PWM 转换电路

实验板上设计的 PWM 转换电路如图 2-52 所示。P19 选择是否接入来自 CPU 的 PWM 信号，接入的 PWM 信号经过一阶滤波后输出，利用这一功能可以测试 PIC 单片机的 PWM 模块，利用 PWM 功能实现高精度的 D/A 转换。

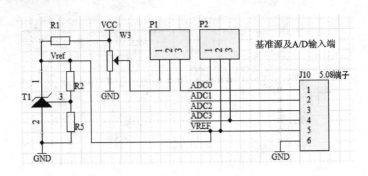

图2-51 基准源及A/D转换插座电路

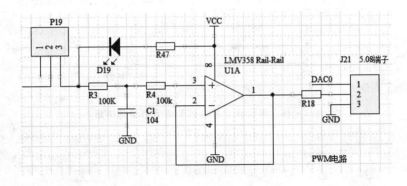

图2-52 PWM转换电路

15. 各种接口插座

图2-53所示为实验板上的4个单排孔插座，J11和J19是6孔插座，J20是4孔插座，J23是5孔插座。图2-53中的1 V标记的是电源，由P23选择是5 V供电还是3.3 V供电。

J11主要针对市场上销售的蓝牙模块设计，同时当只使用其中部分引脚时，它的引脚排列顺序又有多种变化，可以适应多种不同功能模块的引脚排列。

J19插座是专门针对市场上广泛销售的DS18B20、DTH20湿度传感器等单线制器件，数字压力传感器模块、舵机接口等设计的，同时它与一路A/D转换接口相连，因此可与市场上销售的带模拟量输出的模块连接。

J20是通用四线制接口，主要为超声波测距模块而设计，同时它也是一种通用的四线制接口。

J23是五线制通用接口，市售的光强计、光敏传感器模块等都可以直接插入该插座。

J13是一个双排12孔的插座，该插座孔在两端分别交叉放置了3.3 V电源和GND，如图2-54所示。这是分析了市场中的3种常用模块（NRF24L01无线遥控模

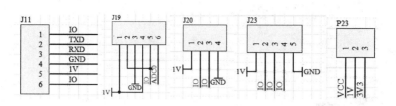

图 2-53 电路板上的各类单排孔插座

块、EJN280 网络模块及无线 Wi-Fi 模块)以后设计的插座,它们都可以直接插入该插座使用。

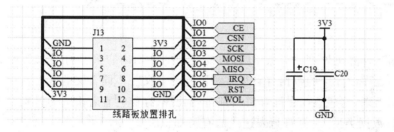

图 2-54 电路板上的双排孔插座

16. CPU 模块

图 2-55 所示为用双面多功能板自行焊接的 CPU 板,这里的目标 CPU 是 40 引脚的 PIC16F887 芯片,该芯片不需要外接晶振,也不需要外部复位电路就可以工作,因此电路板上没有任何额外器件。在 40 芯插座边上焊有两排 20 芯单排针,且与 40 芯插座的引脚一一对应焊接上。在其上方有一条 5 针的单排针,用于和 ICD KIT 等调试工具连接。而在 40 芯插座芯片外侧,则焊有各 2 排 40 芯双排针,并且是两边一样等长的双排针。做硬件实验时,用杜邦线连接单排针与双排针。由于大部分实验连线都很少,因此使用杜邦线连接并不会带来太多的麻烦。

如果再安装一块焊有 28 引脚窄体插座的 CPU 板,那么几乎所有 PIC 双列直插封装的芯片都可以拿来做实验了。

图 2-55 自行焊制 CPU 板

第 3 章

数据类型、运算符与表达式

数据是计算机处理的对象,计算机要处理的一切内容最终将要以数据的形式出现,因此,程序设计中的数据有着很多种不同的含义。不同含义的数据往往以不同的形式表现出来,这些数据在计算机内部进行处理、存储时有着很大的区别。本章将介绍 C 语言数据类型、运算符与表达式的有关知识。

3.1 数据类型概述

C 语言常用的数据类型有整型、字符型、实型等。

C 语言数据有常量与变量之分,它们分别属于以上 3 种类型。由以上 3 种类型数据还可以构成更复杂的数据结构,在程序中用到的所有数据都必须为其指定类型。图 3-1 中列出了 C 语言的数据类型。

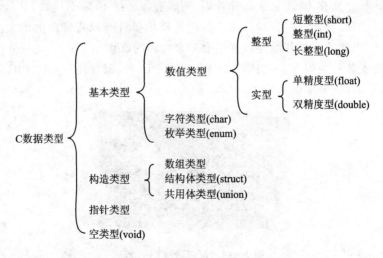

图 3-1　C 语言的数据类型

3.2 常量与变量

在程序运行过程中,其值不能被改变的量称为常量,其值可以改变的量称为变量。

3.2.1 常量

使用常量时可以直接给出常量的值,如 3、5、0xFE 等,也可以用一些符号来替代常量的值,称为符号常量。

【例 3-1】 在 PORTC 口接有 8 个 LED,要求点亮 RC0 所接 LED。

```
#define Light0 0x01              //定义符号常量
#include "HTC.h"
void main()
{   TRISC = 0;
    PORTC = Light0;
}
```

程序实现: 参考图 3-2,输入源程序,命名为 light.c,建立名为 light 的工程,将 light.c 加入工程,编译、链接通过。

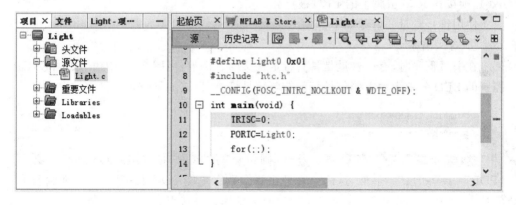

图 3-2 使用符号常量的例子

打开 Proteus 软件,参考 2.3 节中介绍的方法绘制如图 3-3 所示的 LED 控制电路原理图。绘制完成后,双击 U1 打开 Edit Component 对话框,在 Program File 文本框中找到\light.Production.cof 文件,在 Processor Clock Frequency 文本框中输入 4 MHz,单击"确定"按钮返回主界面。单击"▶"按钮运行程序,可以观察到接在 RC0 引脚上的 LED 被点亮了。

注: 配套资料\exam\ch03\light 文件夹下的 light.avi 文件记录了这一实验过程,供读者参考。

第3章 数据类型、运算符与表达式

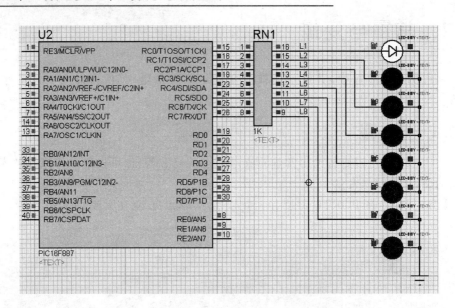

图3-3 LED控制电路原理图

程序分析：程序中用"#define Light0 0x01"来定义符号Light0,以后程序中所有出现Light0的地方均会用0x01来替代,因此,这个程序执行结果就是PORTC=0x01,即接在RC0引脚上的LED被点亮。

使用符号常量的好处如下：

① 含义清楚。

在书写程序时,有一些量是具有特定含义的。例如:用图3-2中由RC0和RC1控制的LED分别表示左侧信号灯和右侧信号灯,可以按如下方式定义它们发光：

```
#define LLedON 0x01
#define RLEDON 0x02
```

这样,如果需要点亮左侧信号灯,则可以写"PORTC=LLedON;"而不必写"PORTC=0x01;"。显然,这两个符号比两个数字更能令人明白其含义。在给符号常量命名时,尽量要做到"见名知义",以充分利用这一特点。

② 在需要改变一个常量时能做到"一改全改"。

如果由于某种原因,LED的接入方式发生了变化,例如修改了硬件,分别改由接入RC6和RC7的LED作为左侧和右侧信号灯来用,那么只要将所定义的语句改动一下即可：

```
#define LLEDON 0x40
#define RLEDON 0x80
```

这样不仅方便,而且能避免出错。设想一下,如果不用符号常量,要在成百上千行程序中把所有点亮左侧LED的数0x01找出来并改掉可不是件容易的事,特别是当程序中还有其他值也是 0x01 时,将极易引起混淆,产生错误。

3.2.2 变 量

一个变量应该有一个名字,在内存中占据一定的存储单元以存放变量的值。请注意变量名与变量值的区别。下面从 PIC 单片机汇编语言的角度对此进行解释,没有学过任何汇编语言的读者可以不看这部分内容。

1. 变量的名称与变量的值

使用汇编语言编程时,必须自行确定 RAM 单元的用途。例如:某仪表有 4 位 LED 数码管,编程时将 0x3C~0x3F 作为显示缓冲区,当要显示一个字串"1234"时,汇编语言可以这样写:

```
MOVLW   0x1     ;数 1 送到 W 中
MOVWF   0x3C    ;W 中的数(1)送到 0x3C 单元中
MOVLW   0x2     ;数 2 送到 W 中
MOVWF   0x3D    ;W 中的数(2)送到 0x3D 单元中
MOVLW   0x3     ;数 3 送到 W 中
MOVWF   0x3E    ;W 中的数(3)送到 0x3E 单元中
MOVLW   0x4     ;数 4 送到 W 中
MOVWF   0x3F    ;W 中的数(4)送到 0x3F 中
```

经过显示程序处理后,在数码管上显示 1234。这里的 0x3C 就是一个存储单元,而送到该单元中去的"1"是这个单元中的数值,显示程序中需要的是待显示的值"1",但不借助于 0x3C 又没有办法来用这个"1",这就是数据与该数据所在的地址单元之间的关系。同样,在高级语言中,变量名仅是一个符号,需要的是变量的值,但是不借助于该符号又无法来使用该值。实际上,如果在程序中有

```
x1 = 5;
```

这样的语句,则经过 C 编译程序的处理之后,也会变成

```
MOVLW   0x5
MOVWF   0x3C
```

之类的语句。只是究竟是使用 0x3C 还是其他地址单元(如 0x3D、0x4F 等)作为存放变量 x1 内容的单元,是由 C 编译器根据实际情况确定的。

在 C 语言中,要求对所有用到的变量强制定义,也就是"先定义,后使用"。

2. 常量与变量的区别

初学者往往难以理解常量和变量在程序中各有什么用途,下面通过一个例子来说明。

在 1.4.1 小节中,例 1-2 中用到了延时程序,其中 main 函数中调用延时程序时是这么写的:

第3章 数据类型、运算符与表达式

```
mDelay(1000);
```

括号中的参数 1 000 决定了延时时间,也就决定了流水灯流动的速度。这个 1 000 是常量,在编写程序时就已经确定了。在程序编译、链接产生目标代码并将目标代码写入芯片后,这个数据不能在应用现场被修改。如果使用中有人提出希望改变流水灯的速度,那么只能重新编程、编译、产生目标代码,再将目标代码写入芯片才能更改。这种工作只有回到有计算机、编程器的开发环境中才能实现。

如果在现场有修改流水灯速度的要求,那么括号中就不能写入一个常数,而是可以定义一个变量(如 Speed),main 函数中相应地改为

```
mDelay(Speed);
```

然后再编写一段程序,使得 Speed 的值可以通过按键来修改,这样流水灯的速度就可以在现场修改了。在这个应用中就需要用到变量。

3. 符号常量与变量的区别

初学者往往会把符号常量和变量混淆起来,它们之间有什么区别呢?

变量的值在程序运行过程中可以发生变化;而符号常量不同于变量,它的值在整个作用域范围内不能改变,也不能被再次赋值。如:例 3-1 中如果写入如下语句:

```
Light = 0x10;
```

就是错误的,将会产生如图 3-4 所示的错误报告。

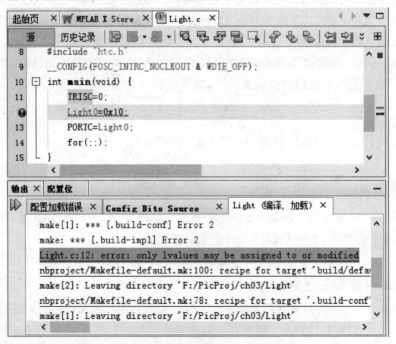

图 3-4 试图给符号常量赋值而出现错误报告

3.3 整型数据

整型数据包括整型常量和整型变量,下面分别说明。

3.3.1 整型常量

整型常量即整常数。C 语言整型常量可用以下 3 种形式表示:

① 十进制整型常量:如 100、-200、9 等。

② 八进制整型常量:用数字"0"开头的数是八进制数。如:0224 表示八进制数 224,即 $(224)_8$,其值为 $2\times 8^2+2\times 8^1+4\times 8^0=128+16+4=148$;-023 表示八进制数-23,即 $-(23)_8$,相当于十进制的-19。

③ 十六进制整型常量:以"0x"开头的数是十六进制数。如:0x224,即 $(224)_{16}$,其值为 $2\times 16^2+2\times 16^1+4\times 16^0=512+32+4=548$;-0x23 表示十六进制数-23,即 $-(23)_{16}$,相当于十进制数-35。

3.3.2 整型变量

1. 整型变量在内存中的存放形式

设有一个整型变量 $i=300$,那么这个数字 300 在内存中如何存放呢?

下面通过一个例子来寻找答案。

【例 3-2】 观察整型变量在内存中的存放形式。

参考图 3-5 建立名为 int 的工程,并输入源程序,命名为 intnum.c,加入工程。

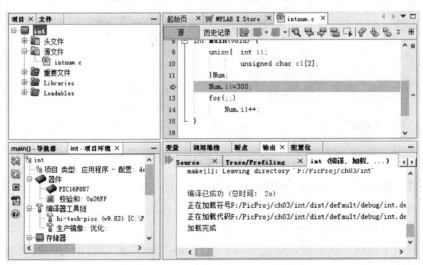

图 3-5 观察整型变量在内存中的存放形式

第3章 数据类型、运算符与表达式

建好工程以后,选择菜单命令"文件"→"项目属性"或者使用图3-4中左侧工具栏图标 打开"项目属性"对话框,选择 HI-TECH PICC →Compiler 命令,然后打开 Option Categories 下拉列表找到 Operation 列表项,打开 Operation mode 下拉列表选择 Lite 模式,如图3-6所示。让编译器以 Lite 模式来编译程序,不对程序进行优化操作。

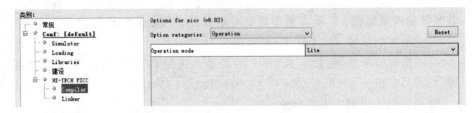

图3-6 设置编译器工作于 Lite 模式

设置好编译器后,单击左侧"类别"栏中的 Simulator 项,选择硬件工具为 Simulator,如图3-7所示。这个选择项也可以在建立工程时就选择好。

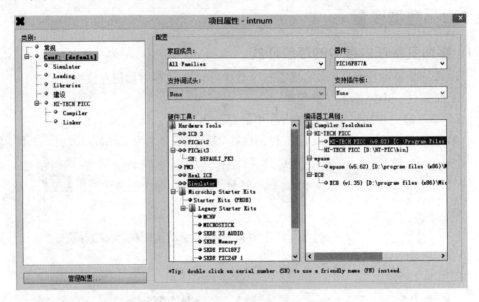

图3-7 设置调试工具

设置完成后,选择"调试"→"调试主项目",编译器编译软件并加载到调试器中并自动运行,选择菜单命令"调试"→"暂停"来暂停程序运行,选择菜单命令"调试"→"复位",这时的调试界面如图3-5所示。

本程序中用到了一个尚未学到的知识点"union",这是 C 语言中的一种数据结构,称为共用体。使用 union 可使 c1 这一变量占用的内存位置与 i1 所占内存位置一致,以便观察 i1 在内存中的存储方式。关于 union 的更详细的知识将在5.4节中学习。

为了要观察变量的值,选择菜单命令"窗口"→"调试"→"变量",打开如图3-8所示变量窗口。

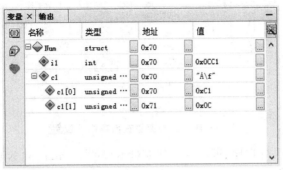

图3-8 观察变量

单击符号Num前的"+"号,逐层展开,可以观察到变量i1是一个int型的变量,它的地址是0x70。观察变量名c1[0]和变量名c1[1],这是两个char型变量,它们的地址是0x70和0x71。地址值只是在本次编译时得到的结果,因此不必关心其具体数值,而是要明确两个变量地址之间的关系。

当前观察到的int型变量其表达方式为十六进制,而程序中是以十进制格式来使用的,为此要以十进制的形式来观察int型变量。右击变量i1,在弹出的快捷菜单中选择菜单命令"值的显示方式"→"十进制",如图3-9所示。变量i1即以十进制的格式显示。

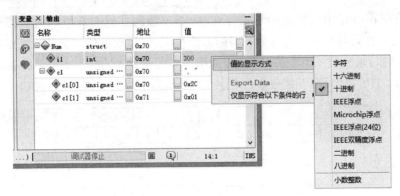

图3-9 选择变量的显示方式

按F8键单步执行程序。观察变量i1的变化及变量c1[0]和c1[1]的变化,可以发现它们的变化是完全同步的。

为了再次观察变量在内存中的存储情况,选择菜单命令"窗口"→"PIC存储器视图"→"文件寄存器",打开文件寄存器观察窗口,找到变量在内存中的位置,如图3-10所示。

第 3 章 数据类型、运算符与表达式

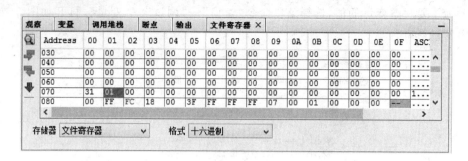

图 3-10 找到变量在内存中的位置

按 F8 键逐步执行程序,可以观察到变量窗口的 Num.i1 和 Num.c1 的值在不断变化。不论 c1 的值如何变化,文件寄存器中 0x70 单元和 0x71 单元中的值始终与 Num.c1[0] 和 Num.c1[1] 的值对应。

接下来,双击 Num.i1 的值,将其改为 −300,可以看到 Num.c1 的值随之发生变化,分别为 0xD4 和 0xFE。同时 File Regisgers 窗口中 0x70 和 0x71 单元中的值也随之变为 0xD4 和 0xFE。

通过上述实验,可以得到一些结论,下面分别论述。

① 在 HI-TECH PICC 中规定使用 2 字节表示 int 型数据,变量 Num.i1 在内存中的实际占用情况如下:

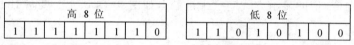

② 数据在内存中以补码的形式存在,一个正数的补码和其原码的形式是相同的,而负数的补码则不同。求负数补码的方法如下:将该数的绝对值的二进制形式取反加 1。例如:求负数 −300 的补码,首先取 −300 的绝对值 300,其二进制编码是 0000 0001 0010 1100,由于整型数占 2 字节(16 位),所以其二进制形式如下:

高 8 位								低 8 位							
0	0	0	0	0	0	0	1	0	0	1	0	1	1	0	0

然后取反变为

高 8 位								低 8 位							
1	1	1	1	1	1	1	0	1	1	0	1	0	0	1	1

最后再加 1 变为

高 8 位								低 8 位							
1	1	1	1	1	1	1	0	1	1	0	1	0	1	0	0

以上就是负数 −300 在内存中的存放形式,即高 8 位为 0xFE,而低 8 位为

0xD4。这与所观察到的内存变量完全相符。

2. 整型变量的分类

整型变量的基本类型是 int，可以加上有关数值范围的修饰符。这些修饰符分两类，一类是 short 和 long，另一类是 unsigned。这两类修饰符可以同时使用。

第一类修饰符在 int 前加上 short 或 long 用来表示数的范围。对于 HI-TECH PICC 来说，加 short 和不加 short 是一模一样的（在一些 C 语言编译系统中是不一样的），所以修饰符 short 这里就不讨论了。如果在 int 前加上 long 的修饰符，那么这个数就被称为长整型数。在 HI-TECH PICC 中，长整型数用 4 字节来存放，而基本 int 型用 2 字节存放。显然，长整型数所能表达的范围比整型数要大，一个长整型数表达的范围可以是

$$-2^{31} \leqslant x \leqslant 2^{31}-1$$

即 $-4\,294\,967\,296 \leqslant x \leqslant 4\,294\,967\,295$，而不加 long 修饰的 int 型数的范围是 $-32\,768 \sim 32\,767$。

第二类修饰符 unsigned 是无符号的意思。加上这个修饰符，说明其后的数是一个无符号的数。无符号、有符号的区别在于数的范围不一样。对于 unsigned int 而言，仍是用 2 字节(16 位)表示一个数，但其数的范围是 $0 \sim 65\,535$，对于 unsigned long int 而言，仍是用 4 字节(32 位)表示一个数，但其数的范围是 $0 \sim 2^{32}-1$。

除了以上标准 C 语言整型数据类型以外，HI-TECH PICC 还支持 3 种特殊的整型数据，它们是位型(bit)、短长整型(3 字节)和无符号的短长整型(3 字节)。

下面将整型变量的数据类型进行总结，见表 3-1。

表 3-1 整型变量的数据类型

符号	说明	字节数/B	数据长度/bit	表示形式	数值范围
/	位型		1	bit	0,1
有符号	基本型	2	16	int	$-32\,768 \sim +32\,767$
	短整型	2	16	short int	$-32\,768 \sim +32\,767$
	长整型	4	32	long int	$-2\,147\,483\,648 \sim +2\,147\,483\,647$
	短长整型	4	24	short long	$-8\,388\,608 \sim 8\,388\,607$
无符号	基本型	2	16	unsigned int	$0 \sim 65\,535$
	短整型	2	16	unsigned short	$0 \sim 65\,535$
	长整型	4	32	unsigned long	$0 \sim 4\,294\,967\,295$
	短长整型	3	24	signed long	$0 \sim 16\,777\,215$

位型数据不存在有符号和无符号的区别。如果不加符号修饰符，则 char 型数据默认是无符号型的，而其他各种数据则默认是有符号型的。

第3章 数据类型、运算符与表达式

3. 整型变量的定义

C语言中的变量均需先定义,后使用。定义整型变量的方法如下:

修饰符 变量名

定义整型变量用的修饰符是 int,可以在其前加上表示长度和符号的修饰符。
例如:

```
int a,b;                    /*定义两个整型变量 a 和 b*/
long a1,b1;                 /*定义两个长整型变量 a1 和 b1*/
unsigned int x;             /*定义无符号的整型变量 x*/
unsigned long int x1;       /*定义无符号的长整型变量 x1*/
```

3.4 字符型数据

字符型数据包括字符常量和字符变量。

3.4.1 字符常量

C语言中的字符常量是用单引号括起来的一个字符,如'a'、'x'、'1'等。注意:'a'和'A'不是同一个字符。

查看 ASCII 字符表可以发现:有一些字符没有"形状",如换行(ASCII 值为 10)、回车(ASCII 值为 13)等;有一些虽有"形状",却无法从键盘上输入,如 ASCII 值大于 127 的一些字符等,还有一些字符在 C 语言中有特殊用途,无法直接输入,如单引号"'"用于界定字符常量,但其本身就没法用这种方法来表示了。如果 C 语言的程序中要用到这一类字符,则可以用 C 语言提供的一种特殊形式进行输入,就是用一个"\"开头的字符序列来表示字符,如用"\r"来表示回车,用"\n"来表示换行。

常用的以"\"开头的特殊字符见表 3-2。

表 3-2 常用特殊字符及其含义

字符形式	含义	ASCII 字符(十进制)
\n	换行,将当前位置移到下一行开头	10
\t	水平制表(跳到下一个 TAB 位置)	9
\b	退格,将当前位置移到前一列	8
\r	回车,将当前位置移到本行开头	13
\f	换页,将当前位置移到下页开头	12
\\	反斜杠字符"\"	92
\'	单引号字符	39
\"	双引号字符	34

除此之外，C语言还规定，用反斜杠后面带上八进制或十六进制数字直接表示该数值的 ASCII 码。这样，不论什么字符，只要知道了其 ASCII 码，就可以在程序中用文本书写的方式表达出来了。例如：可以用"\101"表示 ASCII 码八进制数为 101（即十进制数 65）的字符"A"；而"\012"表示八进制的字符 012（即十进制数 10）的字符换行(\n)；用\376 表示图形字符"■"。

3.4.2 字符变量

字符变量用来存放字符常量，一个变量只能存放一个字符。

字符变量的定义形式如下：

修饰符 变量名

定义字符变量的修饰符是 char。例如：

```
char c1,c2;
```

表示 c1 和 c2 为字符变量，各可放一个字符。可以使用下面的语句对它们分别赋值：

```
c1 = 'a';
c2 = 'b';
```

1. 字符型数据在内存中的存放形式

将一个字符常量放到一个字符变量中，实际上是将该字符的 ASCII 码放到存储单元中。如：

```
char c = 'a';
```

定义一个字符的变量 c，然后将字符 a 赋给该变量。进行这一操作时，将字符 a 的 ASCII 码值赋给变量 c，因此，执行完后，c 的值是 97。

既然字符最终也是以数值来存储的，那么它和以下的语句：

```
int i = 97;
```

究竟有多大的区别呢？实际上它们是非常类似的，区别仅在于 i 是 16 位的，需占用 2 字节，其中高 8 位的值是 0；而 c 是 8 位的，只占用 1 字节。当 i 的值不超过 255 时，两者在程序中可以互换。C 语言字符型数据这样处理，使得程序设计时的自由度增大了。

由于 PIC16 系列单片机是 8 位机，做 16 位数的运算要比做 8 位数的运算慢很多，因此在使用单片机的 C 语言程序设计中，只要预知其值的范围不会超过 8 位所能表示的范围，就用 char 型数据来表示。

2. 字符变量的分类

字符变量只有一个修饰符 unsigned，即无符号的。对于一个字符变量来说，其表达的范围是 −128～+127，而加上了 unsigned 后，其表达的范围变为 0～255。

使用 HI-TECH PICC 编写程序时，不论是 char 型还是 int 型，只要可以就尽量采用 unsigned 型的数据，这是因为在处理有符号数时，程序要对符号进行判断和处理，运算的速度会减慢。对单片机而言，运算速度不如个人计算机，又工作于实时状态，因此任何提高效率的方法都要考虑。

3.5 数的溢出

一个有符号的字符型数据可以表达的最大值是 127，无符号字符型数据可以表达的最大值是 255；一个有符号的整型数据可以表达的最大值是 32 767，无符号整型数据可以表达的最大值是 65 535。如果某变量已是本类型可表达的最大值，再给其加 1，会出现什么情况呢？下面用一个例子来说明。

【例 3-3】 观察字符型数据和整型数据的溢出现象。

```c
#include "htc.h"
void main()
{
    unsigned char a,b;
    int c,d;
    a = 255;
    b = a + 1;
    c = 32767;
    d = c + 1;
}
```

程序实现：输入源程序，命名为 overflow.c，建立名为 overflow 的工程，加入 overflow.c 源程序。参考例 3-2 设置工程，将 Operation 选择为 Lite 模式。编译、链接工程，进入调试，按 F8 键逐步执行程序，如图 3-11 所示。

注：配套资料\exam\ch03\overflow 文件夹中的 overflow.avi 记录了设置及实验过程，供读者参考。

可以看到，变量 b 和 d 在加 1 之后分别变成了 0 和 −32 768，这是为什么呢？这与数学计算显然不同。这就需要分析数在内存中的二进制存放形式，否则难以理解。

程序分析：变量 a 的值是 255，无符号字符型数据，在内存中以 1 字节（8 个二进制位）的方式来存放，将 255 转化为二进制即 1111 1111，如果将该值加 1，结果是 1 0000 0000，即一共有 9 位二进制码，最高位为 1，低 8 位均为 0，由于字符变量在内存中使用 1 字节存储，只能存储 8 个二进制位，所以最高位的 1 丢失，于是该数字变成了 0000 0000，自然就是十进制的 0 了。

在理解了无符号的字符型数据的溢出后，整型数据的溢出也就容易理解了。32 767 在内存中存放的形式是 0111 1111 1111 1111，当其加 1 后就变成了 1000 0000 0000 0000，而这个二进制数正是 −32 768 在内存中的存放形式，所以变量 c 加 1 后

第 3 章 数据类型、运算符与表达式

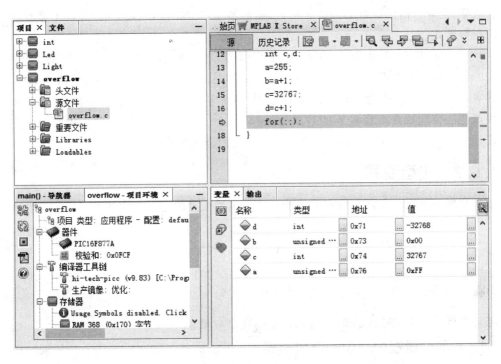

图 3-11 数的溢出

就变成了 -32 768。

同样,对于 char 型数据,如果某变量的值为 127,那么加 1 后会变成 -128;而对于 unsigned int 型数据,如果某变量的值为 65 535,那么加 1 后会变成 0。

通过实验还可以看到,在出现这样的问题时 HI-TECH 的编译系统并未发出警告,也没有报错,程序可正常运行(其他语言如 BASIC 等会报告出错),这有利于编写出灵活的程序来,但也有一些副作用,这就要求 C 程序员对硬件知识有较多的了解,对于数据在内存中的存放等基本知识必须清楚。

3.6 实型数据

实型数据包括实型常量和实型变量。

3.6.1 实型常量

实型常量又称为浮点数(Floating-point Number)。

实型常量有以下两种表示形式:

① 十进制小数形式。它由数字和小数点组成(注意:必须有小数点),如".123"、"123."、"12.3"等都是十进制小数形式。

② 指数形式。如 123e3 和 123E3 都代表 123×10^3。注意:字母 e 或 E 之前必须

有数字,而 e 后面的指数必须为整型数,而形如"e3"、"2.1e3.5"、".e3"等都不是合法的指数形式。

一个实型常量可以有多种指数形式表示。例如:123.456 可以表示为 123.456e0,也可以表示成 12.345 6e1、1.234 56e2、0.123 456e3、0.012 345 6e4 等。其中 1.234 56e2 被称为规范化的指数形式,即在字母 e(或 E)之前的小数部分中,小数点左边有且只有 1 位非零的数字。2.345 6e10、3.233e5 等都是规范化的指数形式,而 12.334e1、0.001 23e10 等都不是规范化的指数形式。

3.6.2 实型变量

对每一个实型变量都应在使用前定义。实型变量的定义形式如下:

修饰符 变量名

定义实型变量的修饰符是 float 和 double。例如:

```
float   f1;
double  f2;
```

定义 f1 为实型浮点数,定义 f2 为双精度的实型变量。

1. 实型变量在内存中的存放形式

HI-TECH PICC 的实型变量使用两种格式:一种是 4 字节的 IEEE754 格式,另一种是精简的 3 字节格式。两种格式分别在内存中占用 4 字节(32 bit)和 3 字节(24 bit),浮点数的存储格式与整型数据的存储格式完全不同,各位的分布如下:

- ➢ 1 位符号位;
- ➢ 8 位指数位;
- ➢ 23 位尾数(32 bit)或 15 位尾数(24 bit)。

对于 32 bit 的浮点数来说,其符号位是最高位,尾数为最低的 23 位,内存中按字节存储格式如表 3-3 所列。

表 3-3 32 bit IEEE754 格式浮点数

地址	+0	+1	+2	+3
内存	SEEE EEEE	EMMM MMMM	MMMM MMMM	MMMM MMMM

注:S——符号位,1 表示负,0 表示正;

　　E——阶码(在两个字节中)偏移为 127;

　　M——23 位尾数,最高位为"1"。

借助于 MPLAB 软件的调试功能,可以方便地观察到任意一个浮点数在内存中的存储格式。

对于 24 bit 的浮点数来说,其符号位是最高位,尾数为最低的 15 位,内存中按字节存储格式如表 3-4 所列。

表 3-4 24 bit 格式浮点数

地 址	+0	+1	+2
内 存	SEEE EEEE	EMMM MMMM	MMMM MMMM

注：S——符号位，1 表示负，0 表示正；
　　E——阶码（在两个字节中）偏移为 127；
　　M——15 位尾数，最高位为"1"。

【例 3-4】 观察浮点数在内存中的存储格式。

```
void main()
{   union {
        float f1;
        unsigned char c1[4];
    }Num;
    Num.f1 = 1000.111;
    for(;;)
    {   Num.f1 ++ ;
    }
}
```

程序实现：输入源程序，命名为 float.c，建立名为 float 的工程，将程序加入其中。参考 3.3.2 小节，将编译器的编译模式设置为 Lite。选择 HI-TECH PICC 的 Linker 项，打开 Option categories 下拉列表选择 Data model 列表项，然后打开 Size of Double 下拉列表选择 32 bit，打开 Size of Float 下拉列表选择 32 bit，如图 3-12 所示。

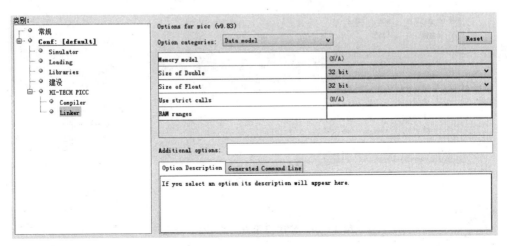

图 3-12 设置 Data model

第 3 章 数据类型、运算符与表达式

设置完成后,编译、链接,进入调试,如图 3-13 所示。

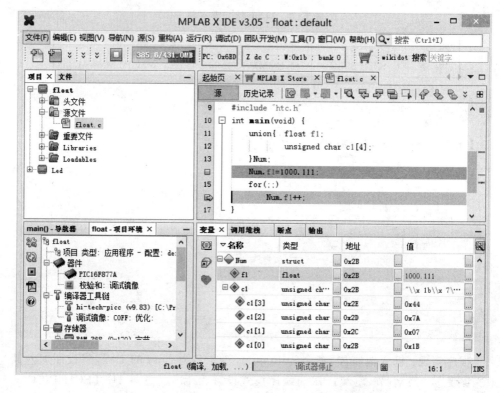

图 3-13 建立 float 工程,并将 Num 加入观察窗口

观察 f1 变量,如果它的值并不是 1 000.111,那么说明这个值的观察方式不正确,需要将 f1 变量的观察方式必须设置为 IEEE 浮点。设置方法如图 3-14 所示。

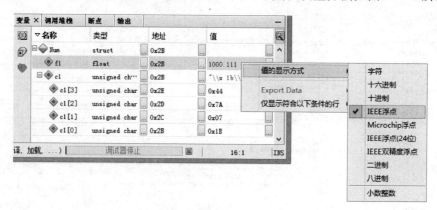

图 3-14 修改显示方式为 IEEE 浮点

按 F8 键单步运行,即可观察到 f1 的数值变化,而其下 c1 的值也随之变化。直接双击 f1 变量,修改 f1 的值,c1 的值也会随之而发生变化。

第3章 数据类型、运算符与表达式

2. 实型变量的分类

实型变量分为 float 型(单精度)、double 型(双精度)和 long double 型(长双精度)3 类。前面已介绍过在 HI-TECH PICC 中 float 型数据占用 3 字节或者 4 字节。

double 型则有两种格式,一种是 3 字节格式,另一种是 4 字节格式。如图 3-12 所示,可通过设置编译选项来选择究竟使用哪一种方式。

【例 3-5】 观察双精度型浮点型数据在内存中的存放方式。

```
void main()
{   union {
        double f1;
        unsigned char c1[4];
    }Num;
    Num.f1 = 1000.111;
    for(;;)
    {   Num.f1 ++ ;
    }
}
```

程序实现:输入源程序,命名为 double.c,建立名为 double 的工程,将程序加入其中。编译、链接通过后,按照例 3-4 的方法调试并观察 Num.f1 值的变化,并与例 3-4 比较,可以看到对于 HI-TECH 编译器来说,float 和 double 并没有区别。

HI-TECH 编译器对于长双精度(long double 型)与单精度(float 型)同样也没有区别,读者可以自行验证。

3. 实型变量的舍入误差

由于实型变量是用有限的存储单元存储的,因此能提供的有效数字总是有限的,在有效位以外的数字将被舍去,但这样可能会产生一些误差。例如:某数加上 10 的结果肯定应该比原来的数大,但下面的这个例子却有"意外"发生。

【例 3-6】 演示实型数据的舍入误差。

```
void main()
{   union{   float x;
             unsigned char   c[3];
         }a,b;
    a.x = 1234567890.0;
    b.x = a.x + 10;
}
```

程序实现:参考图 3-15 输入源程序,命名为 floatnum.c,建立名为 floatnum 的工程,加入 floatnum.c 源程序,编译、链接后进入调试。

参考图 3-15 将相关变量加入变量观察窗口,单击变量 a 和 b 前面的"+"号展开,然后再单击成员 c 前面的"+"号,观察变量在内存中的存储情况。单步执行程序,当执行完 a.x=1 234 567 890.0 后,a.x 显示的值是 1.234 568+009,显示尾数部

第3章 数据类型、运算符与表达式

分已丢失了两位有效数字,而在执行完"b.x=a.x+10"以后,可以看到无论是b.x的表达值还是其内存中的存储值都与a相同。

可见,浮点数可以表达的数值范围仍是有限的,在编写程序时必须注意不能出现极大数加极小数、极大数减极小数、两个相近数相除等情况,否则都会造成较大的误差。关于这些方面的更多知识,详见参考文献[3]中"数值分析"章节的有关内容。

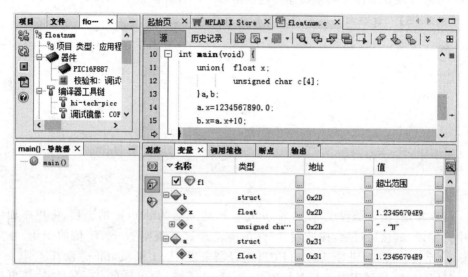

图 3-15 观察实型变量的舍入误差

4. 单片机中使用浮点数的几点说明

① 在8位机中尽量不要用浮点数,尤其要注意不要因为无意中输入小数点而造成浮点运算,因为这会无谓地降低程序运行速度并增加程序长度。有时,仅仅增加一个函数,就会使程序的长度增加很多,这时就要注意是否无意中引入了浮点数。作为一个习惯,在使用 HI-TECH PICC 编译、链接完程序后,应该及时注意输出窗口中的 ROM、RAM 使用信息。图 3-16 所示窗口中的信息表明这个程序使用了 24H(36)字节的内部 RAM,程序代码长度为 22F(559)字节。

② 一定要明白,程序中之所以要用浮点数,是因为用其他数据类型的范围不够大,而不是因为需要用小数点。

③ 很多时候,可以用长整型数替代浮点数,有时甚至可以用整型数替代浮点数。例如某仪器在获得一个测量值后,要乘以一个系数,然后将这个数据显示出来。其中系数值在仪器使用过程中可以调整,其范围是 0.001~9.999。如果使用 PC 编程,那么系数值可以用一个浮点数来表示。但在使用单片机编程时,却往往用一个 int 型的数据,这是因为 0.001~9.999 也可视作 1~9 999,只要在最终运算以后将运算结果除以 1 000 就可以了。

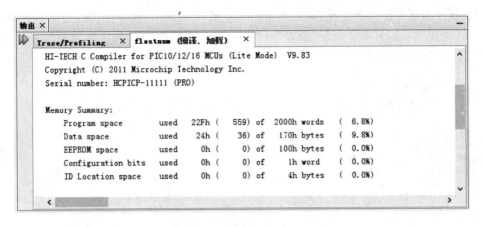

图 3-16 输出窗口中的信息

3.7 PIC16F887 单片机的数据存储

PIC16F882/883/884/886/887 具有 13 位的程序计数器(PC)，最多可以寻址到 8K × 14(0x0000～0x1FFF)的程序存储空间。访问超出以上边界的单元会导致折回到第一个 8K × 14 空间。数据存储器(RAM)分为 4 个存储区(bank)，包含通用寄存器(GPR)和特殊功能寄存器(SFR)。特殊功能寄存器位于各个存储区的前 32 个单元。通用寄存器实现为静态 RAM，位于各个存储区的后 96 个单元。

3.7.1 程序存储器

程序存储器只能读，不能写。程序存储器中除用于存放代码外，往往还用于存放固定的表格、字形码等不需要在程序中进行修改的数据。

在 PICC 编译器中，使用 const 关键字来说明存储于程序存储器中的数据。

例如：

```
const int x = 100;
```

其中：变量 x 的值(100)将被存储于程序存储器中，这个值在运行过程中是不可以被改变的。

【例 3-7】 观察数据在内存中的存储方式。

```
#include "htc.h"
void main()
{   const int x = 101;
    int    y;
              y = x;        //避免编译警告
              for(;;);
}
```

程序实现：输入源程序，命名为 num2.c，建立名为 num2 的工程，加入源程序，编译、链接后，选择菜单命令"窗口"→"PIC 存储器视图"→"程序存储器"，弹出如图 3-17 所示的窗口。

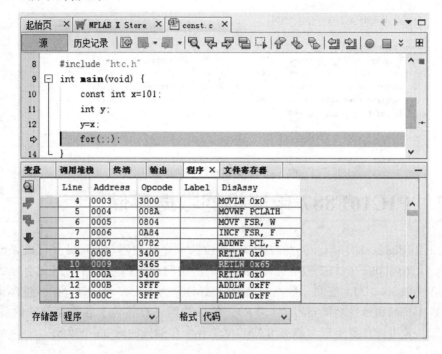

图 3-17 观察程序存储器的内容

从地址 0x0000~0x0006 是一些初始化代码，地址 0x0007 单元是一条跳转命令，转到地址 0x7FA 处。通过滚动条找到 0x7FA 处的汇编语言代码，可以看到与这段 C 语言对应的汇编语言代码，如图 3-18 所示。

从这段程序可以看到，与"const int x=101；"对应的汇编程序代码为 MOVLW 0x65。这里可以看出，虽然定义的变量 x 为 int 型，按理应该使用 2 字节来存储，但由于实际给这个变量赋值为 101，只需 1 字节就能存储，因此，编译程序并没有再分配另一个字节来给变量 x。

如果将"const int x=101；"改为"const int x=500；"，那么可以看到相应的 C 语言及汇编语言程序如图 3-19 所示。

从上面的程序不难分析，数字 500 被分成高 8 位(1)和低 8 位(0xF4)送入变量 y 中；而从变量 y 所占用的内存也可看出，使用 0x21 和 0x20 来存储变量 y，并且是低位在前。

由于 x 位于程序存储区，而该存储器的数是不可以在程序运行中修改的，因此对 x 进行任何改变，如

x=100;

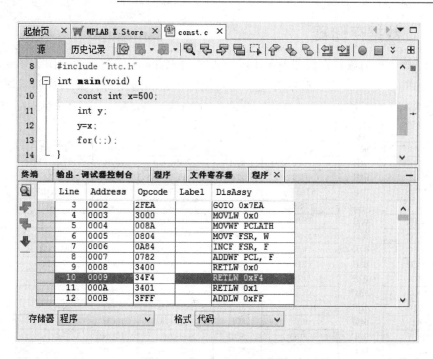

图 3-18 研究 const 型变量的处理方法

等操作都是无效的,编译器将给出错误提示,如图 3-19 所示。

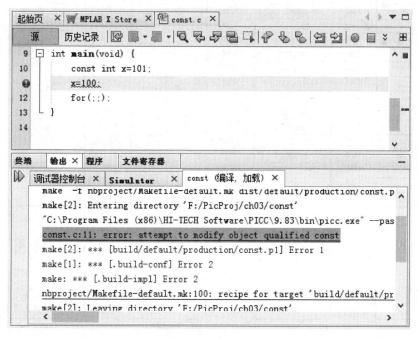

图 3-19 试图给 const 型变量重新赋值得到的错误

第 3 章 数据类型、运算符与表达式

3.7.2 数据存储器

PIC 单片机的数据存储器 RAM 较为特殊,是按 bank 来使用的。图 3-20 所示为 PIC16F887 芯片数据手册中有关特殊功能寄存器和通用寄存器的说明。该芯片的所有 RAM 空间被分为 4 个 bank,分别称为 bank0~bank3。在每一个 bank 中,最

寄存器	文件地址	寄存器	文件地址	寄存器	文件地址	寄存器	文件地址
间接寻址	00H	间接寻址	80H	间接寻址	100H	间接寻址	180H
TMR0	01H	OPTION_REG	81H	TMR0	101H	OPTIN_REG	181H
PCL	02H	PCL	82H	PCL	102H	PCL	182H
STATUS	03H	STATUS	83H	STATUS	103H	STATUS	183H
FSR	04H	FSR	84H	FSR	104H	FSR	184H
PORTA	05H	TRISA	85H	WDTCON	105H	SRCON	185H
PORTB	06H	TRISB	86H	PORTB	106H	TRISB	186H
PORTC	07H	TRISC	87H	CM1CON0	107H	BAUDCTL	187H
PORTD	08H	TRISD	88H	CM2CON0	108H	ANSEL	188H
PORTE	09H	TRISE	89H	CM2CON1	109H	ANSELH	189H
PCLATH	0AH	PCLATH	8AH	PCLATH	10AH	PCLATH	18AH
INTCON	0BH	INTCON	8BH	INTCON	10BH	INTCON	18BH
PIR1	0CH	PIE1	8CH	EEDATA	10CH	EECON1	18CH
PIR2	0DH	PIE3	8DH	EEADR	10DH	EECON2	18DH
TMR1L	0EH	PCON	8EH	EEDATH	10EH	保留	18EH
TMR1H	0FH	OSCCON	8FH	EEADRH	10FH	保留	18FH
T1CON	10H	OSCTUNE	90H		110H		190H
TRR2	11H	SSPCON2	91H		111H		191H
T2CON	12H	PR2	92H		112H		192H
SSPBUF	13H	SSPADD	93H		113H		193H
SSPCON	14H	SSPSTAT	94H		114H		194H
CCPR1L	15H	WPUB	95H		115H		195H
CCPR1H	16H	IOCB	96H		116H		196H
CCP1CON	17H	VRCON	97H	通用寄存器16字节	117H	通用寄存器16字节	197H
RCSTA	18H	TXSTA	98H		118H		198H
TXREG	19H	SPBRG	99H		119H		199H
RCREG	1AH	SPBRGH	9AH		11AH		19AH
CCPR2L	1BH	PWM1CON	9BH		11BH		19BH
CCPR2H	1CH	ECCPAS	9CH		11CH		19CH
CCP2CON	1DH	PSTRCON	9DH		11DH		19DH
ADRESH	1EH	ADRESL	9EH		11EH		19EH
ADCON0	1FH	ADCON1	9FH		11FH		19FH
	20H		A0H		120H		1A0H
通用寄存器96字节	3FH40H	通用寄存器80字节		通用寄存器80字节		通用寄存器80字节	
	6FH		EFH		16FH		1EFH
	70H	快速操作存储区70H~7FH	F0H	快速操作存储区70H~7FH	170H	快速操作存储区70H~7FH	1F0H
	7FH		FFH		17FH		1FFH
bank0		bank1		bank2		bank3	

图 3-20 PIC16F887 芯片的 RAM 空间分配

前面一部分均为特殊功能寄存器,其中有一些地址处虽然没有定义具体的寄存器,但仍被保留以备将来扩展之用。可以自由使用的 RAM 在每个 bank 的后部,其字节长度在 4 个 bank 中不完全相同。在使用汇编语言编程时,使用不同 bank 的 RAM 时需要先设置 RP1 和 RP2 两个位,这给使用者带来一定的不便。

位于 bank0～bank3 最后的 16 个特殊地址单元叫作快速存取区。对于 bank1、bank2 和 bank3 来说,实际并没有真正的物理空间存在,所有对此空间的操作被映射到 bank0 对应的 70H～7FH 这 16 个地址单元中。也就是说,寻址 bank 的最高 16 字节是不需要考虑当前 bank 的设定的。这个区域在 HI-TECH PICC 的编译器中占有重要的地位,它被称为 COMMON 区。编译器工作时会尽可能地利用这一区域来存放变量。

位于每个 bank 上部的特殊功能寄存器组中也有一些寄存器同时出现在所有 4 个 bank 的对应位置上,如 STATUS、PCL、PCLATH、FSR 和 INTCON 等最常用到的寄存器。对这些寄存器操作时,不需切换 bank。PIC 单片机数据寄存器的这种设计考虑使得应用开发人员在一定程度上可以避免因 bank 设定而带来的不便。

在使用 C 语言编程时,一个好处就是省去了对这些 bank 切换的操作。在操作特殊功能寄存器时,编译器能够自动产生切换 bank 的代码;在定义变量时,编译器能够自动地为变量安排所在的 bank。HI-TECH PICC 编译完一个项目后,会产生相应的.lst 文件,打开这个文件,可以查看变量的地址分配等相关信息。图 3-21 所示为某个工程编译完成后打开.lst 文件看到的变量分配部分。

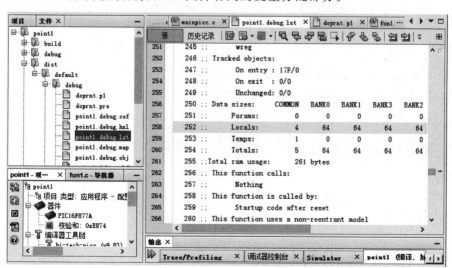

图 3-21 查看编译完成的.lst 文件

查看.lst 文件的方法很简单,找到左侧工程管理窗口,单击文件,按图 3-21 所示展开,在 dist\default\debug 文件夹下可以找到相应的文件,双击即可打开。在学习有关内存变量存放时应经常打开这一文件查看,在程序开发过程中也可以经常打开.lst 文件,了解变量存放等相关信息。

3.8 变量赋初值

程序中常需要对一些变量预先设置初值,C 语言允许在定义变量的同时使变量初始化。例如:

```
int a = 3;          //指定 a 为整型变量,初值为 3
float f = 3.22;     //指定 f 为实型变量,初值为 3.22
char c = 'a';       //指定 c 为字符型变量,初值为字母 a
```

也可以使被定义的变量的一部分赋初值,如:

```
int a,b,c = 5;
```

表示指定 a、b、c 为整型变量,同时给 c 赋初值 5。

如果对几个变量赋同一个初值,可以这么写:

```
int a = 10,b = 10,c = 10;
```

表示 a、b、c 的初值都是 10,注意不能写成"int a=b=c=10;"。

初始化不是在编译阶段完成的,而是在程序运行、执行本函数时赋予初值的。

例如:

```
int a = 3;
```

相当于

```
int a;          //定义 a 为整型变量
a = 3;          //给 a 赋值,将 3 赋给 a
```

又如:

```
int a,b,c = 5;
```

相当于:

```
int a,b,c;      //定义 3 个整型变量 a,b,c
c = 5;          //将 5 赋给 c
```

3.9 运算符和表达式

3.9.1 C 运算符简介

C 语言的运算符范围很宽,把除了控制语句和输入、输出以外的几乎所有基本操作都作为运算符处理。例如：将赋值符"＝"作为赋值运算符，方括号作为下标运算符等。C运算符的种类及符号如表3-5所列。

表3-5 C运算符的种类及符号

序号	种类	符号
1	算术运算符	＋,－,＊,/,％
2	关系运算符	＞,＜,＝＝,＞＝,＜＝,!＝
3	逻辑运算符	!,&&,||
4	位操作运算符	＜＜,＞＞,～,|,∧,&
5	赋值运算符	＝及其扩展赋值运算符
6	条件运算符	?,:
7	逗号运算符	,
8	指针运算符	＊,&
9	求字节数运算符	Size of
10	强制类型转换运算符	(类型)
11	分量运算符	.,→
12	下标运算符	[ ]
13	其他	函数调用运算符()等

这里将集中介绍算术运算符和赋值运算符，其他运算符在需要用到时再逐一介绍。

3.9.2 算术运算符及其表达式

1. 基本的算术运算符

基本的算术运算符如下：

＋ 加法运算符或正值运算符，如3＋2,＋6

－ 减法运算符或负值运算符，如5－2,－3

＊ 乘法运算符，如5＊8,a＊a

/ 除法运算符，如10/3

％ 取模运算符或求余运算符，％两侧均应为整型数据，如10％3

需要说明的是，两个整型数相除的结果是整型数，如10/3的结果是3，而不是3.333 3，这一点一定要注意。如果希望得到真实的结果，就要写成10.0/3；当然，如果这个结果赋给某一个变量，则该变量必须被定义为float型或double型。

2. 算术表达式和运算符的优先级与结合性

用算术运算符和括号将运算对象（也称操作数）连接起来的并符合C语法规则的式子，称为C算术表达式。运算对象包括常量、变量、函数等。下面就是一个合法的C算术表达式：

```
A * b/c - 1.5 + 'a'
```

C语言规定了运算符的优先级和结合性。在表达式求值时，先按运算符的优先级别高、低次序执行，例如先乘除后加减。观察表达式 $a-b*c$，变量 b 的左侧为减号，右侧为乘号，而乘号的优先级高于减号，因此，该表达式相当于 $a-(b*c)$。如果在一个运算对象两侧的运算符的优先级相同，如 $a-b+c$，则规定按结合方向处理。C语言规定了各种运算符的结合方向（结合性），算术运算符的结合方向为自左向右，即先左后右，因此 b 先与减号结合，执行 $a-b$ 的运算，再执行 $+c$ 的运算。自左向右的结合方向又称左结合性，即运算对象先与左面的运算符结合。C语言中还有一些运算符是右结合性，即结合方向是自右向左。结合性的概念是C语言特有的。

3.9.3 各类数值型数据间的混合运算

在C语言中，整型数据、字符型数据、实型数据都可以混合运算。例如：

```
10 + 'a' + 11.4 - 'c' + 123 * 'b';
```

这个看似奇怪的表达式在C语言中是合法的。在运算时，不同类型的数据要先转换成同一类型，然后进行运算，转换的规则如图3-22所示。

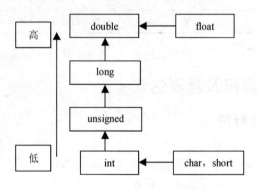

图 3-22 数据类型的转换

图 3-22 中：横向向左的箭头表示必定的转换，如 char 型数据必定先转换成 int 型，float 型转换成 double 型；纵向箭头表示当运算对象为不同类型时转换的方向，如 int 型与 double 型数据进行运算，先将 int 型数据转换为 double 型，然后再在两个同类型（double 型）数据间进行运算，结果为 double 型。

另一种数据类型的转换方式为强制类型转换，需要使用强制类型转换运算符，其一般形式为：

（类型名）表达式；

例如：

```
(float)a;          //将 a 强制转换为 float 型
(int)(x + y);      //将 x + y 的值强制转换为 int 型
```

3.9.4 赋值运算符及其表达式

1. 赋值运算符

赋值符号"="就是赋值运算符,它的作用是将一个数据赋给一个变量,如"a=3"的作用是执行一次赋值操作(或称赋值运算),即把常数 3 赋给变量 a。也可以将一个表达式的值赋给一个变量。

2. 类型转换

如果赋值运算符两侧的类型不一致,但又都属于数值型或字符型时,则在赋值时就要进行类型转换。

【例 3-8】 观察各种类型数据转换时的内存变化。

```
void main()
{   int             i1,i11 = -1000;
    unsigned int    i2,i21 = 1000;
    long            l1,l11 = -1000000;
    unsigned long   l2,l21 = 1000000;
    char            c1,c11 = -10;
    unsigned char   c2,c21 = 10;
    float           f1,f11 = 123.456;
/*各种类型转换为浮点型*/
    f1 = i11;
    f1 = i21;
    f1 = l11;
    f1 = l21;
    f1 = c11;
    f1 = c21;
/*各种类型转换为整型*/
    i1 = l11;
    i1 = l21;
    i1 = c11;
    i1 = c21;
    i1 = f11;
/*各种类型转换为无符号长整型*/
    i2 = l11;
    i2 = l21;
    i2 = c11;
    i2 = c21;
    i2 = f11;
```

```
    /*各种类型转换为长整型*/
        l1 = i11;
        l1 = i21;
        l1 = c11;
        l1 = c21;
        l1 = f11;
    /*各种类型转换为无符号长整型*/
        l2 = i11;
        l2 = i21;
        l2 = c11;
        l2 = c21;
        l2 = f11;
    /*各种类型转换为字符型*/
        c1 = i11;
        c1 = i21;
        c1 = l11;
        c1 = l21;
        c1 = f11;
    /*各种类型转换为无符号字符型*/
        c2 = i11;
        c2 = i21;
        c2 = l11;
        c2 = l21;
        c2 = f11;
        for(;;);
}
```

程序实现：建立名为 conv 的工程，输入源程序并命名为 conv.c，将源程序加入工程。参考 3.3.2 小节和 3.6.2 小节设置工程，将编译模式修改为 Lite，Data Model 中的 Size of float 和 Size of double 改为 32 bit，编译、链接直到完全通过为止。选择菜单命令"窗口"→"调试"→"变量"，打开变量窗口，各变量将自动出现在这个窗口，如图 3-23 所示。

图 3-23 中名称栏是变量名，而地址栏则是变量所对应的地址。为方便观察各变量占用内存的情况，单击名称标签，按名称顺序排列各变量。可以观察到 char 型变量 c1 和 c2 的地址分别是 0x3A 和 0x3B，变量 c11 和 c21 的地址分别是 0x4C 和 0x4D。观察到这些变量分别占用了 1 字节的 RAM，而变量 i1 和 i2 的地址分别是 0x36 和 0x38，i11 和 i21 变量地址分别是 0x48 和 0x4A，各占据了 2 字节的 RAM。float 型变量 f1 的地址是 0x32，而紧挨着 0x32 地址的是 0x36，也就是变量 i1 的地址。0x32、0x33、0x34 和 0x35 单元就是变量 f1 所占据的存储单元，共 4 字节。

第3章 数据类型、运算符与表达式

图3-23 查看内存中的数据保存情况

单步执行,查看各变量的变化。查看时,可以在变量所在行上右击,从弹出的快捷菜单中选择值的显示方式,根据需要设置所需观察变量的格式,如改为十六进制格式或者十进制格式等。

通过这一实验,可以得到如下结论:

① 将实型数据赋给 int 型变量时,舍弃实数的小数部分。单步执行程序,在执行完程序行:

```
i1 = f11;
```

后,可以观察到 i1 的值变为 0x7B,而 0x7B 正是十进制数 123,即浮点数 f11 的整数部分。

② 将 int 型数据赋给 float 型变量时,数值不变,但在内存中以浮点数的格式存储。

float 型变量 f1 在内存中从 0x2C 开始,开始运行时,其值为:0x00,0x00,0x00,0x00。执行完程序行:

```
f1 = i11;
```

后,可以看到,其值变为:0xC4 通过,0x7A,0x00,0x00,该值仍表示 −1 000,但以浮点数格式存储于内存中。

③ char 型数据赋给 int 型变量时,由于字符只占 1 字节,而 int 型变量为 2 字节,

第3章 数据类型、运算符与表达式

因此将 char 型数据(8位)放到 int 型变量低 8 位中。有以下两种状态：

第一种，当把一个值为正的 char 型变量或一个 unsigned char 型变量赋值给 int 型时，将字符的 8 位放入 int 型变量的低 8 位，高 8 位被清 0。

观察 0x08 开始的 i1 的值，在执行完：

```
i1 = c21;
```

后，其值变为：0x00,0xA0。

第二种，将一个负值的 char 型变量赋给 int 型时，由于负值的 char 型变量的最高位是 1，因此，int 型数据的高 8 位必须全部被置 1，这称为符号扩展，这样做的目的是保持数据的值不发生变化。

观察 0x08 开始的 i1 的值，在执行完

```
i1 = c11;
```

后，其值变为：0xFF,0xF6，保证 i1 的值为－10。

④ 将一个 int 型、long 型数据赋给一个 char 型变量时，只将低 8 位原封不动地送到 char 型变量中，高位截去。

⑤ 将带符号的 int 型(整型)数据赋给 long 型变量时，要进行符号扩展，将 int 型数据的 16 位送到 long 型的低 16 位中。如果 int 型数据为正(符号位是 0)，则 long 型变量的高 16 位补 0；如果 int 型数据为负值(符号位为 1)，则 long 型变量的高 16 位补 1，以保持数值不改变。观察以下程序行：

```
l1 = i11;
l1 = i21;
```

可验证上述结论。

反之，若将一个 long 型数据赋给一个 int 型变量，则只将 long 型数据中的低 16 位原封不动地送到 int 型变量即可。观察以下程序行：

```
i1 = l11;
i1 = l21;
```

可验证上述结论。

⑥ 将 unsigned int 型数据赋给 long 型变量时，不存在符号扩展问题，只需将高位补 0 即可。

⑦ 将非 unsigned 型数据赋给长度相同的 unsigned 型变量，是原样传送。观察以下程序行：

```
i2 = i11;
l2 = l11;
c2 = c11;
```

可验证上述结论。

以上赋值规则看似复杂,其实不然。不同类型的整型数据间的赋值都是按存储单元中的存储形式直接传送的。精度低的值赋给精度高的变量时,必须保证其值不会发生变化,如字符型变量-10赋给整型变量,必须保证整型变量的值仍是-10,所以要有符号位扩展。其他规则并不难理解。

如果单纯从数学角度去考虑问题,有些情况确实很难理解。如程序行"i2=i11;"执行后,-1 000变成了64 536。加之C语言不会为此而有任何的提示,因此,如果对于这部分知识不熟悉,就会比较容易出现问题,而且很难找出错误。如果编程中遇到了类似的"怪"事,就应该像例3-9一样,通过观察内存中值的变化来了解程序中数值转换时发生的变化,从而找到原因。

3. 赋值表达式

由赋值运算符将一个变量和一个表达式连接起来的式子,称为赋值表达式。

赋值表达式的一般形式如下:

<变量><赋值运算符><表达式>

例如:"a=5"就是一个赋值表达式。赋值表达式求解的过程是:将赋值运算符右侧的"表达式"的值赋给左侧的变量。赋值表达式的值就是被赋值变量的值。例如:"a=5"这个赋值表达式的值为5(变量 a 的值也是5)。

上述一般形式的赋值表达式中的"表达式",又可以是一个赋值表达式。如:

```
a=(b=5)
```

括号内的"b=5"是一个赋值表达式,它的值等于5。"a=(b=5)"相当于"b=5"和"a=5"两个赋值表达式,因此 a 的值等于5,整个赋值表达式的值也等于5。

3.9.5 逗号运算符及其表达式

C语言提供了一种特殊的运算符——逗号运算符,用它将两个表达式连接起来。例如:

```
3+5,4+6
```

称为逗号表达式,又称为顺序求值运算符。逗号表达式的一般形式如下:

表达式1,表达式2

逗号表达式的求解过程是:先求解表达式1,再求解表达式2。整个逗号表达式的值是表达式2的值。例如:"3+5,4+6"的值是10。

3.9.6 位操作运算符及其表达式

C语言提供了以下位操作运算符:

    &   按位"与"

第3章 数据类型、运算符与表达式

  | 按位"或"
  ^   按位"异或"
  ~   按位取反
  <<   位左移
  >>   位右移

除了按位取反"~"以外,以上位操作运算符都是两目运算符,即要求运算符两侧各有一个运算对象。

1. 按位"与"运算

规则:参加运算的两个运算对象,若两者相应的位都为1,则该位结果值为1,否则为0。

例如:若 $a=0x4B, b=0xC8$,则表达式 $a\&b$ 的值为

```
  a:    0 1 0 0 1 0 1 1
  b: &  1 1 0 0 1 0 0 0
       ─────────────────
        0 1 0 0 1 0 0 0      即 0x48
```

2. 按位"或"运算

规则:参加运算的两个运算对象,若两者相应的位中有一个为1,则该位的结果为1。

例如:若 $a=0x4B, b=0xC8$,则表达式 $a|b$ 的值为

```
  a:    0 1 0 0 1 0 1 1
  b: |  1 1 0 0 1 0 0 0
       ─────────────────
        1 1 1 0 1 0 1 1      即 0xEB
```

3. 按位"异或"运算

规则:参加运算的两个运算对象,若两者相应的位值相同,则结果为0,若两者相应的位值不同,则结果为1。

例如:若 $a=0x4B, b=0xC8$,则表达式 $a \wedge b$ 的值为

```
  a:    0 1 0 0 1 0 1 1
  b: ^  1 1 0 1 1 0 0 0
       ─────────────────
        1 0 0 1 0 0 1 1      即 0x93
```

4. 位取反运算

规则:位取反运算符"~"是一个单目运算符,用来对一个数的每个二进制位取反,即将0变为1,将1变为0。

例如:若 $a=0x3B$,则 $\sim a$ 的值为

```
  a: ~  0 0 1 1 1 0 1 1
       ─────────────────
        1 1 0 0 0 1 0 0      即 0xC4
```

5. 位左移运算符

规则:位左移运算符"<<"用来将一个数的各二进制位全部左移若干位,移位后,空白位补0,移动的位数由另一个运算对象确定。

例如:若 $a=0x4B$(二进制表达形式为:0100 1011B),则表达式 $a=a<<2$ 是将 a 的值左移2位,结果为

$$0100\ 1011$$
$$0100\ 101100$$

移出的两位"01"丢失,后面被两位0填充,因此,运算后的结果是:0010 1100B 即0x2C。

6. 位右移运算符

规则:位右移运算符">>"用来将一个数的各二进制位全部右移若干位,移位后,空白位补0,移动的位数由另一个运算对象确定。

例如:若 $a=0x4B$(二进制表达形式为:0100 1011B),则表达式 $a=a>>2$ 是将 a 的值右移2位,结果为

$$0100\ 1011$$
$$0001001011$$

移出的两位"11"丢失,前面被两位0填充,因此,运算后的结果是0001 0010B 即0x12。

3.9.7 自增减运算符、复合运算符及其表达式

1. 自增减运算符

自增减运算符的作用是使变量值加1或减1:

++i 在使用 i 的值之前先使 i 的值加1,然后再使用 i 的值

——i 在使用 i 的值之前先使 i 的值减1,然后再使用 i 的值

i++   在使用完 i 的值以后,再让 i 的值加1

i——   在使用完 i 的值以后,再让 i 的值减1

++i 与 i++ 的运算类似,相当于执行 $i=i+1$ 这样一个操作,但它们也有不同之处。

例如:如果 i 的值为5,则对于"j=++i;"运算过程为 i 首先加1成为6,然后这个值6被赋给变量 j,执行完毕后 i 和 j 的值均为6。

而对于 $j=i$++,运算过程则为首先将 i 的值5赋给 j,然后将 i 的值加1成为6,执行完毕后 i 和 j 的值分别是6和5。

——i 与 i—— 的区别与上述情况类似。

2. 复合运算符及其表达式

凡是二目运算符,都可以与赋值运算符"="一起组成复合赋值运算符。C语言共提供了10种复合赋值运算符,即+=,—=,*=,/=,%=,<<=,>>=,&=,|=,^=。

采用这种复合赋值运算可以简化书写并提高C编译器的编译效率。例如:

    $a+=b$;   相当于 $a=a+b$;

    $a-=b$;   相当于 $a=a-b$;

第 4 章

C 流程与控制

C 语言是一种结构化编程语言,其基本元素是模块。模块是程序的一部分,只有一个入口和一个出口,不允许有中途插入或从模块的其他路径退出。

结构化程序由若干个模块组成,每个模块中包含着若干个基本结构,而每个基本结构中又可以有若干条语句。

C 语言程序有三种基本结构:顺序结构、选择结构、循环结构。

4.1 顺序结构程序

顺序结构是一种最基本、最简单的编程结构。在这种结构中,程序由低地址向高地址顺序执行指令代码。如图 4-1 所示,程序先执行 A 操作,再执行 B 操作,两者是顺序执行的关系。

顺序结构是程序的基本组成部分,几乎每个程序中都有一些顺序结构程序。

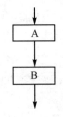

图 4-1 顺序结构流程图

4.2 选择结构程序

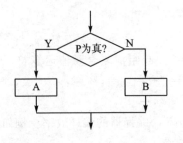

图 4-2 选择结构流程图

如果计算机只能做顺序结构那样简单的基本操作的话,它的用途将十分有限。计算机具有强大功能的原因之一就是它具有判断或者说选择的能力。图 4-2 所示为选择结构,或称为分支结构。此结构中必包含一个判断框。根据给定的条件 P 是否成立而选择执行 A 操作或 B 操作。

4.2.1 引入

下面首先通过一个例子来了解一下选择结构的具体用法。

【例 4-1】 PIC16F887 单片机的 PORTC 口接有 8 只 LED,PORTD 口接有 8 个按键,如图 4-3 所示。要求:按下 K1 键 LED 全亮,按下 K2 键 LED 全灭。

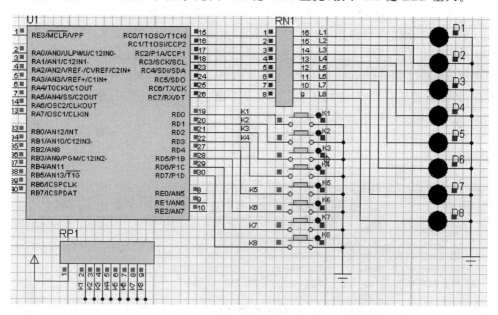

图 4-3 接有 8 只 LED 和 8 个按键的单片机电路

程序清单如下:

```c
#include "htc.h"
typedef unsigned char uchar;
typedef unsigned int uint;
__CONFIG(FOSC_INTRC_NOCLKOUT & WDTE_OFF & MCLRE_OFF );
//配置文件,设置为内部 RC 方式振荡,禁止看门狗,禁止 PWRT,不用 MCLR 复位
void main()
{   uchar KeyValue = 0x0;
    TRISC = 0;              //PORTC 设为输出
    TRISD = 0xFF;           //PORTD 设为输入
    PORTC = 0;              //关闭所有输出
    for(;;)
    {   KeyValue = PORTD|0xFE;   //判断 PORTD.0 所接按键是否按下
        if(KeyValue! = 0xFF)
            PORTC = 0xFF;        //点亮所有 LED
        KeyValue = PORTD|0xFD;   //判断 PORTD.1 所接按键是否按下
```

第4章 C流程与控制

```
        if(KeyValue! = 0xFF)
            PORTC = 0;              //关所有 LED
    }
}
```

程序实现：输入源程序，命名为 key1.c，保存在 ch04\key1 文件夹中，如图 4-4 所示。建立名为 key1 的工程，加入源程序，编译、链接正确。参考图 4-3，在 Proteus 软件中画出仿真电路图，命名为 keyled.pdsprj，保存在 ch04\Key1\Proteus 文件夹中。双击 U1 芯片，打开 Edit Component 对话框，在 Program File 列表框中选中生成的 key1.production.cof 文件，单击 OK 按钮返回主界面。单击"▶"按钮运行程序，可以看到所有 LED 全部不亮。单击 K1 键，所有 LED 点亮；单击 K2 键，所有 LED 熄灭。相关操作请参考 2.3.2 小节。

注：配套资料\picprog\ch04\key1 文件夹中名为 key1.avi 的文件记录了这一过程，供读者参考。

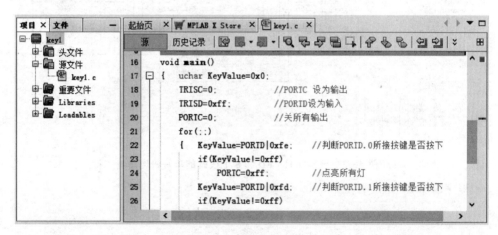

图 4-4 选择结构程序

程序分析：程序首先定义了一个名为 KeyValue 的变量，用于暂存读到的数据。然后用

```
TRISC = 0;
TRISD = 0xFF;
```

分别设置 PORTC 为输出端口，设置 PORTD 为输入端口。随后用

```
KeyValue = PORTD|0xFE;
    if(KeyValue! = 0xFF)
```

程序行来判断 PORTD.0 所接键是否被按下，原理如下：0xFE 即 1111 1110B，将该数与任一个数按位"或"，除 D.0 位外，其余各位一定是 1，而 D.0 位的值取决于参与运算的 PORTD 的值。如果 PORTD 的值是 1，那么按位"或"以后，结果是 1111

1111B 即 0xFF；如果该位是 0，那么按位"或"以后，结果是 1111 1110B，不等于 0xFF。因此，按位"或"以后，如果该变量的值不等于 0xFF，就说明 K1 键被按下，用同样的方法可以判断 K2 键是否被按下。

在判断出有键被按下后就可以根据被按下的键去执行不同的操作。这里用到了 C 语言提供的判断语句 if，其形式如下：

  if(表达式) 语句

如果表达式的结果为真，则执行语句，否则不执行。

如果 K1 键被按下，则将数 0 送往 PORTC 口，点亮所有 LED；而如果 K2 键被按下，则将数 0xFF 送往 PORTC 口，熄灭所有 LED。

从这个例子可以看到，if 语句并不难理解，关键是判断条件是否满足要求，这需要熟悉 if 语句中表达式的内容。下面对表达式进行介绍。

4.2.2　关系运算符和关系表达式

关系运算实际上就是两个值做比较，判断比较的结果是否符合给定的条件。关系运算的结果只有 2 种可能，即"真"和"假"。例：3＞2 的结果为"真"，而 3＜2 的结果为"假"。

1. 关系运算符

C 语言一共提供了以下 6 种关系运算符：

```
<    小于      ⎫
<=   小于等于  ⎬ 优先级相同
>    大于      ⎪
>=   大于等于  ⎭
==   等于      ⎫ 优先级相同
!=   不等于    ⎭
```

关于优先次序有：

① 前四种关系运算符（＜，＜＝，＞，＞＝）的优先级相同，后两种也相同。前四种的优先级高于后两种。

② 关系运算符的优先级低于算术运算符。

③ 关系运算符的优先级高于赋值运算符。

例如：

c＞a+b	等效于	c＞(a+b)
a＞b!=c	等效于	(a＞b)!=c
a==b＜c	等效于	a==(b＜c)
a=b＞c	等效于	a=(b＞c)

关系运算符的结合性为左结合。

2. 关系表达式

用关系运算符将两个表达式连接起来的式子，称为关系表达式。例如：

第 4 章　C 流程与控制

```
a>b
a+b>b+c
(a=3)>=(b=5)
```

都是合法的关系表达式。

关系表达式的值只有两种可能,即"真"和"假"。在 C 语言中,没有专门的逻辑型变量。如果运算的结果是"真",则用数值 1 表示;如果运算的结果是"假",则用数值 0 表示。例如:

```
x1=3>2
```

的结果是 x1 等于 1,原因是 3>2 的结果是"真",用 1 表示,该结果被"="赋给了 x1,所以最终结果是 x1 等于 1。

以下再举一些例子。

例:若 $a=4, b=3, c=1$,则

① $a>b$ 的结果为"真",表达式的值为 1。

② $b+c<a$ 的结果为"假",表达式的值为 0。

③ $(a>b)==c$ 的结果为"真",因为表达式 $a>b$ 的结果为"真",其值为 1,而 $1==c$ 的结果为"真"。

④ $d=a>b$,d 的值为 1。

⑤ $f=a>b>c$,由于关系运算符的结合性为左结合,因此先计算 $a>b$,其值为 1,然后再计算 $1>c$,其值为 0,故 f 的值为 0。

4.2.3　逻辑运算符和逻辑表达式

用逻辑运算符将关系表达式或逻辑量连接起来的式子是逻辑表达式。

C 语言提供了以下 3 种逻辑运算符:

&&　　逻辑"与"

||　　逻辑"或"

!　　逻辑"非"

"&&"和"||"为双目运算符,要求有两个运算对象,而"!"是单目运算符,只要求有一个运算对象。

C 语言逻辑运算符与算术运算符、关系运算符、赋值运算符之间的优先级如图 4-5 所示,其中"!"(非)运算符优先级最高,算术运算符次之,关系运算符再次之,"&&"和"||"又次之,优先级最低的是赋值运算符。

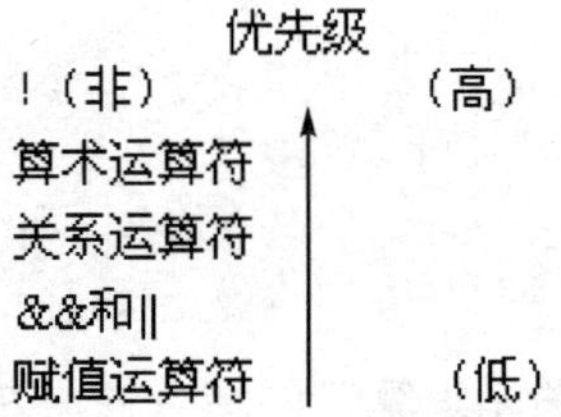

逻辑表达式的结合性为自左向右。

C 语言编译系统在给出逻辑运算的结果时,用

```
              优先级
!(非)          (高)
算术运算符       ↑
关系运算符       |
&&和||          |
赋值运算符     (低)
```

图 4-5　优先级

1表示真,而用0表示假,但是在判断一个量是否为"真"时,以0代表"假",而以非0代表"真",这一点务必要注意。以下是一些例子:

① 若 $a=10$,则!a 的值为0,因为10被作为"真"处理,取反之后为"假",系统给出"假"的值为0。

② 如果 $a=-2$,结果与上述情况完全相同,原因也同上,初学者常会误以为负值即为"假",这里特别提醒读者注意。

③ 若 $a=0\mathrm{x}10,b=0\mathrm{x}20$,则 $a\&\&b$ 的值为1, $a||b$ 的结果也为1,原因为参与逻辑运算时不论 a 与 b 的值究竟是多少,只要是非零,就被当作是"真","真"与"真"相"与"或者相"或",结果都为真,系统给出的结果是1。

④ 不要把逻辑运算符与按位逻辑运算符搞混淆了。3.9.6小节中已经介绍过位操作。由于按位逻辑运算符与逻辑运算符有些相似,因此,如果对于这两种运算的概念不很清楚,就很容易产生混淆。以下对这两种运算分别说明。

逻辑运算和按位逻辑运算首先是形式上不一样,按位逻辑运算有按位"与"、按位"或"和按位"取反"三种,它们的符号分别是"&"、"|"和"~";其次它们的运算过程不一样,按位逻辑运算的过程在3.9节中已介绍,操作是针对字节中的每一个位来进行的;最后它们的结果不一样,逻辑运算的结果只有"真"(1)和"假"(0)两种,而按位逻辑运算的结果是一些具体的数值。若 $a=0\mathrm{x}10,b=0\mathrm{x}20$,则 $a\&b=0\mathrm{x}0,a|b=0\mathrm{x}30$。

4.2.4 选择语句 if

选择语句 if 是用来判定所给定的条件是否满足,根据判定的结果("真"或"假")决定执行给出的两种操作之一。其基本形式如下:

用法 1:

　　if(表达式)

　　　语句

描述:如果表达式为真,则执行语句,否则执行 if 语句后面的语句。

例如:

```
if(a>=3)
   b=0;
```

用法 2:

　　if(表达式)

　　　语句1

　　else

　　　语句2

描述:如果表达式的结果为真,则执行语句1,否则执行语句2。

例如:

第4章 C流程与控制

```
if(a> = 3)
    b = 0;
else
    b = 100;
```

用法3：

```
if(表达式1)
    语句1
else if(表达式2)
    语句2
else if(表达式3)
    语句3
    ……
else if(表达式m)
    语句m
    ……
else
    语句n
```

描述：如果表达式1的结果为"真"，则执行语句1，并退出if语句，否则转去判断表达式2；如果表达式2为"真"，则执行语句2，并退出if语句，否则转去判断表达式3……最后，如果表达式m也不成立，就去执行else后面的语句n。else和语句n也可以省略不用。

例如：

```
if(a> = 3)
    c = 10;
else if(c> = 2)
    c = 20;
else if(c> = 1)
    c = 30;
else
    c = 0;
```

以下通过一些具体例子进一步学习这几种if语句的用法。

【例4-2】 在如图4-3所示电路中，要求按下K1键时所有LED亮，松开K1键后所有LED灭。

程序清单如下：

```c
#include "htc.h"
typedef unsigned char uchar;
typedef unsigned int uint;
__CONFIG(FOSC_INTRC_NOCLKOUT & WDTE_OFF & MCLRE_OFF );
//配置文件,设置为内部 RC 方式振荡,禁止看门狗,禁止 PWRT,不用 MCLR 复位
void main()
{   uchar   InDat;
    TRISC = 0;                  //PORTC 设为输出
    TRISD = 0xFF;               //PORTD 设为输入
    PORTC = 0;                  //关所有 LED
    for(;;)
    {   InDat = PORTD|0xFE;     //读取 PORTD 且与 0xFE 相"或"
        if(InDat!= 0xFF)        //判断 K1 键是否被按下
            PORTC = 0xFF;       //任一键被按下,则点亮全部 LED
        else
            PORTC = 0;          //否则所有 LED 熄灭
    }
}
```

程序实现:输入源程序并命名为 key2.c,保存在 ch04\key2 文件夹中。建立名为 key2 的工程,编译、链接正确。将 key1 文件夹中的 Proteus 文件夹复制到 key2 文件夹中,用 Proteus 软件打开 keyled.pdsprj 工程文件,双击 U1 打开 Edit Component 对话框,在 Program File 列表框中选择 key2.production.cof,单击 OK 按钮返回主界面。

单击"▶"按钮运行程序,可以看到所有 LED 全部不亮。单击 K1 键,K1 键由 OFF 状态变为 ON 状态,此时可以观察到所有 LED 点亮,松开 K1 键后所有 LED 熄灭。本例使用了 if 语句的第 2 种形式,即如果条件满足,则执行 PORTC=0xFF,否则执行 PORTC=0。

注:配套资料\picprog\ch04\key2 文件夹中名为 key2.avi 的文件记录了这一过程,供读者参考。

下面再来看一个例子。

例 4-1 中按要求 K1 键按下 LED 亮,而 K2 键按下 LED 灭,但是如果 K1 键和 K2 键同时按下又会如何呢？实际做一下这个实验。单击 K2 按键图标右上角的 ● 标志,按键即不弹起而一直处于 ON 的状态。此时如果单击 K1 键,可以发现 LED 不断地亮、灭。

出现这种现象的原因在于该程序使用了两个判断语句,而这两个判断语句是一种顺序结构,二者顺序执行,相互之间没有制约关系。这样的程序在某些场合不能满足要求,如控制机器的动作,要求是只要"停止"按键被按下,不论"开始"按键是否被按下,都不能再开启机器。为实现这一要求,就需要用到 if 语句的第 3 种形式。

第 4 章 C 流程与控制

【例 4-3】 按下 K1 键点亮 LED,按下 K2 键熄灭 LED,且 K2 键优先,如果 K2 键被按住不放,LED 就不能被点亮。

程序清单如下:

```c
#include "htc.h"
typedef unsigned char uchar;
typedef unsigned int uint;
__CONFIG(FOSC_INTRC_NOCLKOUT & WDTE_OFF & MCLRE_OFF );
//配置文件,设置为内部 RC 方式振荡,禁止看门狗,禁止 PWRT,不用 MCLR 复位
void main()
{
    TRISC = 0;                      //PORTC 设为输出
    TRISD = 0xFF;                   //PORTD 设为输入
    PORTC = 0;                      //关所有输出
    for(;;)
    {   if((PORTD|0xFD)!= 0xFF)
            PORTC = 0;              //熄灭所有 LED
        else if((PORTD|0xFE)!= 0xFF)
            PORTC = 0xFF;           //点亮所有 LED
    }
}
```

程序实现:输入源程序并命名为 key3.c,保存在 ch04\key3 文件夹中。建立名为 key3 的工程,设置工程、编译、链接正确。将 key1 文件夹中的 Proteus 文件夹复制到 key3 文件夹中,用 Proteus 软件打开 keyled.pdsprj 工程文件,双击 U1 打开 Edit Component 对话框,在 Program File 列表框中选择 key3.production.cof,单击 OK 按钮返回主界面。

单击"▶"按钮运行程序,可以看到所有 LED 全部不亮。单击 K1 键后 LED 亮,单击 K2 键后 LED 灭。如果锁定 K2 键使之一直处于 ON 的状态,再去单击 K1 键,就会发现 LED 没有任何变化。

注:配套资料\exam\ch04\key3 文件夹中名为 key3.avi 的文件记录了这一过程,供读者参考。

程序分析:程序中首先用"if((PORTD|0xFD)!=0xFF)"来判断 K2 键是否被按下;如果 K2 键被按下就执行"PORTC=0;"程序行,然后退出 if 语句;如果该条件不成立就转去执行"else if((PORTD|0xFE)!=0xFF)"判断 K1 键是否被按下,如果 K1 键被按下则执行"PORTD=0xFF;"程序行,否则退出 if 语句。这样就实现了 K2 键优先的要求。当要求 K1 键优先时,只要将判断的次序改变一下即可,请读者自行完成这一练习。

4.2.5　if 语句的嵌套

在 if 语句中又包含一个或多个语句,称为 if 语句的嵌套。通过嵌套可以实现更复杂的判断工作。if 语句嵌套的一般形式如下:

```
if(   )
    if(   )   语句 1
    else      语句 2
else
    if(   )   语句 3
    else      语句 4
```

使用 if 语句的嵌套时一定要注意 if 与 else 的配对关系,else 总是与它前面最近的 if 配对。如果写成如下形式:

```
if(   )
    if(   )   语句 1
else
    语句 2
```

编程者的本意是外层的 if 与 else 配对,缩进的 if 语句为内嵌的 if 语句,但 C 语言并不识别书写的形式,else 总是与它前面最近的 if 配对,因此这里的 else 将与缩进的那个 if 配对,从而造成歧义。为避免这种情况,编程时应使用大括号将内嵌的 if 语句括起来。

【例 4-4】 如果 K1 键被按下,K2 键也被按下,那么 LED 全亮,松开 K2 键,LED 也不灭;如果 K1 键松开,则 LED 全灭。

程序清单如下:

```c
#include "htc.h"
typedef unsigned char uchar;
typedef unsigned int uint;
__CONFIG(FOSC_INTRC_NOCLKOUT & WDTE_OFF & MCLRE_OFF );
//配置文件,设置为内部 RC 方式振荡,禁止看门狗,不用 MCLR 复位

void main()
{   TRISC = 0;                    //PORTC 设为输出
    TRISD = 0xFF;                 //PORTD 设为输入
    PORTC = 0;                    //关所有输出
    for(;;)
    {   if((PORTD|0xFE)! = 0xFF)  //K1 键被按下了吗?
        {   if((PORTD|0xFD)! = 0xFF)  //K2 键被按下了吗?
                PORTC = 0xFF;     //K1 键与 K2 键都被按下,LED 点亮
```

```
        }
    else
        PORTC = 0x0;                              //任一条件不满足,LED 熄灭
    }
}
```

程序实现：输入源程序并命名为 key4.c,保存在 ch04\key4 文件夹中。建立名为 key4 的工程,设置工程,编译、链接正确。将 key1 文件夹中的 Proteus 文件夹复制到 key4 文件夹中,使用 Proteus 软件打开 keyled.pdsprj 工程文件,双击 U1 打开 Edit Component 对话框,在 Program File 列表框中选择 key4.production.cof,单击 OK 按钮返回主界面。

单击"▶"按钮运行程序,可以看到所有 LED 全部不亮。鼠标光标移到 K1 键位置,单击 K1 键右上角的 ● 标志,使 K1 键处于锁定状态,然后将鼠标移到 K2 键位置,按住左键不放,LED 全亮,松开左键,K2 键弹起,LED 也不灭。单击 K1 键,K1 键弹起,LED 全灭。

注：配套资料\exam\ch04\key4 文件夹中名为 key4.avi 的文件记录了这一过程,供读者参考。

说明：if 后面括号中的表达式究竟是什么并不重要,不管是关系表达式、算术运算式甚至是一个常量都没有关系,关键是将这个式子的值计算出来,然后判断其是否是"0",是则条件不成立,否则条件成立,这就是 C 语言的灵活之处,但也是很多学过其他语言的读者感到困惑的地方。

4.2.6 条件运算符

if 语句中,当表达式为"真"或"假",且只执行一条赋值语句给同一个变量赋值时,可以用简单的条件运算符来处理。例如:以下 if 语句:

```
    if(a>b) max = a;
    else max = b;
```

可以用下面的条件运算符来处理:

```
    max = (a>b)? a:b;
```

其中"(a>b)? a:b"是一个"条件表达式"。它的执行过程如下:如果(a>b)条件为真,则条件表达式取值 a,否则取值 b。

条件运算符要求有 3 个操作对象,其一般形式如下:

表达式1? 表达式2:表达式3

条件运算符的执行过程如图 4-6 所示。

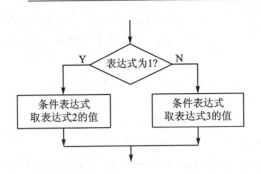

图 4-6 条件运算符的执行过程

4.2.7 switch/case 语句

在实际工作中,常常会遇到多分支选择问题,例如以一个变量的值为判断条件,将此变量的值域范围分成几段,每一段对应一种选择或操作。这种问题可以使用 if 语句嵌套实现,但是当分支较多时,嵌套的 if 语句层数多,程序冗长而且可读性降低。C 语言提供了 switch 语句直接处理多分支选择。switch 语句实现选择的执行过程如图 4-7 所示。

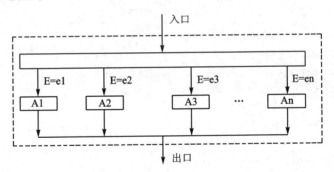

图 4-7 switch 语句的执行过程

switch 语句的一般形式如下:

```
switch(表达式)
{   case    常量表达式1:语句1
    case    常量表达式2:语句2
    …
    case    常量表达式n:语句n
    default:    语句n+1
}
```

说明:
① switch 后面括号内的"表达式"可以是任何类型。

第4章 C流程与控制

② 当表达式的值与某一个 case 后面的常量表达式相等时,就执行此 case 后面的语句,若所有 case 中的常量表达式的值都没有与表达式值匹配的,则执行 default 后面的语句。

③ 每一个 case 的常量表达式的值必须不相同。

④ 各个 case 和 default 的出现次序不影响执行结果。

⑤ 执行完一个 case 后面的语句后,并不会自动跳出 switch 转而去执行其后面的语句,而是紧接着执行这个 case 后面的语句。

【例4-5】 在图4-3所示电路中,要求按下 K1 键,RC7 和 RC3 所接 LED 亮,按下 K2 键,RC6 和 RC2 所接 LED 亮,按下 K3 键,RC5 和 RC1 所接 LED 亮,按下 K4 键,RC4 和 RC0 所接 LED 亮。

程序清单如下:

```
#include "htc.h"
typedef unsigned char uchar;
typedef unsigned int uint;
__CONFIG(FOSC_INTRC_NOCLKOUT & WDTE_OFF & MCLRE_OFF );
//配置文件,设置为内部RC方式振荡,禁止看门狗,不用MCLR复位

void main()
{   unsigned char KeyValue;
    TRISC = 0;                    //PORTC 设为输出
    TRISD = 0xFF;                 //PORTD 设为输入
    PORTC = 0;                    //关所有输出
    for(;;)
    {   KeyValue = PORTD;
        switch(KeyValue)
        {   case  0xFE:   PORTC = 0x11;
            case  0xFD:   PORTC = 0x22;
            case  0xFB:   PORTC = 0x44;
            case  0xF7:   PORTC = 0x88;
        }
    }
}
```

程序实现:输入源程序并命名为 key5.c,保存在 ch04\key5 文件夹中。建立名为 key5 的工程,设置工程,编译、链接正确。为了进行源程序级调试程序,需要把 Proteus 文件与 C 语言源程序文件放在同一文件夹中。因此,将 key1 文件夹中的 keyled.pdsprj 复制到 key5 文件夹下,使用 Proteus 软件打开该文件,双击 U1 打开 Edit Component 对话框,在 Program File 列表框中选择 key5.production.cof,单击 OK 按钮回到主界面。

第 4 章　C 流程与控制

单击"▶"按钮运行程序,所有 LED 全部不亮。分别按下 K1 键、K2 键、K3 键和 K4 键,可以观察到 K1 键、K2 键、K3 键被按下后 LED 有闪烁的现象,松开所按的按键后和按下 K4 键的结果是一样的,都是 RC4 和 RC0 所接 LED 亮,为何会这样呢?

为研究出现问题的原因,在程序运行时先单击 K1 键右上角的●标志,使其处于闭合状态,然后单击❚❚按钮,暂停程序运行,同时出现如图 4-8 所示界面。如果未出现 PIC CPU Source Code 窗口,则可使用菜单命令 Debug→PIC CPU→Source Code 打开此窗口。按下 F10 键单步执行程序,并观察到程序执行过程,并发现在执行完"PORC=0x11;"程序行以后,发光二极管 D4 和 D8 点亮,完全符合程序设计要求,但接下来程序并没有退出 switch 语句,而是继续执行下面的程序行"PORTC=0x22;"。显然,这将使得 D4 和 D8 灭,而 D3 和 D7 亮。随后执行"PORTC=0x44;",D3 和 D7 灭,D2 和 D6 亮。最后执行"PORTC=0x88;",D2 和 D6 灭,D1 和 D5 亮。这就造成了 LED 全部点亮,而且不断闪烁的现象。

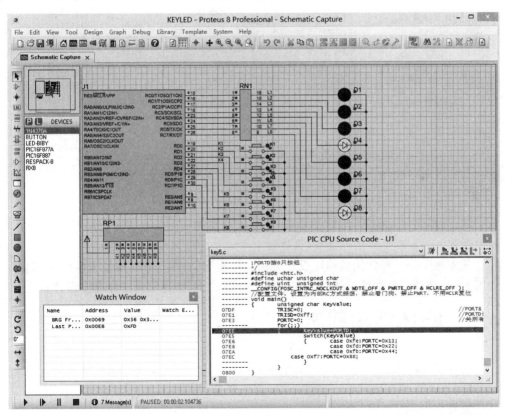

图 4-8　Proteus 软件中的源程序级调试

程序分析:以按下 K1 键为例,按下 K1 键后,的确如编程时设想的那样执行了

```
PORC = 0x11;
```

第4章 C流程与控制

程序行,但执行完毕后并没有退出 switch 语句,而是继续执行下面的语句:

```
case 0xFD: PORTC = 0x22;
case 0xFB: PORTC = 0x44;
case 0xF7: PORTC = 0x88;
```

按下 K1 键和按下 K4 键得到了同样的结果。

同样,按下 K2 键、K3 键最终都会执行到最后一行:

```
case 0xF7; PORC = 0x88;
```

这显然不是编程者的本意。为了避免出现这种情况,应该在执行完一个 case 分支后,使流程跳出 switch 结果,即终止 switch 语句的执行。可以用一个 break 语句来达到此目的。

将上述程序进行修改,修改后的源程序如图 4-9 所示,这样就能够得到预想的结果。

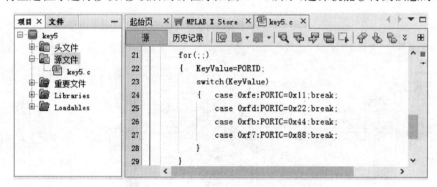

图 4-9 加入 break 语句后的 switch 语句

注:配套资料\picprog\ch04\key5 文件夹中名为 key5.avi 的文件,记录了加入和未加入 break 语句的执行过程,供读者参考。

分支程序是一种常用的程序设计方法。在实际工作中,凡是涉及判断的工作,如常用的按键识别、根据给定条件做相应的工作等,几乎都要用到这种程序设计方法。

4.3 循环结构程序

在许多实际问题中,需要进行具有规律性的重复操作,下面举例加以说明。

例:编程实现 PORTC.0 所接 LED 闪烁发光。

程序分析:使用

```
PORTC| = 0x01;
```

即可点亮 LED;使用

```
PORTC& = 0xFE;
```

即可让 LED 熄灭。

程序可以这样描述：

```
PORTC| = 0x01;    /* 点亮 PORTC.0 所接的 LED */ ································ (1)
延时一段时间;                                                              ································ (2)
PORTC& = 0xFE;    /* 熄灭 PORTC.0 所接的 LED */ ································ (3)
```

程序到这里都很好理解，但接下来呢？应该如何写呢？接着写：

```
延时一段时间;                                                              ································ (4)
PORTC| = 0x01;    /* 点亮 PORTC.0 所接的 LED */ ································ (5)
…
…                                                                         ································ (n)
```

这样不停地写下去，程序很快就会变得非常长，但是程序的可执行时间却并不能无限延长，可见这不是好的、正确的方法。应该让程序在执行完第(3)行程序后能够回到第(1)行去执行，这就是循环的用处。

几乎每一个实用的程序都包含有循环结构。

4.3.1 循环结构程序简介

在一个实用的程序中，循环结构是必不可少的。循环是反复执行某一部分程序的操作。循环结构分为两类：当型循环和直到型循环。

1. 当型循环

在如图 4-10 所示的当型循环结构中，当判断条件 P 成立(为"真")时，执行循环体部分，执行完毕回来再次判断条件，如果条件成立则继续循环，否则退出循环。

2. 直到型循环

在如图 4-11 所示的直到型循环结构中，先执行循环体部分，然后判断给定的条件 P，只要条件成立就继续循环，直到判断出给定的条件不成立时即退出循环。

构成循环结构的常用语句主要有 while、do-while 和 for 等。

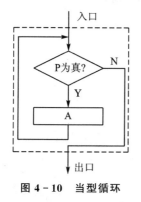

图 4-10　当型循环

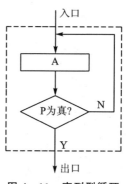

图 4-11　直到型循环

4.3.2 while 循环语句

while 循环语句用来实现当型循环结构,其一般形式如下:
　　while(表达式)　语句

当表达式为非 0 值("真")时,执行 while 语句中的内嵌语句。其特点是:先判断表达式,后执行语句。

while 循环语句的特点在于,其循环条件测试处于循环体的开始。要想执行重复操作,首先必须进行循环条件测试,若条件不成立,则循环体内的重复操作一次也不执行。

【例 4-6】 在如图 4-3 所示电路中,编程实现当 K1 键被按下时,LED 循环流动,否则 LED 全部熄灭。

程序清单如下:

```c
#include "htc.h"
typedef unsigned char uchar;
typedef unsigned int uint;
__CONFIG(FOSC_INTRC_NOCLKOUT & WDTE_OFF & MCLRE_OFF );
//配置文件,设置为内部 RC 方式振荡,禁止看门狗,不用 MCLR 复位
void mDelay(unsigned int DelayTime)
{   unsigned char  j = 0;
    for(;DelayTime>0;DelayTime--)
    {   for(j=0;j<65;j++)
            {;}
    }
}
void main()
{   uchar OutData = 0x01;
    uchar i = 0;
    TRISC = 0;                  //PORTC 设为输出
    TRISD = 0xFF;               //PORTD 设为输入
    PORTC = 0;                  //关所有输出
    while(1)
    {
        while((PORTD|0xFE)! = 0xFF)
        {
            PORTC = OutData;
            OutData<<= 1;       //循环左移
            mDelay(1000);       //延时 1 000 ms
            i++;
            if(i == 8)
```

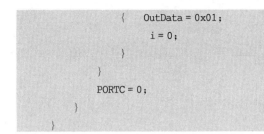

```
            {  OutData = 0x01;
               i = 0;
            }
         }
         PORTC = 0;
      }
}
```

程序实现：输入源程序并命名为 loop1.c，保存在 ch04\loop1 文件夹中。建立名为 loop1 的工程，设置工程，编译、链接正确。将 key1 文件夹中的 Proteus 文件夹复制到 loop1 文件夹中，使用 Proteus 软件打开 keyled.pdsprj 工程文件，双击 U1 打开 Edit Component 对话框，在 Program File 列表框中选择 loop1.production.cof，单击 OK 按钮返回主界面。

单击"▶"按钮运行程序。将鼠标光标移到 K1 键位置，按下鼠标左键，K1 键被按下，此时可以看到 PORTC.0～PORTC.7 所接 LED 由上往下依次点亮，松开鼠标左键，K1 键弹起，LED 熄灭。

注：配套资料\picprog\ch04\loop1 文件夹中名为 loop1.avi 的文件记录了这一过程，供读者参考。

程序分析：程序中第 2 个 while 语句表达式用来判断 K1 键是否被按下，如被按下，则执行循环体内的程序，否则执行"PORTC＝0;"程序行，LED 全部熄灭，这样就实现了题目的要求。

4.3.3 do-while 循环语句

do-while 语句用来实现"直到型"循环，特点是先执行循环体，然后判断循环条件是否成立。其一般形式如下：

    do
      循环体语句
    while(表达式)

对同一个问题，既可以用 while 语句处理，也可以用 do-while 语句处理。但是这两个语句是有区别的，下面我们用 do-while 语句改写例 4-6。

【例 4-7】 编程实现用 do-while 语句实现如下功能：K1 键被按下，LED 流水工作，K1 键松开，LED 全熄灭。

程序清单如下：

```
#include "htc.h"
typedef unsigned char uchar;
typedef unsigned int uint;
__CONFIG(FOSC_INTRC_NOCLKOUT & WDTE_OFF & MCLRE_OFF );
//配置文件,设置为内部 RC 方式振荡,禁止看门狗,不用 MCLR 复位
```

第4章 C流程与控制

```c
void mDelay(unsigned int DelayTime)
{   unsigned char j = 0;
    for(;DelayTime>0;DelayTime--)
    {  for(j=0;j<65;j++)
       {;}
    }
}
void main()
{   uchar OutData = 0x01;
    uchar i = 0;
    TRISB = 0;                    //PORTC 设为输出
    TRISD = 0xFF;                 //PORTD 设为输入
    PORTC = 0;                    //关所有输出
    while(1)
    {
        do
        {   PORTC = OutData;
            OutData<<=1;          //循环左移
            mDelay(1000);         //延时 1 000 ms
            i++;
            if(i==8)
            {   OutData = 0x01;
                i = 0;
            }
        }while((PORTD|0xFE)!=0xFF);
        PORTC = 0;
    }
}
```

程序实现：输入源程序并命名为 loop2.c，保存在 ch04\loop2 文件夹中。建立名为 loop2 的工程，设置工程，编译、链接正确。将 key1 文件夹中的 Proteus 文件夹复制到 loop2 文件夹中，使用 Proteus 软件打开 keyled.pdsprj 工程文件，双击 U1 打开 Edit Component 对话框，在 Program File 列表框中选择 loop2.production.cof，单击 OK 按钮返回主界面。

单击"▶"按钮运行程序。可以观察到不论是否按住 K1 键，LED 均流动点亮，与设想不一致。

注：配套资料\picprog\ch04\loop2 文件夹中名为 loop2.avi 的文件记录了这一过程，供读者参考。

程序分析：与例 4-6 相比，本例程序除 main 函数中用 do-while 替代 while 外，没有其他的不同。初步设想，如果 while() 括号中的表达式为"真"即 K1 键被按下，则应该执行程序体,否则不执行,其效果与例 4-6 相同。但是事实上并非这样,这是为什么呢?

为了解程序执行的过程,需要在 Proteus 中进行源程序级调试。例 4-5 展示了一种源程序级调试的方法,这里介绍另一种方法,即利用 Proteus 软件自身来实现编译及调试的全过程。双击 U1,打开 Edit Componet 窗口,单击右侧的 " Edit Firmware " 按钮,为工程新建一个源程序。将 loop2.c 所有内容复制到该文件中。保存文件,选择菜单命令 Build→Build Project 或按 F7 键编译工程。单击运行工具条的 "▶" 按钮运行程序,然后单击 "∥" 按钮,即可打开源程序调试窗口,如图 4-12 所示。

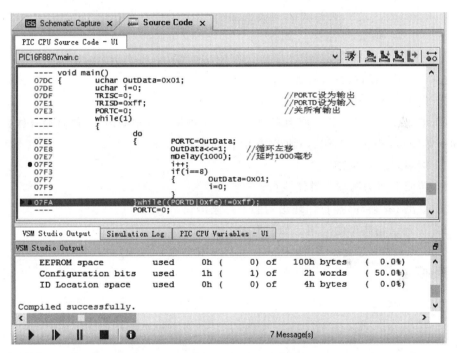

图 4-12　Proteus 中的源程序调试窗口

单步运行程序时发现,K1 键被按下后的确在执行循环体内的程序,与设想一致。而当 K1 键没有被按下时,按编程时的设想,循环体内的程序不应该被执行,但事实上,do 后面的语句至少要被执行一次才去判断条件是否成立,所以程序依然会去执行 do 后的循环体部分。只是在判断条件不成立(K1 键没有被按下)后,转去执行 "PORTC=0;",然后又继续循环,而下一次循环中又会先执行一次循环体部分,因此,K1 键是否被按下的区别仅在于 "PORTC=0;" 这一程序行是否会被执行到。可见,对于这个编程要求,使用 do-while 语句进行编程是不恰当的,无法达到设计要求。

4.3.4 for 循环语句

C 语言中的 for 循环语句使用最为灵活,它不仅可以用于循环次数已经确定的情况,而且可以用于循环次数不确定而只给出循环结束条件的情况。它既可以包含一个索引计数变量,也可以包含任何一种表达式。除了被重复的循环指令体外,表达式模块由 3 部分组成:第 1 部分是初始化表达式;第 2 部分是对结束循环进行测试,一旦测试为假就会结束循环;第 3 部分是增量。

for 循环语句的一般形式如下:

  for(表达式 1;表达式 2;表达式 3)
  { 语句
  }

for 循环语句的执行过程如下:

① 先求解表达式 1。

② 求解表达式 2。若其值为真,则执行 for 语句中指定的内嵌语句(循环体),然后执行第③步;若其值为假,则结束循环,转到第⑤步。

③ 求解表达式 3。

④ 转回上面的第②步继续执行。

⑤ 退出 for 循环,执行循环语句的下一条语句。

for 循环语句典型的应用为如下形式:

  for(循环变量初值;循环条件;循环变量增值) 语句

例如:

```
int i,sum;
sum = 0;
for(i = 0;i<= 10;i++)
    sum += i;
……                        //下一条语句
```

运算的结果是 sum 的值为 55。

在这段程序中,for 循环语句中的表达式 1 是"i=0;",其作用是给 i 赋初值。表达式 2 是"i<=10;",其作用是对循环条件进行测试。当 i 的值小于等于 10 时,表达式 2 为"真",即执行循环体内语句"sum+=i;",然后执行表达式 3"i++",进入下一次循环;当 i 的值大于 10 时,表达式 2 的结果为"假",终止循环,执行这条循环语句的下一条语句。

对 for 循环中的几种特例说明如下。

① 如果变量初值在 for 语句前面赋值,则 for 语句中的表达式 1 应省略,但其后的分号不能省略。例如:例 4-7 中有如下的一条 for 语句:

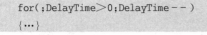

```
for(;DelayTime>0;DelayTime--)
{…}
```

这个 for 循环语句省略了表达式 1，因为这段程序中的变量 DelayTime 是由参数传入的一个值，不能在这个式子里赋初值。

② 表达式 2 也可以省略，但是同样不能省略其后的分号。如果省略该式，则将不判断循环条件，循环无休止地进行下去，也就是认为表达式始终为"真"。

③ 表达式 3 也可以省略，但此时编程者应该另外设法保证循环能正常结束。

④ 表达式 1、2 和 3 都可以省略，即形成 for(;;)的形式，它的作用相当于是 while(1)，即构建一个无限循环的过程。

⑤ 循环可以嵌套，如例 4-7 程序中就是两个 for 语句嵌套使用构成二重循环，C 语言中的 3 种循环语句可以相互嵌套。

4.3.5 break 语句

在一个循环程序中，可以通过循环语句中的表达式来控制循环程序是否结束。除此之外，还可以通过 break 语句强行退出循环结构。

【例 4-8】 在如图 4-3 所示电路中，要求开机后，LED 全部不亮，按下 K1 键后从 LED1 开始依次点亮，至 LED8 后停止并全部熄灭，等待再次按下 K1 键，重复上述过程。如果中间 K2 键被按下，则 LED 立即全部熄灭，回到初始状态。

程序清单如下：

```
#include "htc.h"
typedef unsigned char uchar;
typedef unsigned int uint;
__CONFIG(FOSC_INTRC_NOCLKOUT & WDTE_OFF & MCLRE_OFF );
//配置文件，设置为内部 RC 方式振荡，禁止看门狗，不用 MCLR 复位
void mDelay(unsigned int DelayTime)
{   unsigned char  j = 0;
    for(;DelayTime>0;DelayTime--)
    {   for(j=0;j<165;j++)
        {;}
    }
}
void main()
{   uchar OutData = 0x01;
    uchar i = 0;
    TRISB = 0;                      //PORTC 设为输出
    TRISD = 0xFF;                   //PORTD 设为输入
    PORTC = 0;                      //关所有输出
    while(1)
```

```
        { if((PORTD|0xFE)!= 0xFF)              //K1 键被按下
          {
              for(i = 0;i<8;i ++ )
              {   mDelay(1000);                 //延时 1 000 ms
                  OutData = 0x01;
                  OutData≪ = i;                 //循环左移
                  PORTC = OutData;
                  if((PORTD|0xFD)!= 0xFF)       //K2 键被按下
                      break;
              }
          }
          PORTC = 0xFF;
        }
    }
```

程序实现：输入源程序并命名为 loop3.c,保存在 ch04\loop3 文件夹中。建立名为 loop3 的工程,设置工程,编译、链接正确。将 key1 文件夹中的 Proteus 文件夹复制到 loop3 文件夹中,使用 Proteus 软件打开 keyled.pdsprj 工程文件,双击 U1 打开 Edit Component 对话框,在 Program File 列表框中选择 loop3.production.cof,单击 OK 按钮返回主界面。

单击"▶"按钮运行程序。LED 全部点亮,单击 K1 键,LED 由上到下逐个变暗,最后一个 LED 熄灭后全部 LED 点亮。如果在单击 K1 键后,8 个 LED 还没有全部被熄灭之前单击 K2 键,则 LED 全部点亮。最后回到初始状态,等待按键操作。

说明：K2 键按下的时间必须足够长,因为这段程序中设定每隔 1 s 才会检测一次 K2 键是否被按下。

注：配套资料\picprog\ch04\loop3 文件夹中名为 loop3.avi 的文件记录了这一过程,供读者参考。

程序分析：开机后,检测到 K1 键被按下,执行一个 for(i=0;i<8;i++){…}的循环,即循环 8 次后停止。而在这段循环体中,又用到了如下程序行：

```
    if((PORTD|0xFD)! = 0xFF) break;
```

即判断 K2 键是否被按下,如果 K2 键被按下,则使用 break 语句立即结束本次循环。

4.3.6　continue 语句

continue 语句的用途是结束本次循环,即跳过循环体中下面的语句,接着进行下一次是否执行循环的判定。

continue 语句和 break 语句的区别是：continue 语句只结束本次循环,而不是终止整个循环的执行；break 语句则是结束整个循环过程。

【例 4 - 9】 将上述例 4 - 8 中的 break 语句改为 continue 语句,会有什么结果？

程序清单如下：

```c
#include "htc.h"
typedef unsigned char uchar;
typedef unsigned int uint;
__CONFIG(FOSC_INTRC_NOCLKOUT & WDTE_OFF & MCLRE_OFF );
//配置文件,设置为内部 RC 方式振荡,禁止看门狗,不用 MCLR 复位
void mDelay(unsigned int DelayTime)
{   unsigned char   j = 0;
    for(;DelayTime>0;DelayTime--)
    {   for(j=0;j<165;j++)
        {;}
    }
}
void main()
{   uchar OutData = 0x01;
    uchar  i = 0;
    TRISC = 0;                              //PORTC 设为输出
    TRISD = 0xFF;                           //PORTD 设为输入
    PORTC = 0;                              //关所有输出
    while(1)
    {   if((PORTD|0xFE)!= 0xFF)             //K1 键被按下
        {   for(i=0;i<9;i++)
            {   OutData = 0x01;
                OutData <<= i;              //循环左移
                mDelay(1000);               //延时 1 000 ms
                if((PORTD|0xFD)!= 0xFF)     //K2 键被按下
                    continue;
                PORTC = OutData;
            }
        }
        PORTC = 0;
    }
}
```

程序实现：输入源程序并命名为 loop4.c,保存在 ch04\loop4 文件夹中。建立名为 loop4 的工程,设置工程、编译、链接正确。将 key1 文件夹中的 Proteus 文件夹复制到 loop4 文件夹中,使用 Proteus 软件打开 keyled.pdsprj 工程文件,双击 U1 打开 Edit Component 对话框,在 Program File 列表框中选择 loop4.production.cof,单击 OK 按钮返回主界面。

第 4 章　C 流程与控制

单击"▶"按钮运行程序,LED 全部点亮。单击 K1 键,LED 由上到下逐个熄灭,直到最后一个 LED 熄灭后延时 1 s,所有 LED 点亮,回到初始状态。如果单击 K1 键且第 1 个 LED 熄灭以后单击 K2 键,保持 3 s 左右,可以观察到 LED 不再继续往下熄灭。松开 K2 键,可以观察到有 3 个 LED 同时熄灭,随后开始逐个熄灭,直到所有 LED 熄灭后,回到初始状态,等待按键。

注:配套资料\exam\ch04\loop4 文件夹中名为 loop4.avi 的文件记录了这一过程,供读者参考。

程序分析:开机后,检测到 K1 键被按下,各 LED 开始依次点亮,如果 K2 键没有被按下,将循环 8 次,直到所有 LED 熄灭,又回到初始状态,即所有 LED 灭,等待 K1 键被按下。如果在一次运行中 K2 键被按下,不是立即退出循环,而只是结束本次循环,即不执行 continue 语句下面的"PORTC=OutData;"语句,因此在按下 K2 键后观察不到 LED 熄灭,但这并不会影响其他程序行的执行。不论 K2 键是否被按下,循环总是要经过 8 次才会终止,差别在于是否执行了上面这一行程序。如果按住 K2 键,则 LED 会一直点亮。此时 i 仍在不断增加,数据移位仍在进行,因此松开 K2 键后,将使得在按下 K2 键期间未能熄灭的 LED 全部熄灭。

4.4　使用硬件调试程序

要使用硬件调试,除了实验电路板以外,还需要硬件调试器。微芯公司有一系列硬件调试器可供选择,包括 ICD3、PICkit2、PICkit3、PM3、Real ICE 等。现以 PICkit3 为例来说明。

PICkit3 的外形如图 4-13 所示,这是一款运行于 Windows 平台的低成本在线调试器,用于基于在线串行编程的单片机及 DSPIC 等 PIC 系列芯片,同时 PICkit3 还可作为编程来使用。

PICkit3 仿真时,是直接将代码写入用户自己的目标芯片,利用芯片内置的仿真电路来执行代码,而不是使用特殊的调试器芯片来仿真,因此执行代码仿真的结果与最终运行结果几乎没有区别。

PICkit3 的特点如下:
➢ 实时执行程序。
➢ 处理器可以用最大速度运行。
➢ 内置过压/短路监视器。
➢ 可以对外提供小于或等于 5 V 的电压,电压范围为 1.8~5 V。
➢ 带有电源、活动和运行 3 个 LED 可以显示不同的状态。
➢ 可以读/写单片机内的程序存储器和数据存储器。

第 4 章 C 流程与控制

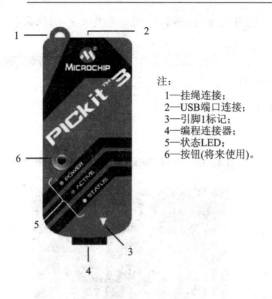

注：
1—挂绳连接；
2—USB端口连接；
3—引脚1标记；
4—编程连接器；
5—状态LED；
6—按钮(将来使用)。

图 4-13　PICkit3 外形

➤ 可擦除所有存储器类型（EEPROM、ID、配置和程序）。

➤ 可设置断点，在断点处中断时可冻结外设的运行。

使用 PICkit3 调试程序时，需要在设置工程时选择 PICkit3 作为调试工具，如图 4-14 所示。

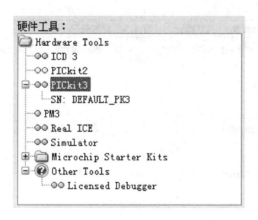

图 4-14　选择 PICkit3 作为调试工具

如果需要使用 PICkit3 提供电源，则可按图 4-15 所示设置 PICkit3，勾选 Power target circuit from PICkit3，并且选择 Voltage Level 的电压值。

将 PICkit3 与硬件电路连接起来，如图 4-16 所示。

选择菜单命令"调试"→"调试项目"，即出现图 4-17 所示的提示信息。等到所有提示完成，即可使用 F11 键单步执行、F10 键过程单步执行、设置断点等调试方法

第4章 C流程与控制

来调试程序。当然,也可全速运行程序,观察程序运行的结果。

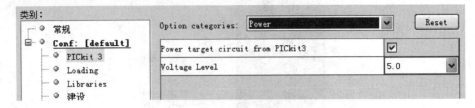

图 4-15 使用 PICkit3 为电路板提供电源

图 4-16 PICkit3 与实验电路板连接

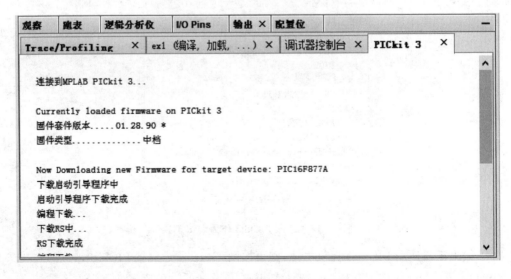

图 4-17 PICkit3 联机时的提示信息

第 5 章

C 构造数据类型

第 3 章介绍的字符型(char)数据、整型(int)数据、浮点型(float)数据等都属于基本数据类型。C 语言还提供了一些扩展的数据类型,它们是对基本数据类型的扩展,包括:数组、结构、指针、共用体、枚举等。

5.1 数 组

当程序中需要用到可以变化的量时,可以通过定义变量来实现。实际工作中往往有这样的要求:对一组数据进行操作,而这一组数据之间是有一定联系的。如果采用变量定义的方法,则只能是需要多少个不同的数据就定义多少个变量,并且这些分开定义的变量之间没有关联,难以体现各个变量之间的关系。在这种情况下,就需要用到数组了。

5.1.1 引 入

下面通过一个例子来介绍数组的使用。该例是默认读者对于使用单片机的汇编语言编写动态显示程序较为熟悉;如果对于这些内容不熟悉,则可略过不看。

【例 5-1】 某单片机应用系统有 6 位数码管,采用动态方式显示,编写显示程序。

分析:对于动态显示,通常利用显示缓冲区,首先主程序将数据填入显示缓冲区,显示程序从显示缓冲区读取数据,然后分别送去显示。如果使用汇编语言编程,则只要指定显示缓冲区的首地址,然后用间址寻址的方式存放或取出数据即可。例如:

```
    ……
    MOVF    COUNT,W         ;取计数值
    ADDWF   DispBuf,W       ;显示缓冲区首地址加计数器送 W
    BCF     STATUS,IRP      ;IRP = 0,以便和 FSR 一起实现间址寻址
    MOVWF   FSR
    CALL    cTable
```

第5章 C构造数据类型

```
        MOVWF       PORTD              ;将查到的字形码送 PORTD
        ……
        MOVLW       .6
        subwf       COUNT,W
        SKPZ                           ;如果 Z = 1(相减结果为 0),跳过一行,即返回
        GOTO        DISP0
        RETURN
```

以上程序采用了一个循环,即可漂亮地完成全部的取数据的工作。

当使用 C 语言改写这段程序时,仅依靠目前掌握的知识还无法使用这种方法,因为到目前为止,我们只学了如何定义变量,只能为显示缓冲区定义 6 个 unsigned char 型变量,例如:

```
unsigned char d1,d2,d3,d4,d5,d6;
```

没有任何方法可以统一描述这 6 个变量,不可以使用"i++"、"d+"i""之类的方式来描述 d1~d6 这 6 个变量。因此,同样的工作只能重复 6 次,例如:

```
x = d1;
……                /*这里对取到的数据进行处理*/
x = d2;
……                /*这里对取到的数据进行处理*/
x = d3;
……                /*这里对取到的数据进行处理*/
x = d4;
……                /*这里对取到的数据进行处理*/
x = d5;
……                /*这里对取到的数据进行处理*/
x = d6;
……                /*这里对取到的数据进行处理*/
```

显然,这不是好办法,如果变量的个数再多一些,就更不能采用这种方法了。

为了解决这个问题,C 语言提供了数组这一扩展类型。

上面这个例子如果采用数组来解决就简单了,程序编写如下:

```
unsigned    char    d[6];              /*定义一个数组*/
unsigned    char    i;                 /*计数器*/
for(i = 0;i<6;i++)
{   x = d[i];
    i++;
    ……                                 //对取到的数据进行处理
}
```

这里第一行程序中的 d[6] 就是数组。数组是一种具有固定数目和相同类型成分的有序集合。其成分分量的类型为该数组的基本类型,如由整型数据组成的数组称为整型数组,字符型数据的有序集合称为字符型数组。

构成一个数组的各元素必须具有相同的数据类型,不允许同一数组中出现不同类型的数据。

数组元素是用同一个数组名的不同下标访问的,且数组的下标放在方括号中。

5.1.2 一维数组

1. 一维数组的定义

一维数组的定义形式如下:

  类型说明符 数组名[常量表达式]

例如:

```
    int a[10];
```

表示数组名为 a,整型数组,共有 10 个元素。每个元素都是一个整型数据,因此该数组将在内存中占用 20 个字节的存储单元位置。

说明:

① 数组名的命名规则和变量名相同,遵循标识符命名规则。

② 数组名后是用方括号括起来的常量表达式,如果学过 BASIC 语言,一定注意不要和 BASIC 语言中的数组表达式方式混淆起来,不能使用圆括号,如:"int a(10);"是不正确的。

③ 常量表达式表示元素的个数,即数组长度。例如在 a[10] 中,表示数组共有 10 个元素。使用数组元素时,采用下标的方式,且下标从 0 开始,而非从 1 开始。上述例子中,一共有 10 个元素:a[0]、a[1]、a[2]、a[3]、a[4]、a[5]、a[6]、a[7]、a[8]、a[9],而 a[10] 不是该数组中的一个元素。

④ 常量表达式中可以包括常量和符号常量,但不能包括变量。也就是说,C 语言中数组元素不能够动态定义,数组大小在编译阶段就已经确定。

2. 一维数组的引用

数组必须先定义,然后再使用。C 语言规定只能引用数组元素而不能引用整个数组。

数组元素的表示形式如下:

  数组名[下标]

下标可以是整型变量或整型表达式。例如:

```
    a[0];
    a[i];                /* i 是一个整型变量 */
```

3. 一维数组的初始化

对数组元素的初始化可以用以下方法实现：

① 在定义数组时对数组元素赋初值。例如：

```
int a[10] = {0,1,2,3,4,5,6,7,8,9};
```

将数组元素的初值依次放在一对花括号内。经过上面的定义和初始化后，a[0]=0，a[1]=1，a[2]=2，a[3]=3，a[4]=4，a[5]=5，a[6]=6，a[7]=7，a[8]=8，a[9]=9。

② 可以只给一部分元素赋值。例如：

```
int a[10] = {0,1,2,3,4};
```

定义数组 a 有 10 个元素，但花括号内只提供 5 个初值，初始化后，a[0]=0，a[1]=1，a[2]=2，a[3]=3，a[4]=4，后 5 个元素的值均为 0。

③ 在对全部数组元素赋值时，可以不指定数组长度。例如：

```
int a[10] = {0,1,2,3,4,5,6,7,8,9};
```

也可以写成

```
int a[] = {0,1,2,3,4,5,6,7,8,9};
```

在后面这种写法中，由于花括号内有 10 个数，因此，系统自动定义 a 的数组个数为 10，并将这 10 个数分配给 10 个数组元素。如果只对一部分数组元素赋值，则不能省略掉表示数组长度的常量表达式；否则将会与预期不符。

5.1.3 二维数组

1. 二维数组的定义

二维数组定义的一般形式如下：

  类型说明符 数组名[常量表达式][常量表达式]

例如：

```
int a[2][5];
```

定义 a 为 2 行、5 列的二维数组。

二维数组的存取顺序是：按行存取，先存取第一行元素的第 0 列、第 1 列、第 2 列……直到第一行的最后一列；然后返回到第二行开始，再取第二行的第 0 列、第 1 列、第 2 列……直到第二行的最后一列……照此顺序取下去，直到最后一行的最后一列。

C 语言允许使用多维数组，有了二维数组的基础，多维数组也不难理解。例如：

```
int a[2][3][4];
```

定义了一个类型为整型的三维数组。

2. 二维数组的初始化

（1）对数组的全部元素赋初值

可以用下面两种方法对数组元素全部赋初值：

① 分行给二维数组的全部元素赋初值。例如：

```
int a[3][4]={{1,2,3,4},{5,6,7,8},{9,10,11,12}};
```

这种赋值方式很直观,把第一个花括号内的数据赋给第一行元素,第二个花括号内的数据赋给第二行元素。

② 也可以将所有数据写在一个花括号内,按数组的排列顺序对各元素赋初值。例如：

```
int a[3][4]={1,2,3,4,5,6,7,8,9,10,11,12};
```

（2）对数组中的部分元素赋值

例如：

```
int a[3][4]={{1},{2},{3}};
```

赋值后的数组元素如下：

1	0	0	0
2	0	0	0
3	0	0	0

又例如：

```
int a[3][4]={{1},{},{5,6}};
```

赋值后的数组元素如下：

1	0	0	0
0	0	0	0
5	6	0	0

5.1.4　字符型数组

基本类型为字符类型的数组称为字符型数组。在字符型数组中,一个元素存放一个字符。

1. 字符型数组的定义

字符型数组的定义与前面介绍的数组定义的方法类似。例如：

```
char c[10];
```

定义 c 为一个有 10 个字符的一维字符型数组。

2. 字符型数组的初始化

字符型数组初始化的最直接的方法是将各个字符逐个赋给数组中的各个元素。例如：

```
char a[10] = {'Z','h','o','n','g','G','u','o',' '};
```

定义了一个字符型数组 a[10]，一共有 10 个元素，

C 语言还允许用字符串直接给字符型数组置初值，方法有如下两种形式：

```
char a[] = {"ZhongGuo"};
```

```
char a[] = "ZhongGuo";
```

用双引号括起来的一串字符称为字符串常量，如"Welcome!"等。C 编译器将自动给字符串结尾加上结束符"\0"。

用单引号括起来的字符为字符的 ASCII 码值，而不是字符串。比如'a'表示 a 的 ASCII 码值为 97，而"a"表示一个字符串，不是一个字符。

那么"a"和'a'究竟有什么区别呢？

'a'表示一个字符，其 ASCII 值是 97，在内存中的存放如下：

97

"a"表示一个字符串，它由两个字符组成，在内存中由 97 和 0 两个数字组成，在内存中的存放如下：

97	0

其中的数字 0 是由 C 编译系统自动加上的。

若干个字符串可以装入一个二维字符数组中，称为字符串数组。数组的第 1 个下标是字符串的个数；第 2 个下标定义每个字符串的长度，该长度应当比这批字符串中最长字符的个数多一个字符，用于装入这一串字符的结束符'\0'。例如："char a[10][20]"定义了一个二维字符型数组 a，它可以容纳 10 个字符串，每个字符串最多能够存放 19 个字符。如：

```
uchar code String[3][15] =
{{"Hellow World!"},
{"This is Test!"},
{"C Programmer!"}
}
```

这是一个已给定初始值的二维数组,第 2 个下标值(15)必须给出,因为它不能从初始化列表中获得,第 1 个下标值(3)可以省略,它可以从初始化列表中获得。因此,本例数组也可以定义如下:

```
uchar code String[][15] =
{{"Hellow World!"},
{"This is Test!"},
{"C Programmer!"}
}
```

5.1.5　数组与存储空间

当程序中设定了一个数组时,C 编译器就会在的存储空间中开辟一个区域用于存放该数组的内容。字符型数组的每个元素占用 1 字节的内存空间;整型数组的每个元素占用 2 字节的内存空间;长整型数组的每个元素需要占用 4 字节的内存空间;浮点型数组根据所选格式(3 字节或 4 字节)的不同,每个元素可能需要占用 3 字节或 4 字节的存储空间。嵌入式控制器的存储空间有限,要特别注意不要随意定义大容量的数组。

【例 5-2】　数组在内存中的存储。

```
#include <htc.h>
void main()
{   unsigned char i;
    char a[97];              //定义 97 个变量
    for(i = 0;i<90;i++)
        a[i] = i;
}
```

程序实现:参考图 5-1,输入源程序,命名为 array.c,建立名为 array 的工程,加入源程序,编译、链接正确。可以看到这里出现了 array.c:11: error: could not find space (97 bytes) for variable _a 的错误提示信息。这个错误提示信息的意思是说,不能够找到 97 字节的空间提供给变量 a。

如果将"char a[97];"改为"char a[96];",则能通过编译。编译完成后,有关内存使用情况的报告如下:

Memory Summary:						
Program space	used	16h (	22) of	2000h words	(0.3%)
Data space	used	63h (	99) of	170h bytes	(26.9%)
EEPROM space	used	0h (	0) of	100h bytes	(0.0%)
Configuration bits	used	0h (	0) of	1h word	(0.0%)
ID Location space	used	0h (	0) of	4h bytes	(0.0%)

第5章 C构造数据类型

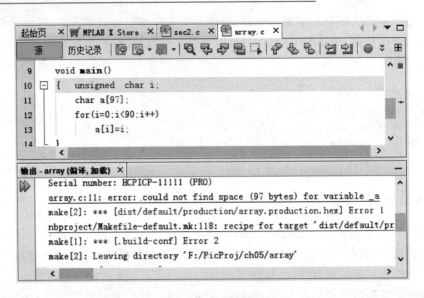

图 5-1 定义的数组过大产生的编译错误

由于每个 bank 中能被用户使用的 RAM 最多只能是 96，因此，当定义一个数组元素为 97 的数组时，编译器无法在一个 bank 中找到这么多 RAM，只能报告错误。而当定义的数组个数是 96 时就可以通过编译。不过对于早期的 PICC 编译器版本来说，如果将数组元素的个数改为 96 时仍不能通过编译，这是因为在定义这个数组之前，还定义了一个变量 i，这个变量要占用 1 字节。因此，只有将数组元素的个数改为 95 时，才能通过编译。但对于 9.8 以上版本的编译器，其 bank 不再需要程序员手工处理，变量 i 被放在了 COMMON 空间中。

打开 array 项目所在的文件夹：array\dist\default\production，找到名为 array.production.lst 的文件，可以找到这样一段关于内存使用的说明：

	Data sizes:	COMMON	bank0	bank1	bank3	bank2
104 ;;	Params:	0	0	0	0	0
105 ;;	Locals:	1	0	0	96	0
106 ;;	Temps:	0	0	0	0	0
107 ;;	Totals:	1	0	0	96	0
108 ;;Total ram usage:		97 bytes				

从上面这段说明中可以看到，变量 i 被放在了 COMMON 空间中，而 a[96] 则被放在了 bank3 中。

由于编译器隐藏了地址使用的细节，编程者似乎并没有必要研究内存是如何使用的，但实际上，要提升自己对于程序的掌控能力，这些细节是非常有必要了解的，否则很难理解为何数据手册上说 PIC16F887 芯片有 386 字节的 RAM，却无法定义 char a[97] 这样的问题。研究的方法并不仅仅是去阅读编译器的说明书，而是要通过研究来了解细节,这里给出的就是一种研究的方法。

5.2 指 针

指针是 C 语言中的一个重要概念,也是 C 语言的一个重要特色。正确而灵活地运用指针,可以:有效地表示复杂的数据结构;方便地使用字符串;有效地使用数组;调用函数时得到多个返回值;直接与内存打交道,这对于嵌入式编程尤其重要。掌握指针的应用,可以使程序简洁、紧凑、高效。每一个学习和使用 C 语言的人,都应当深入地学习和掌握指针。可以说,不掌握指针就没有掌握 C 语言的精华。

指针的概念比较抽象,使用也比较灵活,因此初学时往往会出错,很多人在学习 C 语言时对指针这部分内容比较畏惧。本节主要针对嵌入式编程介绍指针的一些基本用法,不涉及 PC 编程中用到的多层指针等更为抽象的概念。

5.2.1 指针的基本概念

要了解指针的基本概念,首先要了解数据在内存中是如何存放的。

在使用汇编语言进行编程时,必须自行定义每一个变量的存放位置,比如汇编语言中常有这样的语句:

```
Tmp    EQU    5AH
```

其含义是将 5AH 这个地址分配给 Tmp 这个变量。而在 C 语言编程中,应这样定义变量:

```
unsigned   char   Tmp;
```

在这个定义中,不能看出 Tmp 这个变量被存放在内存的什么位置。实际上这个变量究竟存放在什么位置是由 C 编译程序来决定的,并且这不是一个定值。即便是同一段程序,一旦对程序进行修改,增加或减少若干个变量,重新编译后 Tmp 的存放位置也会随之发生变化。在大部分情况下,使用 C 语言编程时只需要对变量名 Tmp 进行操作即可,但也有一些场合需要对 Tmp 这个变量所在的地址进行操作,这时就需要一种方法来获得 Tmp 这个变量所在地址。

如何获得这个地址呢?在 PIC 汇编语言中有"间址寻址"这一概念,当在程序中直接使用地址不可行时,可以把需要用到的地址值放入 FSR 中,然后通过

```
MOVWF   INDF
```

这一类的指令进行操作。这样,可以通过

```
INCF   FSR
```

之类的指令来对一组数据进行操作。

第5章　C构造数据类型

在C语言中也提供了这样的方法,即可以通过一定的方法,把变量的地址放到另一个变量中,然后通过对这个特殊变量的操作来实现一些特殊的操作。这个用来存放其他变量地址的变量称为指针。

为了使用指针,必须掌握关于指针的两个基本概念,即"变量的指针"和"指向变量的指针变量(简称指针变量)"。

变量的指针:一个变量的地址即称为这个变量的指针。

对于上述变量Tmp,假设其在内存中存放于地址是0x5F的内存单元,那么这个0x5F就是变量Tmp的指针。

指向变量的指针变量:如果专门使用一个变量来存放另一个变量的地址,则该变量称为指向变量的指针变量,简称指针变量。

如果定义一个变量p,并通过一定的方法让p这个变量中存储的数据就是Tmp这个变量所在的地址值(在上面的假设中,这个值是0x5F),则p就是一个指针变量。只要根据p的值去找这个内存地址,就能从这个内存地址中找到变量Tmp的值。

5.2.2　定义一个指针变量

C语言规定所有的变量在使用前必须定义,指定其类型,并按此分配内存单元。指针变量不同于整型变量和其他类型的变量,它是用来存放地址的,必须将其定义为"指针类型"。

请看下面的例子:

```
char * cp1, * cp2;
int * P1, * P2;
```

其中:第1行定义了两个字符型的指针变量cp1和cp2,它们是指向字符型变量的指针;第2行定义了两个指针变量P1和P2,它们是指向整型变量的指针变量。这个定义中的char、int是在定义指针变量时必须指定的"基类型",它表示P1、P2可以指向整型数据,但不能指向浮点型或者字符型等其他类型的数据。

定义指针变量的一般形式如下:

　　基类型 * 指针变量名

在定义指针变量时要注意:

① 指针变量前面的" * "表示该变量的类型为指针型变量。注意:指针变量名是P1、P2而不是 * P1、 * P2。这与前面介绍的定义变量形式是不同的。

② 在定义指针变量时必须指定基类型。

为何要定义基类型呢?既然指针变量中存放的是地址,那么整型数据、字符型数据、浮点型数据存放的地址又有什么区别呢?我们知道,不同类型的数据在内存中占用的字节数是不一样的。对PICC而言,字符型(或者unsigned char)变量在内存中占用1字节,而整型(或者unsigned int)变量在内存中占用2字节,而长整型(或者

unsigned long)变量在内存中占用4字节,浮点型的变量根据设置的格式不同在内存中占用3字节或者4字节。在指针的操作中,常用的一种操作是指针变量自增,如p++,其意义是将指针指向这个数据的下一个数据。如果一个数据占用1字节,那么每次指针自增时,只要将地址值增加1即可。而如果一个数据占用2字节,每次指针自增时,就必须将该值增加2,才是指向下一个变量,否则就是指到了这个变量的一半位置。当对指针所指变量进行操作时,变成了一个字中的一个字节与其下一个字节构成一个数,这当然就不正确了。同样道理,如果一个数据占用4字节,每次指针自增加时,就必须要将该值增加4。要做到这一点,必须借助于定义指针变量时指定的基类型。

设有6个整型变量x1、x2、x3、x4、x5和x6,它们在内存中的排列如表5-1所列,其值均为0x1001,如果定义一个指针变量p,并让p指向x1,那么p的值是0x25,如果设定p的基类型为整型,则每次执行p++,p的值将会加2,即第一次执行完p++之后,p的值变为0x27,第二次执行完p++后变为0x29,以此类推。如果将p的基类型定义为字符型,那么p每次只增加1,即第一次加后变为0x26,第二次加后指向0x27,第三次加后指向0x28,假设此时需要用到p指向的变量,那么获取的变量值将是0x0110(内存地址0x13和内存地址0x14中的内容组合),完全不符合要求。

表5-1 变量的内容、在内存中的位置、变量名之间的关系

地址(十六进制)	25	26	27	28	29	2A	2B	2C	2D	2E	2F	30
内容(十六进制)	10	01	10	01	10	01	10	01	10	01	10	01
变量名	x1		x2		x3		x4		x5		x6	

【例5-3】 有一个5个元素的数组:DispBuf[0]、DispBuf[1]、DispBuf[2]、DispBuf[3]和DispBuf[4],这些变量的值分别是0x1001、0x1002、0x1003、0x1004和0x1005,观察指针变量的基类型改变带来的变化。

程序清单如下:

```
#include "htc.h"
int *Point1;
int DispBuf[5] = {0x1001,0x1002,0x1003,0x1004,0x1005};
void main()
{   int tmp;                       /*定义一个临时变量,以便观察*/
    unsigned char i;
    Point1 = &DispBuf[0];          /*取得数组中第一个元素的地址*/
    for(i = 0;i <= 5;i++)
    {   tmp = *Point1;             /*将指针变量所指值赋给临时变量,以便观察*/
        Point1++;
    }
}
```

第5章 C构造数据类型

程序实现： 建立名为P1的工程，输入源程序，保存为P1.c，然后将P1.c加入工程，编译、链接后进入调试。在观察窗口观察Point1的值和tmp的值（如图5-2所示），按F7键单步执行程序，可以看到Point1的初始值为0x08，执行一次Point1++，则Point1变为0x0A，即指向数组的第二个元素，此时可以看到tmp的值变为0x1002，与预期相同。

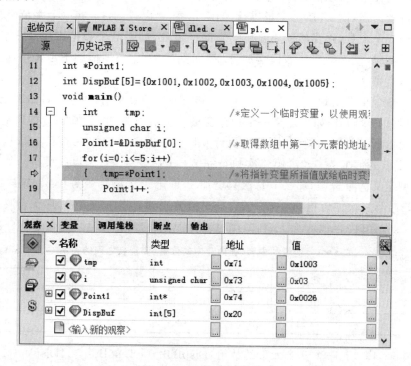

图5-2 观察指针变量

如果将上述程序中的"int * Point1;"改为"char * Point1"，则将得到完全不同的结果。

【例5-4】 观察指针变量的基类型改变带来的变化。

程序清单如下：

```
#include "htc.h"
char    * Point1;
int     DispBuf[5]={0x1001,0x1002,0x1003,0x1004,0x1005};
void main()
{   int tmp;                /*定义一个临时变量,以便观察*/
    unsigned char i;
    Point1 = &DispBuf[0];   /*取得数组中第一个元素的地址*/
    for(i = 0;i<=5;i++)
    {   tmp = * Point1;     /*将指针变量所指值赋给临时变量,以便观察*/
        Point1 ++ ;
```

            }
    }
```

**程序实现**：建立名为 P2 的工程，输入源程序，保存为 P2.c，然后将 P2.c 加入工程，编译、链接后进入调试。编译之后，会得到一个警告：

```
p2.c:7 warning: illegal conversion between pointer types
    pointer to int -> pointer to unsigned char
```

但能够继续编译并执行，按 F8 键单片执行，每执行一次++Point1，Point1 的值增加 1，而 tmp 的值也相应变为 0x0001、0x0010、0x0002、0x0010……即每次均指到了半个字。如果对这个指针所指的对象进行操作，显然不能得到正确的结果，因此，必须要指定指针的基类型。

5.2.3 指针变量的引用

指针变量中只能存放地址，不能将其他任何类型的数据赋给一个指针变量。如下的赋值是不正确的：

```
Point1 = 0x24;
```

但是如果真的这么做了，会有什么样的效果呢？

在例 5-3 中，如果不用"Point1=&DispBuff[0];"，而是用"Point1=0x20;"，则会得到一个编译警告：

```
p2.c:7 warning: illegal conversion of integer to pointer
```

但并不会影响程序的执行，执行的结果与原来完全相同。这样看来，这种赋值法似乎也正确。但问题就在于这个 0x20 是如何得来的，它是 DispBuff[0]这个变量的地址，而这个地址是无法在你编程时就能知道的，因此，这种赋值语法上可以通过，但没有什么实际意义。

为了能够在程序运行时获得变量的地址，以及能够使用指针所指向的变量的值，C 语言提供了 2 个运算符："&"为取地址运算符；"*"为指针运算符（或者"间接访问"运算符）。例如：&a 为变量 a 的地址，*Point 为指针变量 Point 所指向的存储单元。

【例 5-5】 通过指针变量访问整型变量。

程序清单如下：

```
#include    "htc.h"
#include    "stdio.h"
#include    "tdlib.h"
#include    "usart.h"

void main()
```
```

第5章 C构造数据类型

```
    {   int a,b;
        int * Point1, * Point2;
        init_comms();              //初始化串行口
        a = 100;
        b = 10;
        Point1 = &a;               //把变量 a 的地址赋给 Point1
        Point2 = &b;               //把变量 b 的地址赋给 Point2
        printf("%d,%d\n",a,b);
        printf("%d,%d\n", * Point1, * Point2);
        for(;;){}
    }
```

程序实现：这个例子中用到了 printf 函数，因此要适当设置。首先输入源程序，以 Point1.c 为文件名保存在 ch05\point1 文件夹下。然后找到 HI-TECH 安装文件夹。作者的 HI-TECH 安装在 C 盘，路径如下：C:\Program Files (x86)\HI-TECH Software\PICC\9.83。将该路径下的\samples\usart 文件夹中的 usart.c 和 usart.h 复制一份到 point1 文件夹下，并将 usart.c 加入到工程中，如图 5-3 所示。

图 5-3 建立工程

选择菜单命令"文件"→"项目属性（Point1）"或者单击图 5-3 中导航器左侧的图标，打开如图 5-4 所示的"项目属性-point1"对话框，单击左侧的 Simulator 选项，然后在对话框右侧找到 Option Catogories 项，并在下拉列表框中选择 Uart1 I/O

Options 选项,并勾选 Enable Uart1 IO 选项,如图 5-5 所示。Output 项有两个选择:Window 和 File,也就是将串口送出的数据发送到窗口还是发送到文件。如果发送到文件,则还要在下方的 OutPut File 的文本框内输入文件名及路径。这里选择 Window 项,直接从调试界面观察输出。

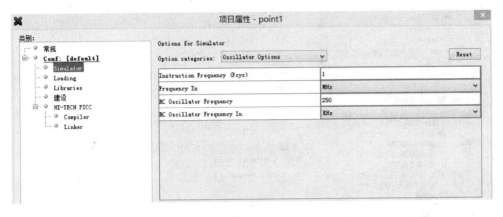

图 5-4 设置项目

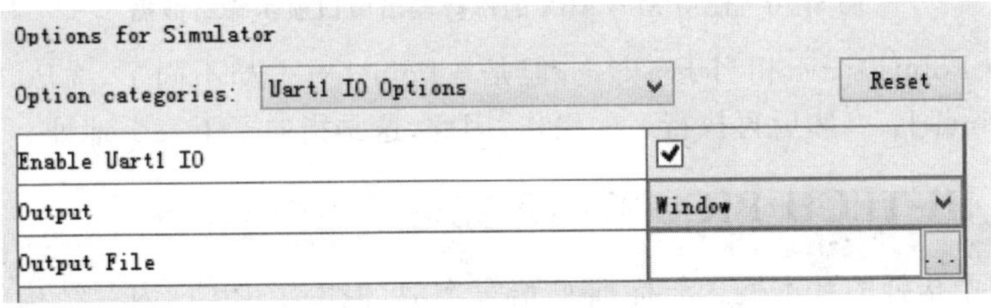

图 5-5 开启 Uart1 显示窗口

回到主界面后,可以观察到输出窗口中多出了一个 Uart 1 OutPut 的选项卡。按 F8 键单步执行程序,当执行到 printf 函数所在程序时,printf 函数的输出结果出现在 Uart 1 OutPut 窗口中,如图 5-6 所示。

程序分析:

① 在开头处定义了两个指针变量 Point1 和 Point2,但它们并未指向任何一个整型变量。定义指针变量时只是提供了 2 个可以存放地址的变量,至于究竟放哪一个地址还没有确定,它们在程序中由"Point1＝&a;"和"Point2＝&b;"两条语句来指定。

② 后一个 printf 中的 *Point1 和 *Point2 就是变量 a 和 b,两个 printf 函数的作用是相同的。

③ 给指针变量赋值时要注意,是"Point1＝&a;"和"Point2＝&b;",不是"*Point1＝&a;"和"*Point2＝&b;",因为 a 的地址是赋给指针变量 Point1,而不是赋给 *Point1。

第 5 章　C 构造数据类型

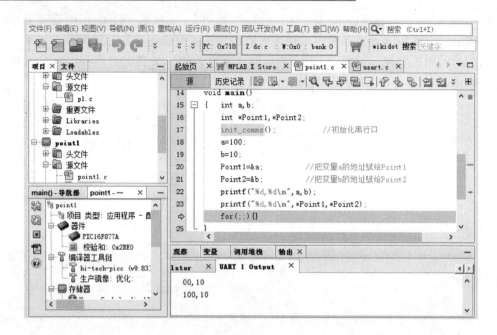

图 5-6　使用 MPLABX 的串行输出窗口显示输出数据

④（*Point1）++相当于 a++，但是 *Point1++却不同了，*Point1++是先执行 Point1++，然后再执行 * 的操作，因此，这是指向了下一个地址。

5.2.4　HI-TECH PICC 的指针类型

PICC 中指针的基本概念与标准 C 语言类似，但由于 PICC 内存结构的特点，故其指针也有一些特殊之处。

1. 指向 RAM 的指针

5.2.1 小节中使用了汇编程序来介绍指针概念。在汇编语言中，使用 FSR 来实现间址寻址。而 PICC 编译程序时，对于指向 RAM 的指针，同样是通过 FSR 来实现间址寻址。这样就带来一个问题，FSR 是 8 位寄存器，只能实现 256 字节的寻址范围，而一些 PIC 芯片有 368 字节（分为 4 个 bank），如何来定义指针呢？

新版本的 PICC 编译器已不再需要编程者考虑这个问题，按其使用手册中的介绍，它采用了一种非常复杂的算法来处理这个问题。对于编程者来说，直接定义就可以了，不必理会 bank 问题。但是对于仍使用较为陈旧版本编译器（例如当前仍被广泛使用的 8.05 版）的读者来说，仍然需要了解相关知识，因此，下面对 PICC 旧版本的解决方案进行介绍。

PICC 将这个问题交给编程者自己解决，在定义指针时必须明确指定这个指针所适用的寻址区域，例如：

```
unsigned char * p1;          //定义用于 bank0/bank1 区域的指针
```

```
    bank2 unsigned char * p2;              //定义用于 bank2/bank3 区域的指针
    bank3 unsigned char * p3;              //定义用于 bank2/bank3 区域的指针
```

以上 3 个定义中，p1 指针被用于 bank0 和 bank1，而 p2 和 p3 指针均被用于 bank2/bank3。而这 3 个指针本身都被放在 bank0 中。

既然定义的指针有明确的 bank 适用区域，那么在对指针变量赋值时就必须实现区域的匹配。以下的例子将产生错误：

```
    unsigned char * p1;                    //定义一个指向 bank0/bank1 的指针
    bank2 unsigned char DispBuf[8];        //在 bank2 中定义一个 8 字节的数组
    p = DispBuf;                           //将 DispBuf 所在地址赋给指针 p
```

最后这一程序行将产生一个错误，因为指针 p 的作用范围是 bank0/bank1，而变量 DispBuf 却在 bank2 中，所以这是不允许的。

若出现此类错误的指针操作，则 PICC 在连接时将告知类似如下的信息：

```
    Error[000] E:\picprog\ch05\p3\p3.obj 15 : Fixup overflow in expression (loc 0xFF2
    (0xFF2 + 0), size 1, value 0x110)
        Error[000] p3.rlf 12 : Fixup overflow in expression (loc 0x118 (0x118 + 0), size 1,
    value 0x110)
```

同样，若函数调用时用了指针作为传递函数，则必须注意 bank 作用域的匹配，而这是比较容易被忽略的。例：

```
    void SendData(unsgined char * );
```

则被发送的字符串必须位于 bank0 或者 bank1 中，如果所发送的字符串数据在 bank2/bank3 中，则必须另写一个函数：

```
    void SendData(bank2 unsigned char * )
```

再次申明，本书中所用的 PICC 9.83 版编译器已不再需要考虑 bank 问题，直接编程就可以了。若仍然写上 bank2 或 bank3 之类的说明符，编译器也不会报错，但它们将不再起作用。

2. const 指针

如果一组变量是已经被定义在 ROM 区中的常数，那么指向它的指针可以这样定义：

```
    const unsigned char company[] = "Microchip";    //定义 ROM 中的常数
    const unsigned char * rP;                       //定义指向 ROM 的指针
```

程序中可以对上面的指针变量赋值和实现取数操作：

```
    rP = company;
    data = * rP ++ ;
```

第5章 C构造数据类型

反之,下面的操作将产生一个错误,因为该指针指向的是常数型变量,不能赋值:

```
* rp = data;
```

5.3 结　构

前面讨论的数组可以把相同类型的数据组合在一起,但仅做到这一点还不够。有时还需将不同类型的数据组成一个整体,这些组合在一起的数据是互相关联的,这种按固定模式将信息的不同成分聚集在一起而构成的数据就是结构。

以下用一个例子来说明。

例:日期的表达。

为了表达某一天的确切日期,需要用到年、月、日。其中年用四位数表示,因此表示年需要用一个无符号的整型变量;而月和日最大都不超过1字节所能表达的范围,只需要用无符号的字符型变量就可以了。在程序中定义3个变量,如:

```
unsigned int    Year;
unsigned char   Month;
unsigned char   Day;
```

但这种方法并不好,因为Year、Month和Day这3个变量之间没有什么联系,必须依赖于程序员的"记忆"人为地把它们组合在一起,编写程序时,不能将其作为一个整体来运用,比较容易出现差错。

如果需要用到多个日期的表达,就要用诸如:

```
unsigned   int    Year1,Year2,Year3……;
unsigned   char   Month1,Month2,Month3……;
unsigned   char   Day1,Day2,Day3……;
```

之类的定义,这也使得编程很不方便。为了解决这一问题,C语言引入了"结构"的概念。

C语言中的结构,就是把多个不同类型的变量结合在一起形成的一个组合变量,称为结构变量,简称结构。这些不同类型的变量可以是基本类型、枚举类型、指针类型、数组类型或其他结构类型的变量。这些构成一个结构的各个变量称为结构元素(或是成员),它们的命名规则与变量的命名规则相同。

5.3.1 结构的定义和引用

结构的定义和引用主要有以下3个步骤。

1. 定义结构的类型

定义一个结构类型的一般形式如下:

```
struct 结构名
{
    结构成员说明
};
```

结构成员说明的格式如下:

类型标识符 成员名;

注意:在同一结构中的成员不可重名。

例:定义一个名为 date 的结构类型。程序如下:

```
struct date
{
    unsigned  char   month;
    unsigned  char   day;
    unsigned  int    year;
};
```

struct date 表示这是一个"结构类型"。其中 struct 是关键字,date 为结构名。这个结构包含了三个结构成员:month、day 和 year。

注意:这里的 date 是一种类据类型而不是变量,data 与 int、char 等一样可用来定义变量。

2. 定义结构的变量

为了在程序中正常地执行结构操作,除了定义结构的类型名之外,还需要进一步定义该结构的变量名。

定义一个结构的变量有以下 3 种方法:

① 先定义结构的类型,再定义该结构的变量名。

例如:

```
struct date
{
    unsigned char month;
    unsigned char day;
    unsigned int year;
};
date date1,date2;           //定义两个数据类型为 date 的变量 date1 和 date2
```

② 在定义结构类型的同时定义该结构的变量。

例如:

```
struct date
{
    unsigned char month;
```

```
        unsigned   char day;
        unsigned   int year;
    }date1,date2;                    //定义结构的变量名 date1 和 date2
```

这种定义方法的一般形式如下：

    struct 结构名
    {
    结构成员说明
    } 变量名1,变量名2,……,变量名n;

③ 直接定义结构类型变量。

其一般形式如下：

    struct
    {
    结构成员说明
    }变量名1,变量名2,……,变量名n;

在这种定义方式中不存在结构名。例如：

```
struct
{
    unsigned char month;
    unsigned char day;
    unsigned int year;
}date1,date2;                    //定义结构的变量名 date1 和 date2
```

下面对结构进行如下几点说明：

① 结构类型和结构体变量是两个不同的概念，不能混淆。对于一个结构变量来说，在定义时一般先定义一个结构类型，然后再定义该结构变量为该种结构体类型。

② 结构的成员也可是一个结构变量。例如：

```
struct date
{
    unsigned char month;
    unsigned char day;
    unsigned int year;
};
struct clerk
{
    int   num;
    char name[20];
    char sex;
    int age;
```

```
        struct date birthday;
        float    wages;
}clerk1,clerk2;
```

上面程序中先定义了一个 struct date，它代表日期，包括年、月、日三个成员。然后将结构 birthday 定义为 struct date 类型，并作为结构成员加入到 struct clerk 结构中。

③ 结构的成员名可以与程序中的其他变量名相同，但两者代表不同的对象。例如在程序中可以另行定义一个 name 变量，它与 struck clerk 中的成员 name 不会冲突。

3. 结构类型变量的引用

前面已经指出，结构类型与结构类型变量是两个不同的概念。

结构类型变量在定义时，一般先定义一个结构类型，然后再定义某一个结构类型变量为该结构体类型。

对结构类型变量的引用应当遵循如下规则：

① 结构不能作为一个整体参加赋值、存取和运算，也不能整体作为函数的参数，或函数的返回值。

对结构所执行的操作只能用"&"运算符取结构的地址，或对结构变量的成员分别加以引用。引用的方式如下：

　　　结构变量名.成员名；

例如：

```
  date1.year = 2005;
```

其中"."是成员运算符，它在所有的运算符中优先级最高，因此可以把 date.year 作为变量来看待。上面的赋值语句是将 2005 赋给 struct date 类型的结构变量 date1 的成员 year。

② 如果结构类型变量的成员本身又属于一个结构类型变量，则要用若干个成员运算符"."，逐级找到最低一级的成员，只有最低一级的成员才能参加赋值、存取或运算。"—>"符号和"."符号相同，一般情况下，多级引用时，最后一级用"."，高的级别用"—>"符号。例如：

```
  clerk1 —>birthday.year = 1987;
```

注意：不能用 clerk1.birthday 来访问 clerk1 变量的成员 birthday，因为 birthday 本身也是一个结构类型变量。

③ 结构类型变量的成员可以像普通变量一样进行各种运算，例如：

```
  sum = clerk1.wages + clerk2.wages;
```

5.3.2 结构数组

如果有多个相同结构类型的变量,则在使用这些变量的结构成员时必须一个一个地写结构成员表达式。如果可以将同样结构类型的若干个结构变量定义成结构数组,则可以使用循环语句对它们进行引用,从而大大提高效率。

结构数组:若数组中的每个元素都具有相同的结构类型的结构变量,则称该数组为结构数组。

结构数组与变量数组的不同之处,就在于结构数组的每一个元素都是具有同一个结构类型的结构变量。

结构数组定义与结构变量的定义方法类似,只需将结构变量改成结构数组的形式即可。

例:定义一个有10个元素的结构数组date1[10],可以这样写程序:

```
struct date
{
    unsigned char month;
    unsigned char day;
    unsigned int year;
};
struct date date1[10];          //定义结构数组变量
```

也可以这样定义:

```
struct date
{
    unsigned char month;
    unsigned char day;
    unsigned int year;
}date1[10];                     //定义结构数组变量
```

或

```
struct
{
    unsigned char month;
    unsigned char day;
    unsigned int year;
}date1[10];                     //定义结构数组变量
```

5.4 共用体

无论任何数据,在使用前都必须定义其数据类型。只有这样,在编译时,C 编译器才会根据其数据类型在内存中指定相应长度的内存单元供其使用。通常,不同的变量应该占据不同的内存位置,这一点并不难理解。如果某变量 a 和变量 b 占用了相同的一个地址空间(例如整型变量 a 占用了 30H 和 31H 两个字节,而字符型变量 b 占用 31H 这个字节),设想一下会有什么结果出来?结果就是变量 a 的变化可能会引起变量 b 的变化,而变量 b 的变化一定会引起变量 a 的变化,这显然不是所想要的结果,因此,C 编译器都会力图避免出现这样的问题。但有一些场合,却希望某些变量能共用一块内存,下面来看一个具体的例子。

【例 5 - 6】 某电子测量仪器可通过面板进行参数的设置,共有 3 组参数,其范围均为 0.001~9.999,由于这些参数在仪器内部还要进行进一步的运算,为保证运算精度,所有参数均用浮点数表示,现要求将设定好的参数保存在外部 EEPROM 芯片中,以便下次上电时能够调出使用。

分析:如何才能将浮点数存储起来呢?C 语言中并不存在一个这样的函数,能够把诸如 0.1 之类的数据直接写入 EEPROM。要将数据写入 EEPROM,只能是以字节为单位。这样,就要把 0.1 之类的数据变成一些字节形式的数据。对于一个 int 型的变量,这种变化并不难。例如:一个整型数 x,可以被分成 $x1=x/256$ 和 $x2=x\%256$ 两部分,将 x1 和 x2 分别存入 EEPROM,上电时,将其调入内存中并分别赋给变量 x1 和 x2,接着用 $x=x1*256+x2$ 即可恢复 x。这种方法对于长整型变量也是有效的,只是效率就很低了。对于浮点型数据,这种方法就不可行了。

从另一角度去分析,一个浮点型的变量一定占据了内存中的 4 个内存单元,如果能够设法找到这 4 个内存单元,就可以直接取出这 4 个单元中的数据,并将它们存储起来。上电时,只要读出 EEPROM 中存储的这些数据并送回到内存中这个浮点型变量所占据的 4 个单元中,那么自然就形成了这个浮点型数据。要找到一个数据在内存中的存储位置并不难,例如指针就可以办到,不过,使用 union 是最简单的。

下面先给出程序,然后再来分析 union 的用法:

```
typedef unsigned char uchar;
void main()
{   union
    {   float f;
        uchar c[4];
    }x;
    x.f = 1000.01;
    for(;;)
    {   x.f ++ ;
    }
}
```

程序实现:输入源程序并命名为 union.c,建立名为 union 的工程,加入源程序,设置工程,编译、链接后进入调试,在变量窗口观察变量 x.f 和 x.c,如图 5 - 7 所示。

第5章 C 构造数据类型

单步执行程序,随着 x.f 的值不断变化,x.c 的值也在不断变化。这些数据就是浮点数 f 在内存中的存放形式。

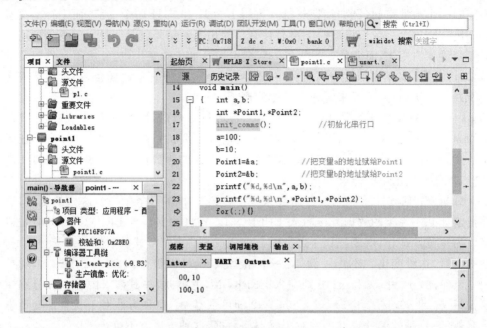

图 5-7 通过共用体获得浮点数的二进制存储数据

共用体(union)是 C 语言的构造类型数据结构之一,与结构(struct)数据类型相似,它也可以包含多个不同类型的元素,但其变量所占用的内存空间并不是各成员所需存储空间的总和,而是在任何时候,其变量至多只存放该类型所包含的一个成员,即它所包含的各个成员只能共享同一存储空间。

定义共用体(union)类型的一般格式如下:

  union 共用体类型标识符
  {
    类型说明符变量名
  };

说明共用体(union)变量的一般格式如下:

  union 共用体类型标识符 共用体变量名表

例如:

```
union int_or_char
{
    int  i;
    char ch;
};
```

以上定义了一个名为 int_or_char 的共用体类型,该类型包含两个不同类型的元素:一个是 int 型,另一个是 char 型。

使用这个类型定义变量如下:

```
union    int_or_char    cnvt;
```

其中 cnvt 变量在内存中占用的字节数为 2。变量 cnvt.i 和 cnvt.ch 占用同一存储空间。

与结构变量一样,也可以在定义共用体(union)类型的同时,定义共用体变量。

【例 5-7】 定义共同体变量举例。

```
union int_or_char
{
    int  i;
    char ch;
}cnvt;   /*定义共用体变量*/
```

或

```
union
{
    int  i;
    char ch;
}cnvt;   /*定义共用体变量*/
```

对于共用体变量,系统只给该变量按其各共用体成员中所需空间最大的那个成员长度分配一个存储空间。如上例中的 cntv 共用体变量,它共有 2 个元素,一个是 int 型,需要 2 字节内存空间,另一个是 char 型,只需要 1 字节内存空间,所以 C 编译器给共用体变量 cnvt 分配 2 字节的内存空间。

除了例 5-7 所列举的共用体的应用例子外,共用体还可以用于确定的、不可能同时用到的变量,以节省内存空间。

5.5 枚 举

在 C 语言中,用作标志的变量通常只能被赋予下述两个值之一:True(1)和 False(0)。但如果出现疏忽,有时会将一个在程序中作为标志使用的变量,赋予了除 True(1)或 False(0)以外的值。另外,这些变量通常被定义成 int 型或 char 型数据,从而使它们在程序中的作用模糊不清。因此,可以定义标志类型的数据变量,然后指定这种被说明的数据变量只能赋值为 True 或 False,不能赋予其他值,就可以避免这种情况的发生。枚举(enum)数据类型正是应这种需要而产生的。

5.5.1 枚举的定义和说明

枚举类型是一个有名字的某些整型常量的集合。这些整型常量是该类型变量可取的所有的合法值。枚举定义应当列出该类型变量的所有可取值。

一个完整的枚举定义语句格式如下：

    enum　枚举名　(枚举值列表)变量列表;

枚举的定义和说明也可分为两句完成：

    enum　枚举名　{枚举值列表};

    enum　枚举名　变量列表;

例如：

```
enum day{Sun,Mon,Tue,Wed,Thu,Fri,Sat} d1,d2;
```

或

```
enum day{Sun,Mon,Tue,Wed,Thu,Fri,Sat} ;
enum day d1,d2;
```

只有在建立了枚举类型的原型 enum day,将枚举名与枚举值列表联系起来,并进一步说明该原型的具体变量"enum day d1,d2;"之后,C 编译系统才会给 d1,d2 分配存储空间,这些变量才可以具有与所定义的相应的枚举列表中的值。

5.5.2 枚举变量的取值

枚举列表中,每一项符号代表一个整数值。在默认情况下,第一项符号取值为 0,第二项值为 1,第三项值为 2……依次类推。此外,也可以通过初始化,指定某些项目的符号值。某项符号值初始化后,该项后续各项符号值随之依次递增,例如：

```
enum direct{up,down,left = 10,right};
```

则 C 编译器将 up 赋值为 0,down 赋值为 1,由于 left 被初始化为 10,因此 right 值为 11。

【例 5-8】 枚举程序举例:将颜色为红、绿、蓝的 3 个球进行全排列,共有几种排法? 打印出每种组合的 3 种颜色。

```
#include <stdio.h>                    //为使用printf函数而加入
#include <htc.h>
#include "usart.h"
void main()
{   enum Color{red,green,blue};
    enum Color i,j,k,st;
    int n = 0,lp;
    init_comms();                     //初始化串口
```

```c
            for(i = red;i <= blue;i++)
            {   for(j = red;j <= blue;j++)
                {   for(k = red;k <= blue;k++)
                    {   n = n+1;
                        printf("%4d",n);
                        for(lp = 1;lp <= 3;lp++)
                        {   switch(lp)
                            {   case 1:st = i;break;
                                case 2:st = j;break;
                                case 3:st = k;break;
                                default:break;
                            }
                            switch(st)
                            {   case red:printf("%8s","red");break;
                                case green:printf("%8s","green");break;
                                case blue:printf("%8s","blue");break;
                            }
                        }
                    }
                }
                printf("\n");
            }
        }
    printf("\n total:%5d\n",n);
    for(;;){;}
}
```

程序实现：输入源程序并命名为 enum.c，建立名为 enum 的工程，加入源程序。参考例 5-5，将 usart.c 和 usart.h 文件复制到这个文件夹，并将 usart.c 文件加入工程，如图 5-8 所示。

设置工程，在编译、链接正确后，参考图 5-4 中所示的设置使用 UART1 来显示数据。全速运行，其运行结果如图 5-9 所示。

下面再举一个实际的例子说明 enum 和 union 的用途。

例：某焊机需设置 6 个参数，运行时又有 6 个与此对应的计算值，这 6 个参数均为 unsigned int 型，并且这 6 个参数在设置完毕后都要保存到 EEPROM 中去。编程时须考虑，如果每个变量都用一个变量名，定义 6 个不同的变量，则无法体现这些参数之间的相互关系，也没有办法使用一个循环来保存这些参数。为此，在程序中做了如下安排：

```c
union Para{
            unsigned int    Par[6];            //设置参数
            unsigned char   WrPar[12];
```

第 5 章　C 构造数据类型

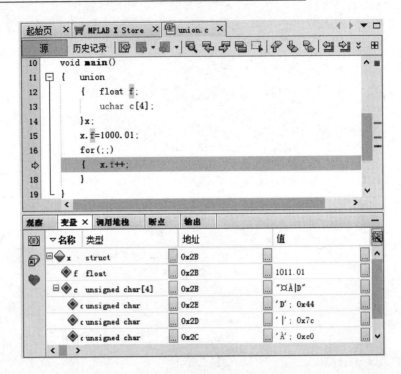

图 5-8　设置工程

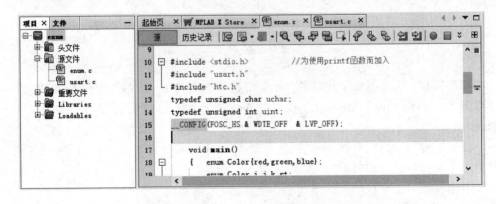

图 5-9　例 5-8 的运行结果

)Set,Coun;

定义一个共用体 Para,并定义了 Para 类型的变量 Set 和 Coun,分别表示设置值和运行时的计算值。Para 类型中有一个 6 字节的 unsigned int 型数组 Par,与 12 字节的 unsigned char 型数组 WrPar 共用 12 字节的空间。显然,保存数据时,只要将 WrPar 数组的 12 字节保存到 EEPROM 即可,使用一个循环就可以完成 12 字节的保存工作,非常简洁。

对于 6 个设置参数可以使用 Set.Par[0]～Set.Par[5]来进行访问,不过,我们希望用一些有意义的符号来表示这些参数,以使程序更直观一些。这样就需要定义一些符号来表示数字 0～5,为此可以使用 #define 来定义。程序编写如下:

#define	PrCyTim	0	//气缸预备时间
#define	Tim1	1	//第一段时间
#define	Tim2	2	//第二段时间
#define	CoolTim	3	//冷却时间
#define	Pow1	4	//第一段电能量
#define	Pow2	5	//第二段电能量

如果使用 enum 来定义则会更恰当一些,定义方法如下:

Enum{PrCyTim,Tim1,Tim2,CoolTim,Pow1,Pow2}Par;

这样,程序中既可以使用 PrCyTim、Tim1 等名字作为数组的标号,以达到"见名知义"的目的,如:用 Set.Par[Pow1]表示第一段电能量的设置值,用 Set.Par[CoolTim]表示冷却时间的设置值等。变量 Par 的值又被限制为只能取值 0～5,不会由于一些意外而取其他值。

5.6 用 typedef 定义类型

除了可以直接使用 C 语言提供的标准类型名称如 int、char 等以及自己声明的结构体、共用体、指针、枚举类型外,还可以用 typedef 声明新的类型名来代替已有的类型名,如:

| typedef | int | INTEGER; |
| typedef | float | REAL; |

指定用 INTEGER 代表 int 类型,REAL 代表 float 类型。以下两行命令等价:

int i;
INTEGER i;

在一些程序中,经常可以看到这样的定义:

typedef	unsigned int	UINT;
typedef	unsigned long	ULONG;
typedef	unsigned char	BYTE;
typedef	bit	BOOL;

这样,可以使熟悉其他编程语言(如 Visual C++等)的人能用 UINT、ULONG、BYTE、BOOL 等来定义变量,以适应个人的编程习惯。通常把用 typedef 声明的类型名称用大写字母表示,以便与系统提供的标准类型标识符相区别。

第 5 章　C 构造数据类型

说明：

① 用 typedef 可以声明各种类型名，但不能用来定义变量。

② 用 typedef 只是对已经存在的类型增加一个类型名，但没有创造新的类型。也就是说，它仅仅是用来起一个新的名字。

③ typedef 和 #define 有相似之处，但又不完全相同。#define 是编译之前进行预处理时做简单的字符串替换，而 typedef 是在编译时处理的。

④ 使用 typedef 有利于程序的通用与移植。有时程序会依赖于硬件特性，用 typedef 便于移植。例如：有的计算机系统 int 型数据用 2 字节，数值范围为 $-32\,768 \sim 32\,767$，而目前的 32 位机则以 4 字节存放一个整数，数值范围达到 -21 亿 ~ 21 亿。如果把一个 C 程序从一个以 4 字节存放整数的计算机系统移植到以 2 字节存放整数的系统，按一般办法需要将定义变量中的每个 int 改为 long。例如：

```
int a,b,c;
```

改为

```
long a,b,c;
```

但这样逐个修改非常不便。如果在编写源程序时用了这样的定义：

```
typedef int INTEGER;
```

随后在程序中所有 int 型变量均用 INTEGER 来定义，例如定义 int 型变量 x：

```
INTEGER x;
```

则在需要移植时只要改动一下 typedef 定义即可：

```
typedef long INTEGER;
```

程序中各变量不需要做任何改动，这样处理省时、省事，且不容易出错。

第 6 章

PIC 单片机内部资源编程

通过前面的学习,读者已了解了 C 语言的语法特性等知识,本章将介绍针对 PIC16F887 单片机内部资源的 C 语言编程方法。这些资源包括 CPU 的中断功能、定时/计数器模块、串行通信模块、CCP 模块、A/D 转换模块等。这些模块同样存在于很多其他型号的 PIC 单片机中,并且具有相同或者类似的用法。

6.1 中 断

在日常工作过程中,当前事务往往会被一些突发性的事件打断,需要人们去处理。例如:当你正在看书时,电话铃声响了,你会放下书本去接电话,然后接完电话回来继续看书。这就是一种生活中的"中断"现象,利用中断,可以很好地完成各种突发性的工作。单片机的工作过程是我们日常工作过程的模拟,在单片机的工作中引入"中断"同样可以很好地完成各种突发性工作。

单片机的很多工作不可能预先设定好顺序,例如:由于外部电路引发的引脚电平的变化,定时时间到,A/D 转换结束等。这类事件采用中断来处理较为合适,也就是预先设定好这些事件发生的条件,例如:将引脚设置为输入状态,设定好定时常数,开始 A/D 转换并且允许中断产生。然后就不必再关注这事是否发生,而是转去做其他工作,例如:运算、显示、查询等。直到事件发生,产生中断请求,单片机中的 CPU 停下当前的工作,转而去处理这些事件,即运行预先编写好的各类事件处理程序。等到这些事件处理程序运行完毕,再回到原来的位置继续工作。

6.1.1 中断源

引发中断的来源称为中断源。工作中会遇到很多不同的中断来源,例如电话铃声、门铃声、水开报警声、闹钟响声等。对于一个单片机来说,中断源是固定的,可以在数据手册中找到一块芯片所有中断源的描述。

PIC16F887 芯片有多个事件可以引发中断,包括:

第6章 PIC单片机内部资源编程

- 外部中断 RB0/INT；
- Timer0 溢出中断；
- PORTB 电平变化中断；
- 两个比较器中断；
- A/D 中断；
- TIMER1 溢出中断；
- TIMER2 匹配中断；
- 数据 EEPROM 写中断；
- 故障保护时钟监视器中断；
- 增强型 CCP 中断；
- EUSART 接收和发送中断；
- 超低功耗唤醒中断；
- MSSP 中断。

下面以外部中断 INT 为例，分析中断产生和处理的过程。

外部中断就是指由单片机外部电路使单片机引脚产生高、低电平变化而引发的中断。因此，为了能够响应外部中断，需要将 RB0 引脚设置为输入状态，其引脚上的电平由外部电路控制。当引脚上出现电平变化时，可以引发中断（称为中断请求）。这里的电平变化可以是引脚上的电平由高电平变为低电平（下降沿）或者是由低电平变为高电平（上升沿）。而究竟是上升沿起作用还是下降沿起作用，取决于 INTEDG 位（OPTION 寄存器的 bit 6）：该位置 1 时在上升沿触发，清 0 时在下降沿触发。

当 RB0/INT 引脚上出现有效边沿时，INTF 位（INTCON 寄存器的 bit 1）置 1。如果不需要 INT 引脚的电平变化产生中断，可以通过将 INTE 控制位（INTCON 寄存器的 bit 4）清 0 来禁止该中断。

一旦有中断请求发生，且当前设置允许中断，CPU 就会停止当前的工作，记录下当前正在运行的程序地址，就好像人们在把书本合上之前记住当前正在阅读的页码一样；切换到特定的位置去执行中断处理程序，就好像人们听到电话铃声后要走到电话机旁边去接听电话一样。

对于 PIC16F887 芯片及其所在的中档 PIC 系列单片机来说，所有的中断处理程序入口只有一个。而切换的方法很简单，只要将这个地址值送到 PC 寄存器中就可以了。切换到中断入口后执行中断处理程序，处理完毕后回到中断产生前的位置，继续执行原来正在运行着的程序。当然，对于 C 语言编程来说，这些技术细节都被隐藏起来了，编程者只要根据 C 语言提供的语法要求书写程序就可以了，但多了解一些中断产生及处理的过程对于熟练应用中断还是很有必要的。

6.1.2 PIC16F887 的中断逻辑

为了从整体上了解 PIC16F887 芯片的中断功能，这里从数据手册中截取了 PIC16F887 芯片的中断逻辑图，如图 6-1 所示。图中 ⊐ 是"与"门，表示逻辑"与"关

第6章 PIC单片机内部资源编程

系,即2个输入端都必须是1,输出才可以是1,否则输出是0; 是"或"门表示逻辑"或"关系,即2个输入端任意一个是1,输出就是1;方框中是有多个输入端的逻辑"或"门。对于中断系统来说,1是有效的,也就是要申请中断,必须是逻辑值1。了解这些知识后,再来分析图6-1,就比较容易了。

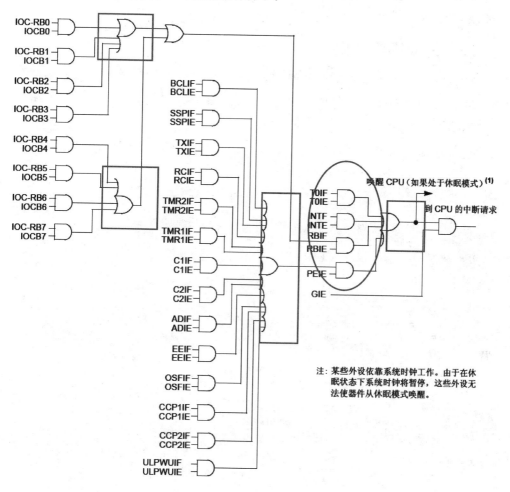

图6-1 PIC16F887芯片的中断逻辑

从图6-1中可以看到:

① 所有中断是否允许产生由一个总开关(即GIE位)控制,如果将GIE位清0,则所有中断请求都不能送到CPU,当然也不能响应中断。

② 定时器T0中断、外部中断、PORTB引脚的电平变化中断和芯片内所有外设中断分成4组,即图中椭圆形框中的部分。

③ 所有PORTB的8条引脚构成了PORTB引脚的电平变化中断,也就是PORTB的8条引脚中的任意一条引脚上的电平发生变化,都可以引发中断。这些

第6章 PIC单片机内部资源编程

引脚引发的中断最终由 RBIE 位来控制,即 PORTB 引脚电平的变化要送到 CPU,除了 GIE 必须等于 1 以外,RBIE 位也必须是 1。

④ 除定时器 T0 外,所有的外设产生的中断请求最后汇总到一起,并由 PEIE 位来控制,即这些外设的中断请求如果要送到 CPU,除了 GIE 位必须是 1 以外,PEIE 位也必须是 1。

6.1.3 外部中断实例

【例 6-1】 由 RC0 引脚驱动的电机旋转,当 RB0/INT 引脚上出现故障信号时,立即停止电机的旋转。这里的故障信号用一个按键来模拟,无故障时 RB0 引脚为高电平,按下按键后 RB0 引脚为低电平。

```c
#include "htc.h"
typedef unsigned char uchar;
typedef unsigned int uint;
__CONFIG(FOSC_INTRC_NOCLKOUT & WDTE_OFF & MCLRE_OFF);
//配置文件,设置为内部 RC 方式振荡,禁止看门狗,不用 MCLR 复位
void interrupt jjtc()
{
    if(INTE&INTF)
    {
        RC0 = 0;
        INTF = 0;
    }
}

void main()
{
    ANSELH = 0;
    TRISB| = 0x01;       //RB0 引脚设为输入状态
    TRISC&= 0xfe;        //RC0 引脚设为输出状态
    GIE = 1;             //总中断允许
    INTE = 1;            //外部中断允许
    RC0 = 1;             //电机开始旋转
    for(;;);
}
```

程序实现: 输入源程序,命名为 int.c,建立名为 int 的工程,将 int.c 文件加入到工程中,编译、链接通过。参考图 6-2 在 Proteus 中绘制仿真图,图中 RC0 所接的是一个电机模型,当 RC0 引脚为高电平时电机旋转,当 RC0 引脚为低电平时电机停止旋转。图 6-2 是一个仿真示意图,因此 RC0 引脚上没有绘制功率驱动电路。实际制作这一电路时必须注意,不能把单片机引脚直接接到电机等功率器件上,必须要加上驱动、隔离等电路才可以。

双击 U1 打开 Edit Component 对话框,在 Program File 列表框中选择 INT 工程所生成的 INT.production.cof 文件,单击"▶"按钮运行程序,电机旋转。单击 K1 按键,电机立即停止旋转。

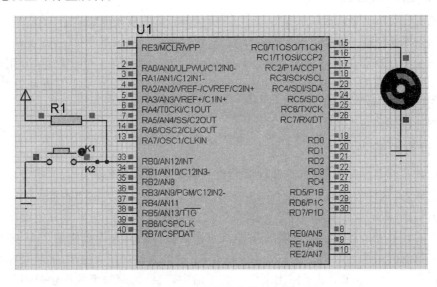

图 6-2 紧急停车控制电路

程序分析:对于中档 PIC 系列单片机来说,中断入口只有 1 个,因此进入中断程序之后,需要用

```
if(INTE&INTF)
```

程序行来判断是哪一个中断产生了。其中 INTE 项是必需的,如果不加 INTE 选项,那么有可能在其他中断源产生中断请求而外部中断 INTF 又是 1 的情况下产生错误的判断。只有外部中断允许标志和外部中断请求标志同时有效,才能断定为外部中断请求有效。

6.2 定时/计数器

定时/计数器是单片机中最常用的外围功能部件之一。从本质上来说,定时和计数是同一类事件,因此总是把它们放在一起来学习。

6.2.1 定时/计数的基本概念

在学习定时/计数器的结构、功能之前,先来了解一下定时/计数相关的基本概念。

1. 计 数

计数一般是指对事件的统计,通常以"1"为单位进行累加。生活中常见的计数应

第6章 PIC 单片机内部资源编程

用有家用电度表以及汽车、电动自行车、摩托车上的里程表等。此外,计数工作也广泛应用于各种工业生产活动中。

2. 计数器的容量

电动自行车上里程表一般是 5 位十进制计数器,它的最大计数值是 99 999 km;汽车上的里程表位数一般是 7 位十进制计数器,它的最大计数值是 9 999 999 km。由此可见每一个计数器总有一定的容量。PIC16F887 单片机中有 3 个计数器,分别称为 TIMER0、TIMER1 和 TIMER2,其中 TIMER0 和 TIMER2 是 8 位二进制计数器,TIMER1 是 16 位二进制计数器。8 位二进制计数器的最大值为 $2^8-1=255$,16 位二进制计数器的最大值为 $2^{16}-1=65\ 535$。

3. 计数器的溢出

计数器的容量是有限的,若计数值大到一定程度就会出现错误。如:电动自行车上的里程表,其计数值最大只到 99 999 km,如果已经计数到了 99 999 km,再来一个计数信号,计数值就会变成 00000。如果据此认为该车没有运动显然是错误的。单片机中的计数器的容量也是有限的,8 位二进制计数器的最大计数值是 255,16 位二进制计数器的最大计数值是 65 535,一旦超过了这个值就会产生溢出,并将使相应的标志位变为 1,这样就记录了溢出事件。在生活中,闹钟的闹响可视作定时时间到时产生的溢出,这通常意味着要求我们开始做某件事(起床、出门等),其他例子中的溢出也有类似的要求。推而广之,溢出通常都意味着要求对事件进行处理。

4. 任意设定计数个数的方法

PIC16F887 单片机中的 3 个计数器最大的计数值分别是 255 和 65 535,但在实际工作中,经常会有少于最大计数值的要求,如包装线上,一打为 12 瓶,这就要求每计数到 12 就要产生溢出。这类要求的本质是要能够任意设置计数值,为此可采用"预置"的方法来实现。计数不从 0 开始,而是从一个固定值开始,这个固定值的大小取决于被计数的大小。例如:对于 16 位二进制计数器来说,要计数 100,预先在计数器里放进 65 436,再来 100 个脉冲就到了 65 536,从而产生溢出,这个 65 436 被称为预置值。

5. 定 时

日常工作中除了计数的要求之外,还有定时的要求如学校中使用的打铃器、电视机定时关机等都要用到定时功能。定时和计数有着密切的关系。

一个闹钟,将它设定在 1 小时后闹响,换一种说法就是秒针走了 3 600 次之后闹响,这样时间的测量问题就转化为秒针走的次数问题,也就变成了计数的问题了。由此可见,只要每一次计数信号的时间间隔相等,那么计数值就代表了时间的流逝。

单片机中的定时器和计数器是同一结构,只是计数器记录的是单片机外部发生的事件,由单片机外部的电路提供计数信号,而定时器是由单片机内部提供一个稳定的计数信号。对于 PIC16 系列单片机来说,这个稳定的计数信号可以是单片机时钟频率 1/4 的指令周期信号,也可以是指令周期信号经过预分频器分频后获得的较低频率的信号。使用预分频器可以获得较低频率的计数信号,从而得到更长的定时时间。

6. 任意设定定时时间的方法

定时同样有按要求设定所需时间的问题。假设单片机工作频率是 4 MHz,其 4 分频后是 1 MHz,在不使用预分频器时,计数脉冲的时间间隔是 1 μs,对于 TIMER1 来说,计满 65 536 个脉冲需 65.536 ms,但某应用中只需要定时 10 ms,可以做这样的处理:10 ms 即 10 000 μs,也即计数 10 000 时满,因此计数之前预先在计数器里面放进 65 536−10 000=55 536,开始计数后,计满 10 000 个脉冲到 65 536 即产生溢出。

与生活中的闹钟不同,单片机中的定时器通常要求不断重复定时,即在一次定时时间到之后,紧接着进行第二次定时操作。一旦产生溢出,计数器中的值就回到 0,下一次计数从 0 开始,定时时间将不准确。为使下一次的计数也是 10 ms,需要在定时溢出后马上把 55 536 送到计数器,这样可以保证下一次的定时时间还是 10 ms。

PIC16F887 芯片内部的 3 个定时/计数器各有特点,下面分别进行介绍。

6.2.2 定时/计数器 TIMER0

1. TIMER0 概述

图 6-3 所示为 TIMER0 的功能原理图。

定时/计数器 TIMER0 的功能特点如下:

➤ 8 位定时/计数器;

➤ 寄存器的当前计数值可读/写;

➤ 带 8 位可用软件设置的前置分频器;

➤ 可选择内部指令周期计数或者外部脉冲信号计数,即有定时/计数功能;

➤ 递增方式计数,当计数器从 0xFF 跳变到 0x00 时,计数器溢出,产生中断;

➤ 设为外部脉冲计数时,可选择在上升沿或者下降沿计数。

TIMER0 具有多种功能,任一时刻只能选择其中某一种功能来使用,这需要通过 TIMER0 控制位的状态来设置。程序员编写程序时的一个重要工作,就是根据自己的需要,设置相应的控制位,使其满足程序运行的需要。当然,不仅 TIMER0 如此,其他各种功能部件(如串行口、CCP 模块、A/D 转换模块等)也都是这样。因此,学习这些功能部件的使用,最重要的一点就是要掌握这些功能模块控制位的含义。

OPTION_REG 是用于配置定时器 TIMER0 工作方式最重要的寄存器,其各数据位定义如表 6-1 所列。表中 R/W-1 表示该位可读/写,复位后为 1。

第 6 章　PIC 单片机内部资源编程

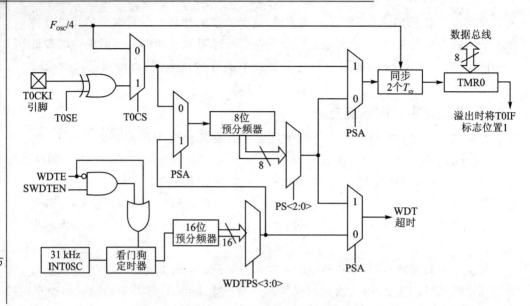

图 6-3　TIMER0 功能原理图

表 6-1　OPTION_REG 寄存器的各数据位定义

R/W-1	R/W-1	R/W-1	R/W-1	R/W-1	R/W-1	R/W-1	R/W-1
RBPU	INTEDG	T0CS	T0SE	PSA	PS2	PS1	PS0
bit 7	bit 6	bit 5	bit 4	bit 3	bit 2	bit 1	bit 0

OPTION_REG 中各位的含义如下：

bit 7　RBPU,PORTB 输入引脚的内部弱上拉使能控制位。

　　　1——所有 PORTB 输入引脚的内部弱上拉被禁止；

　　　0——设定为输入状态的引脚弱上拉被使能。

bit 6　INTEDG,选择 RB0/INT 引脚的中断沿。

　　　1——RB0/INT 上升沿中断；

　　　0——RB0/INT 下降沿中断；

bit 5　T0CS,选择 TIMER0 的计数时钟源。

　　　1——选择外部脉冲沿跳变计数(TIMER0 作为计数器使用)；

　　　0——选择内部指令周期计数(TIMER0 作为定时器使用)。

bit 4　T0SE,选择计数的外部脉冲沿。

　　　1——T0CKI 引脚的上升沿计数；

　　　0——T0CKI 引脚的下降沿计数。

bit 3　PSA,预分频器分配。

　　　1——8 位预分频器分配给看门狗定时器 WDT 使用；

　　　0——8 位预分频器分配给 TIMER0 使用；

bit 2～bit 0　PS2～PS0，这3位用于设定分频器的分频系数。对于分频器分配给WDT和TIMER0，相同的设置时有不同的分频比，表6-2所列为分频比的设置情况。

表6-2　分频比设置

PS2～PS0	TIMER0 分频比	WDT 分频比
000	1:2	1:1
001	1:4	1:2
010	1:8	1:4
011	1:16	1:8
100	1:32	1:16
101	1:64	1:32
110	1:128	1:64
111	1:256	1:128

PIC16F887芯片内部带有内置的看门狗定时器WDT，TIMER0与WDT共享8位预分频器。预分频器如果被分配给TIMER0使用，那么WDT就不能使用它；如果预分频器被分配给WDT使用，那么TIMER0就不能使用它。

所有处理TIMER0的中断都在INTCON寄存器中，该寄存器的各数据位定义如表6-3所列。表中R/W-0表示该位可读/写，复位后为0。

表6-3　INTCON寄存器的各数据位定义

R/W-0	R/W-0	R/W-0	R/W-0	R/W-0	R/W-0	R/W-0	R/W-0
GIE	PEIE	T0IE	INTE	RBIE	T0IF	INTF	RBIF
bit 7	bit 6	bit 5	bit 4	bit 3	bit 2	bit 1	bit 0

INTCON寄存器各数据位定义如下：

bit 7　GIE，全局中断允许位。

　　1——允许所有未被屏蔽的中断；

　　0——禁止所有中断。

bit 6　PEIE，外围功能模块中断允许控制位。

　　1——允许外围功能模块中断；

　　0——禁止所有外围功能模块中断。

bit 5　T0IE，TIMER0中断使能控制位。

　　1——允许TIMER0中断；

　　0——禁止TIMER0中断。

bit 4　INTE，INT外中断允许控制位。

　　1——允许INT外中断；

　　　　　0——禁止 INT 外中断。
　bit 3　RBIE,PORTB 引脚状态变化中断使能控制位。
　　　　　1——允许 PORTB 状态变化中断；
　　　　　0——禁止 PORTB 状态变化中断。
　bit 2　T0IF,TIMER0 中断标志位。
　　　　　1——TIMER0 计数溢出发生中断,必须用软件将其清除；
　　　　　0——TIMER0 没有溢出中断。
　bit 1　INTF,RB0/INT 引脚沿跳变中断标志。
　　　　　1——RB0/INT 引脚发生中断,必须用软件将其清除；
　　　　　0——没有发生 RB0/INT 引脚中断。
　bit 0　RBIF,PORTB 引脚状态变化中断标志。
　　　　　1——PORTB 引脚出现状态变化中断,必须用软件将其清除；
　　　　　0——PORTB 没有发生状态变化中断。

　　如果要使用中断处理程序,那么在进入中断后要同时查询 T0IE 标志和 T0IF 标志。当这两个标志都是 1 时确定是 TIMER0 发生中断,这样编写的程序才能可靠地工作。

2. TIMER0 运行过程分析

　　通过对 T0CS 位清 0 可以设置 TIMER0 为定时器方式。若 PSA＝1,即不将预分频器分配给 TIMER0 使用,则 TIMER0 将在每个指令周期增 1。TIMER0 没有启动/停止位,因此,TIMER0 的运行将伴随程序运行的始终。当它计满 255(0xFF)时,下一个指令周期的到来使计数值变为 256,用二进制数表示就是 1 0000 0000,一共 9 位,其中后 8 位全部是 0。TIMER0 是一个 8 位的计数器,这就意味着计数值回到 0,同时 T0IF 溢出中断标志被置 1。用户可以通过编写程序来响应这一中断,也可以通过查询 T0IF 标志是否为 1 来确定定时时间到。

　　可以对 TIMER0 预置一个初值来改变定时时间的长度,但是每进行一次写TIMER0 的操作,则 TIMER0 将被禁止 2 个周期的计数,用于内部时序的同步过程。如果不使用预分频器,那么可以通过设置的初值对此进行补偿,以保证定时时间的准确。但是,如果使用预分频器,则这一方法不再有效。因此,如果使用预分频器,就不要对 TIMER0 进行写操作。对于习惯于使用 80C51 单片机的程序员来说,这是要转变过来的思维习惯之一。

　　通过对 T0CS 位置 1 可以设置 TIMER0 为计数器方式。在计数器方式下,TIMER0 随 RA4/T0CKI 引脚上电平的变化增加 1,这里所说的变化既可以是上升沿也可以是下降沿,由 T0SE 位来决定。将 T0SE 位清 0,则选择上升沿计数；将T0SE 位置 1,则选择下降沿计数。

　　如果 TIMER0 没有用到预分频器,则单片机将对 RA4/T0CKI 引脚在 1 个指令周期(4 个时钟周期)内做 2 次等间隔的判读来判断是否有计数有效沿出现,如果前一次为高,后一次为低,则表明出现了一个下降沿;如果前一次为低,后一次为高,则表明出现了一个上升沿。如果此沿跳变符合 T0SE 的设置,则 TIMER0 的值加 1。因此,外部输入信号必须保证高电平和低电平至少维持 2 个振荡周期的宽度。

如果 TIMER0 用到了预分频器,计数采样将在分频器的输出端进行。此时外部输入脉冲频率可以相对提高,理论上计数脉冲的频率可以是指令频率(时钟频率的 1/4)的预分频系数倍,但是其最小脉宽不能小于 10 ns。例如,当时钟频率为 4 MHz 时,指令频率为 1 MHz,当 PS2~PS0 被置为 111 时,TIMER0 的分频比为 1:256,理论上 TIMER0 可以对外部频率高达 256 MHz 的信号进行计数。但由于其最小脉宽不能小于 10 ns,实际检测对象的频率一般不宜超过 50 MHz。

在 TIMER0 工作于计数方式时,对于其任何的写操作同样会产生 2 个指令周期的同步延时,同时清除预分频器的当前计数值,而这是无法用软件来补偿的。因此,将 TIMER0 用作计数器时,不要对其进行写操作。

当 TIMER0 内部计数器发生计数溢出(从 FFH→00H)时,溢出使 T0IF 置位,如果当前 T0IE 位为 1,那么就将产生中断请求。在重新允许开放这个中断之前,必须由中断服务程序用软件将 T0IF 位清 0。

由于处理器处于休眠状态时,TIMER0 被关闭,所以 TIMER0 中断不能用来唤醒处于休眠状态中的 CPU。

3. TIMER0 的应用实例

下面通过一个简单的例子来学习 TIMER0 的使用方法。

【例 6-2】 TIMER0 用作计数器,预分频器分配给 TIMER0,分频系数为 1:4,将计数值送到 PORTC 端口,并由 PORTC 端口所接的 LED 显示出来。

```
#include <htc.h>
typedef unsigned char uchar;
typedef unsigned int uint;
__CONFIG(FOSC_INTRC_NOCLKOUT & WDTE_OFF & MCLRE_OFF);
//配置文件,设置为内部 RC 方式振荡,禁止看门狗,不用 MCLR 复位
void main()
{
    PSA = 0;              //预分频器分配给 TIMER0
    PS2 = 0;
    PS1 = 0;
    PS0 = 1;              //分频系数为 1:4
    T0CS = 1;             //设为计数方式
    T0SE = 1;             //设为上升沿计数方式
    T0IE = 0;             //禁止中断
    TMR0 = 0;             //清空计数器
    TRISC = 0;            //PORTC 设为输出端口
```

```
for(;;)
    PORTC = TMR0;
}
```

程序实现： 输入源程序，命名为 timer0.c，建立名为 timer0 的工程，将 timer0.c 加入工程中，编译、链接直到没有错误为止。

图 6-4 所示为用 Proteus 演示这一程序的电路图，其中输入信号使用手动和自动两种方式：手动方式即将 RA4 通过一个电阻接+5V，通过一个按钮接地，每按一次按钮，即提供一个计数脉冲；自动信号发生即加入 Proteus 提供的信号发生器。单击侧边栏的 图标，找到 SIGNAL GENERATOR（即信号发生器），将其加入电路图中，并按图 6-4 所示进行连接。双击 U1 打开 Edit Component 对话框，在 Program File 列表框中选择 timer0 工程所生成的 timer0.production.cof 文件，单击"▶"按钮运行程序，观察运行的效果。

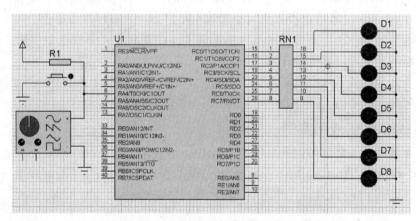

图 6-4 定时/计数器 TIMER0 作为计数器使用

全速运行，出现信号发生器面板，如图 6-5 所示。单击 Waveform 按钮可选择不同的波形；拨动 Frequency 区域的 Centre 旋钮设置频率值，拨动 Range 旋钮选择倍率；拨动 Amplitude 区域的 Level 旋钮选择输出幅度值，拨动 Range 旋钮选择倍率。参考图 6-5，将波形设置为方波，输出幅度为 5V，频率可根据需要自行更改。

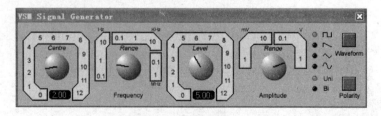

图 6-5 信号发生器面板

如果希望观察前置分频的效果，则可使用手动输入。此时应删除信号发生器与

RA4 的连线,通过单击按钮来产生计数信号。对单击按钮的次数进行计数,观察 LED 点亮的情况,了解前置分频器的工作。

6.2.3 定时/计数器 TIMER1

大部分中档 PIC 系列单片机上都有 TIMER1 定时器,与 TIMER0 不同,这是一个 16 位的定时/计数器。

1. TIMER1 简介

TIMER1 是一个由 2 个 8 位寄存器(TMR1H:TMR1L)组成的 16 位定时/计数器,当其值从 0000H 增到 FFFFH,再加 1 回到 0000H 时,如果中断使能,那么将产生溢出中断,并锁存中断标志位 TMR1IF。通过对 TMR1IE 置 1 或清 0,使能或禁止 TIMER1 溢出中断。

注意:TIMER1 属于外围功能模块,其中断是否被响应,除了取决于总中断允许 GIE 位外,还取决于 PEIE 位。只有这两位都置 1,CPU 才会响应 TMR1IF 中断标志位所产生的中断请求。

TIMER1 的工作模式可以是以下 3 种方式之一:
- 16 位的同步定时器方式;
- 16 位的同步计数器方式;
- 16 位的异步计数器方式。

这 3 种工作模式由寄存器 T1CON 中的 TMR1CS 和 T1SYNC 两位决定。当工作于定时器方式时,TIMER1 在每一个指令周期加 1;当工作于计数器方式时,TIMER1 将在 T1CKI 的脉冲上升沿时加 1。TIMER1 有一个启/停控制位 TMR1ON,通过软件可以任意启动或暂停 TIMER1 的计数功能。当使用内部的 CCP 模块时,可以实现 TIMER1 计数值的自动清 0。附属 TIMER1 模块还有一个专门的振荡器,可以使用低频晶体构成一个独立的振荡电路,用于 TIMER1 提供外部时钟。

图 6-6 所示为 TIMER1 的简化工作原理图。

T1CON 寄存器是控制 TIMER1 工作模式最关键的一个寄存器。PIC16F887 芯片的 T1CON 各数据位定义如表 6-4 所列。表中 R/W-0 的含义为该位可读/写,复位后为 0。

表 6-4 TIMER1 控制寄存器 T1CON 的各数据位定义

R/W-0	R/W-0	R/W-0	R/W-0	R/W-0	R/W-0	R/W-0	R/W-0
T1GINV	TMR1GE	T1CKPS1	T1CKPS0	T1OSCEN	T1SYNC	TMR1CS	TMR1ON
bit 7	bit 6	bit 5	bit 4	bit 3	bit 2	bit 1	bit 0

T1CON 中各数据位的定义如下:

bit 7   T1GINV,TIMER1 门控信号极性位。

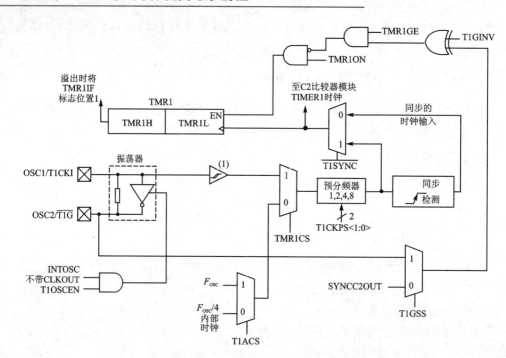

图 6-6 TIMER1 工作原理框图

　　1——TIMER1 门控信号高电平有效(当门控信号为高电平时,TIMER1 计数);

　　0——TIMER1 门控信号低电平有效(当门控信号为低电平时,TIMER1 计数)。

bit 6　TMR1GE,TIMER1 门控使能位。

　　如果 TMR1ON=0,则此位被忽略。

　　如果 TMR1ON=1,则有:

　　1——TIMER1 计数由 TIMER1 门控功能控制;

　　0——TIMER1 始终计数。

bit 5~bit 4　T1CKPS1~T1CKPS0,TIMER1 预分频器设置位。

　　11——预分频系数 1:8;

　　10——预分频系数 1:4;

　　01——预分频系数 1:2;

　　00——预分频系数 1:1。

bit 3　T1OSCEN,TIMER1 内部振荡器控制位。

　　1——打开内部振荡器,需外接晶振产生振荡;

　　0——关闭内部振荡器电路。

bit 2　T1SYNC,TIMER1 同步/异步计数控制位。

1——异步计数模式；
0——同步计数模式。
bit 1　TMR1CS,选择 TIMER1 的计数时钟源。
1——T1CKI 引脚上的上升沿计数；
0——内部指令周期计数。
bit 0　TMR1ON,TIMER1 计数允许/禁止控制位。
1——TIMER1 允许计数；
0——TIMER1 停止计数。

当使用 TIMER1 中断时,相关的中断使能和标志位分别在寄存器 PIE1、PIR1 和 INCON 内,如表 6-5 所列。

表 6-5　TIMER1 中断相关寄存器数据

INTCON	GIE	PEIE	TOIE	INTE	RBIE	T0IF	INTF	RBIF
PIE1	PSPIE	ADIE	RCIE	TXIE	SSPIE	CCP1IE	TMR2IE	TMR1IE
PIR1	PSPIF	ADIF	RCIF	TXIF	SSPIF	CCP1IF	TMR2IF	TMR1IF
寄存器	bit 7	bit 6	bit 5	bit 4	bit 3	bit 2	bit 1	bit 0

如果要响应 TIMER1 中断,则 TMR1IE、PEIE 和 GIE 这 3 位必须同时为 1,进入中断服务程序后查询 TMR1IE 中断允许标志和 TMR1IF 中断标志。处理完中断后,要用软件清除 TMR1IF 标志位。

2. TIMER1 的工作过程分析

当把 TMR1CS 控制位设为 0 时,TIMER1 工作在定时器方式下。在这种方式下,TIMER1 的计数时钟源来自于每个指令周期,即时钟源的频率为 $F_{\text{osc}}/4$。同步控制位 T1SYNC 不起作用,因为内部时钟总是同步的。若不用预分频器,则 TIMER1 最大的定时溢出值为 65 536 个指令周期;若使用前分频器,则 TIMER1 最大的定时溢出值可达 65 536 * 8 = 524 288 个指令周期。

当 TMR1CS=1 时,TIMER1 可以作为计数器或者作为定时器来使用。作为计数器使用时,TIMER1 在外部时钟输入 T1CKI 的上升沿递增。作为计数器使用的条件是 T1OSCEN 清 0,也就是关闭专为 TIMER1 配置的 LP 振荡器。作为定时器使用时,其计数信号来自 TIMER1 自带的振荡器。

TIMER1 模块自己带有一个振荡电路,其接口引脚是 T1OSI 和 T1OSO。这是一个专门针对低频晶体振荡设计的低功耗电路,在具备纳瓦技术的 PIC 单片机上,TIMER1 振荡器在 32 768 Hz 的时钟振荡下电流仅有 3 μA 左右。使用 TIMER1 自带的振荡电路时,T1OSCEN 位必须置 1,外接的晶体振荡频率一般不超过 200 kHz。在芯片处于休眠状态期间,它仍然可以继续工作。

当 T1OSCEN 位置 1 时,打开内部振荡电路,这时 TIMER1 仍作为定时器使用。

第6章　PIC单片机内部资源编程

这时的定时器作用与 TMR1CS=0 时的定时器作用是不同的,它的时钟来源是 TIMER1 自带的振荡电路,因此,如果在外部电路上没有配上合适的晶振,电路就不能正常工作,也就不能起到定时的作用。

由于 TIMER1 自带的振荡电路功耗很低,因此可以将其用在低功耗电路中,作为定时唤醒功能来使用。

对 TMR1H:TMR1L 寄存器的写入操作将使预分频器清 0,这在重新设置初值时必须注意。

可用软件将 TIMER1 门控信号源配置为 T1G 引脚或比较器 C2 的输出。对于 PIC16F887 芯片来说,T1G 引脚就是 RB5,而 C2 输出引脚就是 RA5 引脚。T1G 引脚作为门控可以让 TIMER1 定时器捕捉引脚上两个脉冲出现的间歇。而比较器的输出作为门控可以捕捉模拟事件出现的间歇,例如加在比较器输入端的电压值超过设定电压值的时间间隔,或者作为软件 Σ-Δ A/D 转换器来使用。

3. TIMER1 的应用实例

以下通过一个例子来学习 TIMER1 的使用方法。

【例 6-3】 TIMER1 作为定时器使用,RB0 和 RB1 引脚作为输入来使用,其值决定了 TIMER1 预分频器的值。T1G(RB5)引脚接开关,用来作为 TIMER1 的门控:当该位为 1 时,定时器不工作;当该位为 0 时,定时器正常工作。

```c
#include <htc.h>

typedef unsigned char uchar;
typedef unsigned int uint;
__CONFIG(FOSC_INTRC_NOCLKOUT & WDTE_OFF & MCLRE_OFF);
//配置文件,设置为内部 RC 方式振荡,禁止看门狗,不用 MCLR 复位
void init_Timer1()
{   T1CKPS0 = RB0;
    T1CKPS1 = RB1;         //前置分频系数取决于 RB0 和 RB1 引脚上开关的状态
    TMR1H = (65536 - 4000)/256;
    TMR1L = (65536 - 4000)%256;
    TMR1CS = 0;                            //时钟源来自内部 $F_{osc}/4$
    TMR1IE = 1;                            //允许 TIMER1 中断
}

void interrupt Timer1()
{   if(TMR1IF == 1&&TMR1IE == 1)
    {
    TMR1H = (65536 - 4000)/256;
        TMR1L = (65536 - 4000)%256;
        TMR1IF = 0;                        //清中断标志
```

```
        RC0 = !RC0;                        //取反 RC1,LED 闪烁
    }
}

void main()
{   ANSELH = 0;
    TRISB = 0xff;                          //将 PORTB 设为输入
    WPUB = 0xff;
    nRBPU = 0;                             //允许接入内部弱上拉
    TRISC = 0;
    init_Timer1();
    GIE = 1;                               //全局中断变量允许
    PEIE = 1;                              //外围功能模块中断允许
    TMR1ON = 1;                            //启动定时器 TIMR1
    TMR1GE = 1;                            //开启门控位
    T1GINV = 0;                            //门控位低电平有效
    for(;;)
    {
    }
}
```

程序实现：输入源程序，命名为 timer1.c，建立名为 timer1 的工程，将 timer1.c 加入工程中，编译、链接直到没有错误为止。首先看一看如何在 MPLABX 中调试这一程序。选择菜单命令“调试”→“调试项目(TIMER1)”，进入模拟器调试。由于这个程序涉及作为输入使用的引脚，因此需要调出 I/O Pins 窗口。选择菜单命令“窗口”→Simulator→IOPin，打开 I/O Pins 选项卡，单击 Pin 栏目，从弹出的对话框中选择 RB5、RB0 和 RB1 引脚，结果如图 6-7 所示。

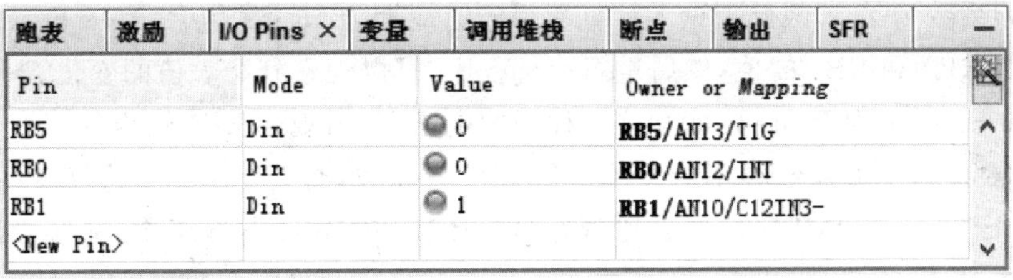
跑表
激励
I/O Pins
变量
调用堆栈
断点
输出
SFR
Pin
Mode
Value
Owner or Mapping
RB5
Din
0
RB5/AN13/T1G
RB0
Din
0
RB0/AN12/INT
RB1
Din
1
RB1/AN10/C12IN3-
<New Pin>

图 6-7　I/O Pins 选项卡

单击各引脚对应的 Value 值，弹出图形化菜单项，有两项可选，即 0 和 1。将 RB5 置 0，允许计数器工作，这样才做下一步的调试。接下来要观察定时中断的时间间隔是否满足要求，观察的方法是使用 MPLABX 提供的跑表功能。

选择菜单命令“窗口”→“调试”→“跑表”，打开“跑表”选项卡，在定时中断处理程序的第 2 行设置断点，如图 6-8 所示。

第6章 PIC 单片机内部资源编程

图 6-8 TIMER1 用作计数器

按下 F5 功能键全速运行程序，遇到断点后停止运行，跑表窗口显示从开始运行到停止运行的周期数和时间值。周期数一定是准确的，而时间值是否准确取决于模拟器的运行频率与实际电路的运行频率是否一致。由于 PIC 器件工作频率的复杂性，因此模拟器中并不直接设置工作频率，而是设置指令执行频率，即 Instruction Freq 值。从图 6-8 来看，这个值是 1 MHz，当 PIC16F887 工作于内部 RC 且工作频率为 4 MHz 时，指令频率即为 1 MHz。

程序中设置计数值为 4 000 个指令周期，指令频率为 1 MHz，周期为 1 μs。由图 5-7 中可知，RB0 和 RB1 引脚的值分别是 0 和 1，因此 T1CKPS0＝0，T1CKPS1＝1，预分频系数为 1:4，因此理论上计算所得定时周期为 16 ms，与图 6-8 显示的值一致。改变 RB0 和 RB1 的值，然后重新运行程序，可以观察到跑表值的变化。

图 6-9 所示为 Proteus 演示这一程序的电路图，为观察 RC0 输出的波形并测量输出，需要加入示波器和频率计。单击侧边栏图标▣，打开 Proteus 的仪表区，找到名为 COUNTER TIMER 的仪表和名为 OSCILLOSCOPE，加入图中，并参考图 6-9 进行连线。

COUNTER TIMER 仪表是一个多功能仪表，可用作定时器、计数器和频率计等，默认工作于定时器状态，需要改为频率计。双击 Count1 打开设置对话框，参考图 6-10 进行设置，设置完毕单击 OK 按钮返回。

双击 U1 打开 Edit Component 对话框，在 Program File 列表框中选择 timer1 工程所生成的 timer1.production.cof 文件，单击"▶"按钮运行程序。可以观察到 RC0 引脚的波形图并读到频率值。

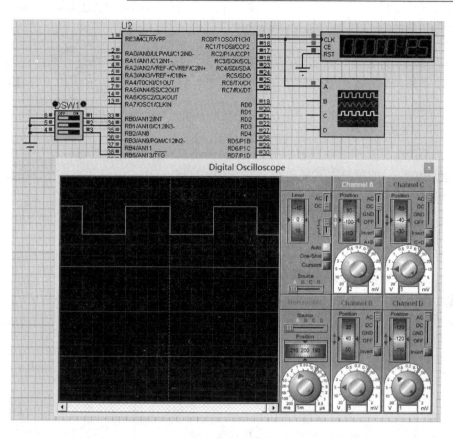

图6-9 TIMER1作为定时器使用

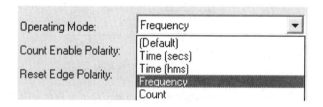

图6-10 将COUNTER TIMER设置为频率计

开关SW1的第1、2位用于设置前置分频器,拨动这2位开关,可以修改分频系数。

开关SW1的第3位接到RB5引脚上作为门控位,如果该位置于OFF状态,定时器停止运行,波形消失。

改变SW1的第1、2和3位,观察波形的变化。

注意:前置分频系数只在运行初始化时进行,因此,在程序运行过程中拨动开关并不会改变输出信号的频率,改变了拨动开关后,需要停止程序运行,然后再次开始运行,才会看到波形的变化。

6.2.4 定时/计数器 TIMER2

TIMER2 是 8 位计数器,它一般伴随着 CCP 模块的 PWM 功能一起出现,当然也可以作为一个普通的定时器使用,但它不能对外部事件计数,不能作为计数器来使用。

1. TIMER2 简介

TIMER2 带有预分频器和后分频器,同时还有一个周期控制寄存器与它配合。输入时钟(F_{OSC})的预分频器可选择 1:1、1:4 或 1:16,这由控制位 T2CKPS⟨1:0⟩来控制。TIMER2 的后分频器可选择为 1:1~1:16,这由控制位 TOUTPS⟨3:0⟩来控制。这样,当前、后分频比都取最大值时,TIMER2 需要 65 536 个计数脉冲使得 TIMER2 产生一次溢出。

TIMER2 与 TIMER0 相比,最大的区别在于 TIMER2 有一个周期控制寄存器 PR2。TIMER0 只能在计数溢出归 0 时才能产生中断,但是 TIMER2 的计数值只要和 PR2 相等就会自动归 0,并产生一次中断。TIMER2 与 CCP 模块的 PWM 功能关系紧密,PWM 的高、低电平宽度基本上就是靠 TIMER2 的定时来实现。TIMER2 定时器模块的工作原理框图如图 6-11 所示。

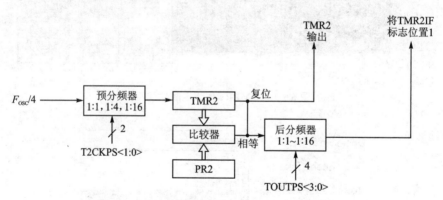

图 6-11　TIMER2 定时器模块的工作原理框图

TIMER2 的工作模式基本上由 T2CON 寄存器来决定,各数据位的定义如表 6-6 所列,其中:R/W-0 表示该位可读/写,复位后为 0;U-0 表示该位未使用,读该位的值为 0。

表 6-6　TIMER2 控制寄存器 T2CON 的各数据位定义

U-0	R/W-0	R/W-0	R/W-0	R/W-0	R/W-0	R/W-0	R/W-0
—	TOUTPS3	TOUTPS2	TOUTPS1	TOUTPS0	TMR2ON	T2CKIPS1	T2CKIPS0
bit 7	bit 6	bit 5	bit 4	bit 3	bit 2	bit 1	bit 0

T2CON 各数据位定义如下:

bit 7　没有定义,读此位为0。
bit 6～bit 3　TOUTPS3～TOUTPS0,TIMER2 计数溢出后分频器设置。
　　0000——后分频系数 1:1;
　　0001——后分频系数 1:2;
　　0010——后分频系数 1:3;
　　……
　　1111——后分频系数 1:16。
bit 2　TMR2ON,TIMER2 计数允许/禁止控制位。
　　TMR2ON=1,TIMER2 允许计数;
　　TMR2ON=0,TIMER2 禁止计数。
bit 1～bit 0　T2CKIPS1～T2CKIPS0,TIMER2 预分频器设置。
　　00——预分频系数 1:1;
　　01——预分频系数 1:4;
　　……
　　1X——预分频系数 1:16。

当使用 TIMER2 中断时,相关的中断允许和标志位分别在寄存器 PIE1、PIR1 和 INTCON 中,如表 6-7 所列。

表 6-7　USART 中断相关寄存器数据位指示

INTCON	GIE	PEIE	T0IE	INTE	RBIE	T0IF	INTF	RBIF
PIE1	PSPIE	ADIE	RCIE	TXIE	SSPIE	CCP1IE	TMR2IE	TMR1IE
PIR1	PSPIF	ADIF	RCIF	TXIF	SSPIF	CCP1IF	TMR2IF	TMR1IF
寄存器	bit 7	bit 6	bit 5	bit 4	bit 3	bit 2	bit 1	bit 0

当使用 TIMER2 中断时,需要将 GIE、PEIE、TMR2IE 置 1,进入中断服务程序后查询 TMR1IE 中断允许位和 TMR2IF 中断标志位。处理完毕中断后,必须用软件清除 TMR2IF 标志位。

2. TIMER2 的工作过程分析

TIMER2 在芯片复位时自动清 0,然后从 0x00 按所设定的时钟频率开始向上累计,当它的计数值与 PR2 寄存器中所设定的数值相一致后,下一个计数脉冲的到来就会让 TIMER2 溢出归 0。

注意:一次计数溢出归 0 并不一定立即产生 TMR2IF 中断标志,何时产生中断标志将取决于后分频器的分频系数。如果设置的后分频系数为 1:4,那么 TIMER2 计数器每溢出 4 次才产生 TMR2IF 中断标志。

TIMER2 可以受软件控制打开或关闭计数功能,这可以通过设定 T2CON 寄存器中的 TMR2ON 这一位来实现,当系统中不需要 TIMER2 资源时,请把 TIMER2

置于关闭状态,这样可以减少部分功耗。

当 TIMER2 作为 8 位定时器使用时,最大的特点就是其循环计数的计数值可由 PR2 寄存器控制。利用这一功能,我们可以非常方便地实现特定时间间隔的定时,而无须像 TIMER0 那样需要通过软件重新赋初值。TIMER2 由 PR2 寄存器中的设定值控制,当 TIMER2 中的计数值达到 PR2 寄存器中的设定值时,TIMER2 中的值被清 0,重新开始计数。TIMER2 每次循环对应的计数值为(PR2+1),而 PR2 的设定值为 0~255,因此,TIMER2 每次循环的计数值 1~256。

3. TIMER2 应用实例

【例 6-4】 将 TIMER2 用作信号发生器,信号频率由 PORTB 所接拨动开关来设定。

```c
#include "htc.h"
typedef unsigned char uchar;
typedef unsigned int  uint;
__CONFIG(FOSC_INTRC_NOCLKOUT & WDTE_OFF & MCLRE_OFF);
//配置文件,设置为内部 RC 方式振荡,禁止看门狗,不用 MCLR 复位

void init_Timer2()
{   T2CKPS1 = 0;
    T2CKPS0 = 0;          //预分频系数为 1:4
    TMR2ON = 1;           //开启定时器 T2
    TMR2IE = 1;
}

void interrupt Timer2()
{   if(TMR2IF = = 1&&TMR2IE = = 1)
    {   PR2 = PORTB;
        RC0 = !RC0;       //取反 RC0
        TMR2IF = 0;       //清中断标志
    }
}
void main()
{   ANSELH = 0;
    WPUB = 0xff;
    nRBPU = 0;            //允许接入内部弱上拉
    TRISB = 0xff;         //PORTB 设置为输入
    init_Timer2();
    GIE = 1;              //全局中断变量允许
    PEIE = 1;             //外围功能模块中断允许
    TRISC0 = 0;           //RC0 设为输出
    for(;;);
}
```

程序实现：输入源程序，命名为 timer2.c，建立名为 timer2 的工程，将 timer2.c 加入工程中，编译、链接直到没有错误为止。

参考图 6-12 在 Proteus 中绘制仿真电路图，在 PORTB 端口接入 8 位的拨动开关 DSW1，在信号输出端 RC0 接入示波器 OSCILLOSCOPE 定时/计数器 COUNTER TIMER。双击 COUNTER TIMER 仪表打开 Edit Component 对话框，将其设置为频率计。双击 U1 打开 Edit Component 对话框，在 Program File 列表框中选择 timer2 工程所生成的 timer2.production.cof 文件，单击"▶"按钮运行程序。改变 DSW1 拨动开关的位置，从示波器中可直观地观察到波形的变化，从频率计可直接读出频率值。

读者可设置不同的拨动开关位置，根据拨动开关的位置先计算频率，然后再与频率计的读数比较，检查自己的计算是否正确，以此来学习相关知识。

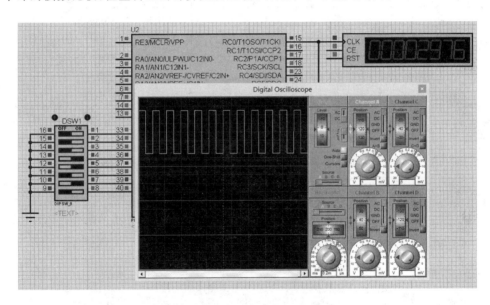

图 6-12　TIMER2 应用实例的仿真电路

6.3　通用串行接口

PIC16F887 内部配有一个增强型通用同步/异步收发器（EUSART），它可被配置为全双工异步系统；也可以被配置为能与 A/D、D/A、串行 EEPROM 等外设或其他单片机通信的半双工同步系统。在同步通信模式下还可有主模式和从模式之分，可按实际数据通信的需要灵活应用。其中异步串行通信方式应用最为广泛，故本节将着重介绍异步串行通信的应用。

6.3.1 EUSART 模块关键寄存器介绍

EUSART 模块的操作是通过 3 个寄存器控制的,即发送状态和控制寄存器(TXSTA)、接收状态和控制寄存器(RCSTA)、波特率控制寄存器(BAUDCTL)。

1. 数据发送控制及状态寄存器 TXSTA

TXSTA 位于 bank1 的地址 0x98,其中的各数据位定义如表 6-8 所列。表中的 R-1 表示该位只可读不可写,复位后为 1;R/W-0 表示该位可读/写,复位后为 0。

表 6-8 TXSTA 的各数据位定义

R/W-0	R/W-0	R/W-0	R/W-0	U-0	R/W-0	R-1	R/W-0
CSRC	TX9	TXEN	SYNC	SENDB	BRGH	TRMT	TX9D
bit 7	bit 6	bit 5	bit 4	bit 3	bit 2	bit 1	bit 0

TXSTA 各数据位定义如下:

bit 7　CSRC,同步通信时钟源选择控制位。

　　异步通信时:此位不起作用,可以是任意值。

　　同步通信时:

　　1——表示选择同步通信主模式,时钟信号通过波特率发生器产生;

　　0——表示选择同步通信从模式,时钟信号由其他主芯片提供。

bit 6　TX9,9 位数据格式发送使能控制位。

　　1——选择 9 位数据格式发送;

　　0——选择 8 位数据格式发送。

bit 5　TXEN,发送使能控制位。

　　1——允许发送数据;

　　0——数据发送被禁止。

bit 4　SYNC,USART 工作模式选择位。

　　1——选择同步通信模式;

　　0——选择异步通信模式。

bit 3　SENDB,发送间隔字符位。

　　异步模式:

　　1——在下一次发送时发送同步间隔字符(在完成时由硬件清 0);

　　0——同步间隔字符发送完成。

　　同步模式下可以是任意值。

bit 2　BRGH,波特率控制位。

　　异步通信时:

　　　　1——高速波特率发生模式；
　　　　0——低速波特率发生模式；
　　　　同步通信时：此位不起作用。
bit 1　TRMT，发送移位寄存器状态位，该位只读。
　　　　1——移位寄存器空；
　　　　0——移位寄存器正在发送数据。
bit 0　TX9D，使用 9 位数据格式时的第 9 位数据，可以作为奇偶校验位。

2. 数据接收控制及状态寄存器 RCSTA

RCSTA 位于 BANK0 的地址 0x18，其中的各个数据位定义如表 6-9 所列。表中：R-0 表示该位只可读不可写，复位后为 0；R-x 表示该位只可读不可写，复位后的状态不确定；R/W-0 表示该位可读/写，复位后为 0。

表 6-9　RCSTA 的各数据位定义

R/W-0	R/W-0	R/W-0	R/W-0	R/W-0	R-0	R-0	R-x
SPEN	RX9	SREN	CREN	ADDEN	FERR	OERR	RX9D
bit 7	bit 6	bit 5	bit 4	bit 3	bit 2	bit 1	bit 0

RCSTA 各数据位定义如下：

bit 7　SPEN，串行通信端口使能控制位。
　　　　1——USART 通信端口打开，模块接引脚 RX/DT 和 TX/CK；
　　　　0——USART 通信端口关闭。
bit 6　RX9，9 位数据格式接收使能控制位。
　　　　1——选择 9 位数据格式接收；
　　　　0——选择 8 位数据格式接收。
bit 5　SREN，单次接收使能控制位。
　　　　异步通信时，此位不起作用；
　　　　同步通信主模式时：
　　　　1——启动单次接收方式，接收完一个数据后自动清 0；
　　　　0——禁止接收数据。
bit 4　CREN，数据连续接收控制位。
　　　　异步通信时：
　　　　1——连续接收串行数据；
　　　　0——禁止接收数据；
　　　　同步通信时：
　　　　1——选择数据连续接收模式，直到此位被清 0，CREN 将超越 SREN 的控制；

第 6 章　PIC 单片机内部资源编程

　　0——禁止数据连续接收,将由 SREN 决定是否启动单次数据接收。

bit 3　ADDREN,地址检测允许位。

　　9 位异步模式(RX9=1):

　　1——允许地址检测,允许中断,当 RSR<8> 置位时装入接收缓冲器;

　　0——禁止地址检测,接收所有字节并且第 9 位可作为奇偶校验位。

　　8 位异步模式(RX9=0)时此位不起作用。

bit 2　FREE,接收数据帧错误标志位,只读。

　　1——当前接收的数据发生帧错误,读一次 RCREG 寄存器,该位将被更新;

　　0——没有帧错误。

bit 1　OERR,接收数据溢出错误,只读。

　　1——发生溢出错误,只有通过清除 CREN 位才能将其清除;

　　0——没有发生错误。

bit 0　RX9D,使用 9 位数据格式时的第 9 位接收数据,可以作为奇偶校验位。

3. 波特率控制寄存器 BAUDCTL

　　BAUDCTL 是波特率控制寄存器,其各数据位定义如表 6-10 所列。表中:R-0 表示该位只可读不可写,复位后为 0;R-1 表示该位只可读不可写,复位后为 1;R/W-0 表示该位可读/写,复位后为 0;U-0 表示该位未用,如果读该位,则读到的值是 0。

表 6-10　BAUDCTL 各数据位定义

R-0	R-1	U-0	R/W-0	R/W-0	U-0	R/W-0	R/W-0
ABDOVF	RCIDL	—	SCKP	BRG16	—	WUE	ABDEN
bit 7	bit 6	bit 5	bit 4	bit 3	bit 2	bit 1	bit 0

BAUDCTL 各数据位定义如下:

bit 7　ABDOVF,波特率检测溢出位。

　　异步模式:

　　1——波特率定时器溢出;

　　0——波特率定时器没有溢出。

　　同步模式:任意值。

bit 6　RCIDL,接收空闲标志位。

　　异步模式:

　　1——接收器空闲;

　　0——已接收到起始位,接收器正在接收数据。

同步模式：任意值。
bit 5 未实现，读为 0。
bit 4 SCKP，同步时钟极性选择位。
异步模式：
1——将数据字符的电平取反后发送到 RB7/TX/CK 引脚；
0——直接将数据字符发送到 RB7/TX/CK 引脚。
同步模式：
1——在时钟上升沿传输数据；
0——在时钟下降沿传输数据。
bit 3 BRG16，16 位波特率发生器位。
1——使用 16 位波特率发生器；
0——使用 8 位波特率发生器。
bit 2 未实现，读为 0。
bit 1 WUE，唤醒使能位。
异步模式：
1——接收器等待时钟下降沿。此时不接收任何字节，RCIF 位置 1，然后 WUE 自动清 0；
0——接收器正常工作。
同步模式：任意值。
bit 0 ABDEN，自动波特率检测使能位。
异步模式：
1——使能自动波特率检测模式（检测完成后清 0）；
0——禁止自动波特率检测模式。
同步模式：任意值。

4. 波特率发生器 BRG

波特率发生器 BRG 是由 SPBRGH 和 SPBRG 两个 8 位的寄存器组成，专用于支持 EUSART 的异步和同步工作模式。其中 SPBRG 是低 8 位，SPBRGH 是高 8 位。默认情况下 BRG 工作在 8 位模式下，将 BAUDCTL 寄存器中的 BRG16 位置 1 则可选择 16 位模式。

5. 相关的中断控制寄存器

EUSART 模块的数据接收和发送都有相应的中断功能，且两者完全独立，互不影响。接收的中断标志为 RCIF，其对应的中断使能位是 RCIE；发送的中断标志为 TXIF，使能控制位是 TXIE。USART 隶属于单片机的外围功能模块，所以要使接收或发送中断得到响应，PEIE 和 GIE 都必须置 1。

注意：RCIF 和 TXIF 这两个中断标志位与前面提到的其他中断标志位相比有本

质上的不同。一般的中断标志被硬件置 1 后，必须由软件将其清除；但 RCIF 和 TXIF 将完全由硬件决定是 0 还是 1，无法通过软件改变其状态，其原因将在 6.4 节中讲述。表 6-11 中列出了使用 USART 模块的中断功能时相关寄存器的控制位和标志位。

表 6-11 EUSART 中断相关寄存器数据位指示

INTCON	GIE	PEIE	T0IE	INTE	RBIE	T0IF	INTF	RBIF
PIE1	PSPIE	ADIE	RCIE	TXIE	SSPIE	CCP1IE	TMR2IE	TMR1IE
PIR1	PSPIF	ADIF	RCIF	TXIF	SSPIF	CCP1IF	TMR2IF	TMR1IF
寄存器	bit 7	bit 6	bit 5	bit 4	bit 3	bit 2	bit 1	bit 0

6. TXREG 和 RCREG 寄存器

TXREG 为串行数据发送寄存器，它是一个 8 位的寄存器，程序将需要发送的数据写到此寄存器内，最后通过移位寄存器向外发送。若需要发送的数据为 9 位格式，则最高的第 9 位 TX9D 需放在 TXSTA 寄存器中，而且必须先设置 TX9D，再往 TXREG 中写入 8 位数据，此顺序不能错。数据发送寄存器 TXREG 和内部的发送移位寄存器是相互独立的，所以如果当前正在移位发送 1 个数据时，还可以写一个新的数据到 TXREG，即可以实现双字节发送缓冲（同样适用于 9 位格式）。

RCREG 是串行数据接收寄存器。一个完整的数据收到后，就被放入 RCREG 寄存器中。

6.3.2 EUSART 波特率设定

PIC16F887 异步通信的波特率控制由 BRG 寄存器、BGRH 位和 BRG16 位共同完成。默认情况下，BRG 工作在 8 位模式下。将 BAUDCTL 寄存器中的 BRG16 位置 1，则可选择 16 位模式。

当 BGRH=0 时，为低速波特率发生方式；当 BRGH=1 时，为高速波特率发生方式。表 6-12 列出了不同配置情况下的波特率计算公式。

表 6-12 不同配置情况下的波特率计算公式

配置位			BRG/EUSART 模式	波特率计算公式
SYNC	BRG16	BRGH		
0	0	0	8 位/异步	$F_{OSC}/[64(n+1)]$
0	0	1	8 位/异步	$F_{OSC}/[16(n+1)]$
0	1	0	16 位/异步	
0	1	1	16 位/异步	
1	0	x	8 位/同步	$F_{OSC}/[4(n+1)]$
1	1	x	16 位/同步	

说明:x 表示任意值,n 是指 SPBRGH:SPBRG 的值,F_{OSC} 为工作频率。

在表 6-12 的基础上,只需要根据工作所需的波特率及工作频率进行适当的计算和选择就可以了。为了便于用户使用,PIC16F887 数据手册提供了各种工作频率、波特率下的配置位值及 n 值,图 6-13 所示为部分内容的截图。

目标波特率	SYNC = 0, BRGH = 0, BRG16 = 1									
	F_{OSC} = 4.000 MHz			F_{OSC} = 3.6864 MHz			F_{OSC} = 2.000 MHz			F_{OSC} = 1.000 MHz		
	实际波特率	误差 %	SPBRG 值(十进制)	实际波特率	误差 %	SPBRG 值(十进制)	实际波特率	误差 %	SPBRG 值(十进制)	实际波特率	误差 %	SPBRG 值(十进制)
300	300.1	0.04	832	300.0	0.00	767	299.8	-0.108	416	300.5	0.16	207
1200	1202	0.16	207	1200	0.00	191	1202	0.16	103	1202	0.16	51
2400	2404	0.16	103	2400	0.00	95	2404	0.16	51	2404	0.16	25
9600	9615	0.16	25	9600	0.00	23	9615	0.16	12	—	—	—
10417	10417	0.00	23	10473	0.53	21	10417	0.00	11	10417	0.00	5
19.2k	19.23k	0.16	12	19.20k	0.00	11	—	—	—	—	—	—
57.6k	—	—	—	57.60k	0.00	3	—	—	—	—	—	—
115.2k	—	—	—	115.2k	0.00	1	—	—	—	—	—	—

图 6-13 波特率与单片机工作频率、配置位的关系

6.3.3 EUSART 工作过程分析

EUSART 工作过程分为发送数据和接收数据两部分,下面分别讨论。

1. EUSART 发送数据

图 6-14 所示为异步串行通信数据发送的原理图。发送器的核心是中间的发送移位寄存器 TSR,由于此寄存器在芯片内部没有被映射到数据空间,所以无法通过程序对其访问读/写。软件中能通过一个状态位 TRMT 来判断当前 TSR 寄存器的

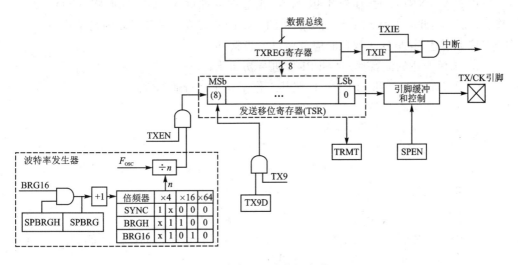

图 6-14 异步串行通信数据发送原理图

第6章 PIC单片机内部资源编程

状态：TRMT=1，TSR 为空；TRMT=0，TSR 正处于移位发送忙状态。TRMT 为只读，且没有对应的中断发生机制，所以只能在软件中用查询的方式判别。

程序将1字节的数据写入发送缓冲寄存器 TXREG 后，如果此时的 TSR 为空，则 TSR 立即从 TXREG 中获得发送数据，然后在波特率时钟的控制下开始逐位往外发送；如果 TXREG 有新数据写入，但此时 TSR 正执行当前的发送任务，则等到最后一个停止位发送完毕后，TSR 就立即从 TXREG 处获取新的数据，开始一次新的发送过程。

只要 TSR 从 TXREG 中获得了数据，TXREG 就为"空"状态，TXIF 中断标志被置1有效。CPU 是否响应中断由发送中断允许位 TXIE 来决定，但 TXIF 是否被置1与 TXIE 无关，并且 TXIF 中断不能用软件清0，只有当新的数据送入 TXREG 时，TXIF 才能被硬件复位。

要让 USART 工作于发送状态，必须先把 TXSTA 状态寄存器中的 TXEN 位置1，但是真正的发送工作要等到 TXREG 中已放入发送数据且波特率发生器 BRG 送出移位脉冲时才开始。也可以先把待发送数据送入 TXREG，然后再把 TREN 置1来启动发送。一般当第一次发送数据时，TSR 肯定是空的，所以在写 TXREG 后，数据立即送入 TSR 中，TXREG 缓冲器被清空，此时可以立即再送入1个数据，实现2个数据的连续发送。

在数据发送期间对 TXEN 位清0会造成发送工作中止，同时发送器也复位，TX 引脚恢复为高阻状态。如果要发送9位数据，则必须先把 TXSTA 状态寄存器的 TX8/9位(bit 6 位)置1，并且把第9位数据写入 TXSTA 状态寄存器的 TXD8 位(bit 0 位)。

注意：必须在把待发送数据送入 TXREG 前先将这第9位写入 TXD8 位。因为当数据送入 TXREG 时，如果 TSR 为空，则数据立即进入 TSR，同时将 TXD8 位也移入 TSR，而此时的 TXD8 位还是遗留的上次的状态或者是开机时的初始状态。

综上所述，异步发送数据时应遵循以下步骤：
① 选择合适的波特率，对 SPBRG 进行初始化；
② 置 SYNC=0 和 SPEN=1，使其工作于异步串行通信方式；
③ 若需要中断，则置 TXIE=1；
④ 若要传送9位数据，则置 TX8/9=1；
⑤ 置 TXEN=1，使 USART 工作在发送状态；
⑥ 若需要发送9位数据，则第9位应先写入 TXD8 位；
⑦ 把待发送数据送入 TXREG 缓冲区，启动发送。

2. USART 接收数据

当 SYNC 位设为0，CREN 设为1时，就开启了异步通信的接收功能。图 6-15 所示为异步串行通信数据接收的原理图。

串行通信接收器的核心是接收移位寄存器 RSR。在接收到停止位后，如果

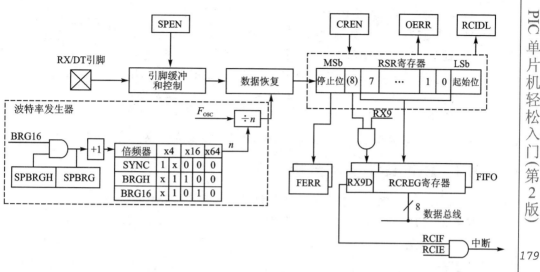

图 6-15 异步串行通信数据接收原理图

RCREG 缓冲器是空的,则 RSR 就把接收到的数据送入 RCREG;传送完成后,接收中断标志位 RCIF 被置 1。中断是否被响应,由中断允许位 RCIE 的设置值来确定。接收中断标志 RCIF 位是只读位,它只能由硬件复位,即当 RCREG 的数据被读出呈"空"状态时,由硬件清 0。

  RCREG 是双缓冲结构的寄存器,它是一个 2 级的先进先出(FIFO)存储器。这样就可以连续接收 2 个数据到 RCREG 缓冲器的 FIFO 中,同时第 3 个数据开始向 RSR 中移位。当检测到第 3 个数据停止位时,如果 RCREG 缓冲器仍是满的,则状态寄存器 RCSTA 中的越位溢出错误标志位 OERR 将会置 1,而 RSR 中的数据将丢弃。OERR 位被置 1,RSR 中的数据向 RCREG 的传送被禁止。因此,一旦发生溢出错误,必须用软件对 OERR 位清 0。其方法是先连续读 2 次 RCREG,获取已经存在队列中的有用数据,将接收缓冲队列清空后设置 CREG=0,最后再置位 CREG=1,让整个接收模块硬件进行一次复位重置,即可将错误标志 OERR 清除。

  如果 RSR 在移位接收时发现最后一个停止位是低电平,则设置 FERR 标志来告知帧错误。FERR 标志的出现并不影响后续数据的接收。读一次 REREG 后,FERR 和 RX9D 将随新的数据的到来而立即更新。因此,针对这 2 个位的判读一定要在读 RCREG 之前完成,这一先后顺序也不能出错。

  在 SPEN 设为 1 后,芯片的 RX 引脚将由 USART 模块接管作为串行数据输入引脚。但与 TX 引脚不同的是,要使 RX 引脚能够正常输入串行数据,TRISC.7 必须设为 1,即将此引脚配置成输入模式。

  综上所述,设置异步接收方式应遵循以下步骤:
  ① 选择合适的波特率,对 SPBRG 进行初始化;
  ② 置 SYNC=0 和 SPEN=1,使其工作在异步串行口工作方式;

第6章 PIC 单片机内部资源编程

③ 若需要中断,则置 RCIE=1;
④ 若要接收第 9 位数据,则置 RC8/9=1;
⑤ 置 CREN=1,使 USART 工作在接收器方式;
⑥ 接收完成后,中断标志位 RCIF 被置 1,如果 RCIE=1,则产生中断;
⑦ 如果设定接收 9 位数据,则读 RCSTA 获取第 9 位数据;
⑧ 读 RCREG 中的 8 位数据;
⑨ 如果发生接收错误,则通过将 CREN 清 0 以清除错误。

6.3.4　EUSART 实例分析

下面通过一个例子来演示 PIC 单片机发送数据和接收数据的过程。

【例 6-5】 按下 K1 和 K2 键,分别向串口送出字符 0x55 和 0xAA。

```
#include "HTC.H"
#define uchar unsigned char
#define uint unsigned int
__CONFIG(FOSC_INTRC_NOCLKOUT & WDTE_OFF & MCLRE_OFF);
//配置文件,设置为内部 RC 方式振荡,禁止看门狗,不用 MCLR 复位

void init_Ser()
{   SYNC = 0;              //选择异步通信模式
    BRGH = 1;              //选择高速波特率发生模式
    SPEN = 1;              //串行通信端口打开
    TXEN = 1;              //允许发送数据
    SPBRG = 12;            //4 MHz 主频时,设置波特率为 19.2 Kbps,高速模式
}

void main()
{   uchar tmp;
    uchar OutDat;
    uchar Send = 1;
    init_Ser();
    TRISB = 0xff;
    for(;;)
    {   Send = 1;
        tmp = PORTB;
        if(tmp == 0x7f)           //RB7 所接按键被按下
            OutDat = 0x55;
        else if(tmp == 0xbf)      //RB6 所接按键被按下
            OutDat = 0xaa;
        else if(tmp == 0xff)
```

```
            Send = 0;
        if(Send)
        {   TXREG = OutDat;
            while(TRMT);             //等待直到 TRMT = 1
        }
    }
}
```

程序实现：输入源程序，命名为 send.c，建立名为 send 的工程，将 send.c 加入工程中，编译、链接直到没有错误为止。

参考图 6-14，在 Proteus 中绘制仿真电路图。RB6 和 RB7 分别接 K1 键和 K2 键；加入仪表 VIRTUAL TERMINAL，将 RC6 和 RC7 分别接入这个仪表的 RXD 和 TXD 端。双击 U1 打开 Edit Component 对话框，在 Program File 列表框中选择 send 工程所生成的 send.production.cof 文件，单击"▶"按钮运行程序，单击 K1 键和 K2 键，即可看到在串行窗口中分别出现 55 和 AA，如图 6-16 所示。

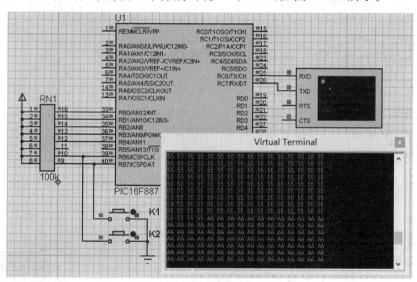

图 6-16 串口发送数据

【例 6-6】 串口接收数据。

```
#include "htc.h"
typedef unsigned char uchar;
typedef unsigned int  uint;
__CONFIG(FOSC_INTRC_NOCLKOUT & WDTE_OFF & MCLRE_OFF);
//配置文件,设置为内部 RC 方式振荡,禁止看门狗,不用 MCLR 复位

void init_Ser()
```

第6章 PIC单片机内部资源编程

```
    {
        SYNC = 0;            //选择异步串行通信模式
        BRGH = 1;            //选择高速波特率发生模式
        BRG16 = 0;
        SPEN = 1;            //串行通信端口打开
        CREN = 1;            //开启异步串行通信的接收功能
        SPBRG = 12;          //4 MHz 主频时,波特率为 19.2 Kbps
    }

    void main()
    {
        uchar iDat;
        ANSELH = 0;          //PORTB 工作于数字 I/O 模式
        TRISB = 0x0;         //PORTB 引脚作为输出使用
        TRISC7 = 1;          //RX 引脚设置为输入
        init_Ser();
        for(;;)
        {
            iDat = RCREG;
            PORTB = RCREG;   //将接收到的数据用 PORTB 显示出来
            TXREG = 0x55;
            while(TRMT);     //收到数据则发送 0x55 表示数据收到
        }
    }
```

程序实现:输入源程序,命名为 recive.c,建立名为 recive 的工程,将 recive.c 加入工程中,编译、链接直到没有错误为止。

参考图 6-17,在 Proteus 中绘制仿真电路图。双击 U1 打开 Edit Component 对

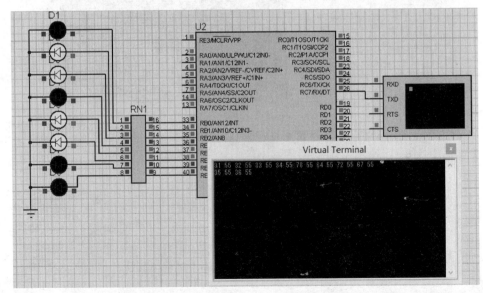

图 6-17 使用 Virtual Terminal 发送数据

话框,在 Program File 列表框中选择 recive 工程所生成的 recive.production.cof 文件,单击"▶"按钮运行程序,等出现 Virtual Terminal 窗口以后,右击窗口空白处,在弹出的快捷菜单中选中 Echo Typed Characters 和 Hex Display Mode 两个选项,如图 6-18 所示。

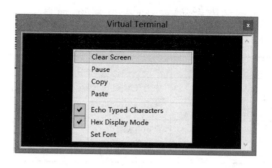

图 6-18　设置 Virtual Terminal

单击 Virtual Terminal 窗口以使当前焦点为该窗口,按下键盘上的字母或数字键,可以观察到窗口中以十六进制格式回显该键值的 ASCII 码值,同时 PROTB 接口所接 LED 以十六进制格式显示这一码值。

6.4　CCP 模块

PIC 系列芯片中很多都有 CCP 模块。在这些带有 CCP 模块的芯片中,一些 18 引脚及以下的芯片有 1 个 CCP 模块,大部分 28 引脚及以上的芯片有 2 个 CCP 模块,有一些芯片中有 3 个 CCP 模块。PIC16F887 芯片中有 2 个 CCP 模块,其中 CCP1 是增强型捕捉/比较/PWM 模块,CCP2 模块没有增强型部分的功能。

每个 CCP 模块都有 3 个寄存器与之对应,分别是 CCPxCON、CCPRxH 和 CCPRxL,其中 x 可能是 1、2 或者 3。如果芯片中仅有 1 个 CCP 模块,那么这个模块所对应的 3 个寄存器就是 CCP1CON、CCPR1H 和 CCPR1L。如果芯片中有 2 个或 3 个 CCP 模块,则以此类推来命名。这 3 个寄存器分别是 CCP 模块控制寄存器、CCP 寄存器高字节和 CCP 寄存器低字节。每个 CCP 模块都有一个引脚与其对应,以下统称为 CCPx 引脚。如果芯片中仅有 1 个 CCP 模块,那么这个引脚就是 CCP1。如果芯片中有 2 个或 3 个 CCP 模块,则以此类推来命名。

CCP 是英文单词 Capture(捕捉)、Compare(比较)和 PWM(脉宽调制)的首字母缩写。在 PIC 单片机中,CCP 模块可以配置为这 3 种功能之一。

捕捉——即获得一个事件发生的时间值。这里所谓的事件是指引脚上电平的变化。当引脚输入信号发生沿跳变时,CCP 的捕捉功能立即将当时的 TMR1 定时器值记录下来。

比较——当 TMR1 运行计数时,与事先设定的一个计数值进行对比,如果两者

第 6 章　PIC 单片机内部资源编程

相等,则立即通过引脚向外输出一个设定的电平,或者触发一个特殊事件。

脉宽调制——即输出频率固定、占空比可变的矩形波。

CCP 模块工作于不同模式时需要不同定时器资源的配合。捕捉和比较功能用于 16 位定时器 TMR1,PWM 功能用于定时器 TMR2。PIC16F887 芯片上的不同 CCP 模块可以工作在不同的模式,但有一些相互制约,如表 6-13 所列。

表 6-13　不同 CCP 模块工作模式组合

CCPx 工作模式	CCPy 工作模式	组　合
捕捉	捕捉	共用 TMR1
捕捉	比较	共用 TMR1
比较	比较	共用 TMR1
PWM	PWM	2 路 PWM 具有相同频率(共用 TMR2 和 PR2)
PWM	捕捉	无
PWM	比较	无

6.4.1　与 CCP 模块相关的控制寄存器

与 CCP 模块相关的控制寄存器是 CCPxCON,它们各自定义相同,如表 6-14 所列。表中 x 的值根据 CCP 模块的不同,可能是 0 或 1。

表 6-14　CCPxCON 寄存器各数据位定义

R/W-0	R/W-0	R/W-0	R/W-0	R/W-0	R/W-0	R/W-0	R/W-0
P1M1	P1M0	DCxB1	DCxB0	CCPxM3	CCPxM2	CCPxM1	CCPxM0
bit 7	bit 6	bit 5	bit 4	bit 3	bit 2	bit 1	bit 0

CCPxCon 寄存器中各数据位的含义如下:

bit 7~bit 6　P1M1:P1M0 仅 CCP1CON 寄存器有这 2 位,CCP2CON 这 2 位未使用,读为 0。

如果 CCP1M3、CCP1M2=00,01 或 10,则 xx 表示指定 P1A 为捕捉/比较输入引脚,P1B、P1C 和 P1D 为端口引脚。

说明:PIC16F887 芯片的 P1A、P1B、P1C 和 P1D 分别对应 RC2、RD5、RD6 和 RD7 引脚。

如果 CCP1M3、CCP1M2=11,则

00——单输出:P1A 调制输出,P1B、P1C 和 P1D 被分配为端口引脚;

01——全桥正向输出:P1D 调制输出,P1A 有效,P1B 和 P1C 无效;

10——半桥输出:P1A 和 P1B 为带死区控制的调制输出,P1C 和

P1D 被分配为端口引脚；

11——全桥反向输出：P1B 调制输出，P1C 有效，P1A 和 P1D 无效。

bit 5~bit 4　DCxB1:DCxYB0,PWM 占空比的低两位。

捕捉模式：未使用；

比较模式：未使用；

PWM 模式：PWM 模式占空比控制字为 10 位，最低 2 位即放在 DCxB1:DCxB0 中，高 8 位数据专门放入一个寄存器 CCPRxL。

bit 3~bit 0　CCPxM3:CCPxM0,CCP 模块工作模式选择位。

0000——关闭所有模式，CCPx 模块位于复位状态；

0001——未使用(保留)；

0010——比较模式，匹配时输出电平翻转(CCP1F 置 1)；

0011——未使用(保留)；

0100——捕捉模式，在每个下降沿捕捉一次；

0101——捕捉模式，在每个上升沿捕捉一次；

0110——捕捉模式，每 4 个上升沿捕捉一次；

0111——捕捉模式，每 16 个上升沿捕捉一次；

1000——比较模式，预置 CCPx 引脚输出为 0，比较一致时 CCPx 引脚输出 1；

1001——比较模式，预置 CCPx 引脚输出为 1，比较一致时 CCPx 引脚输出 0；

1010——比较模式，当比较一致时产生软件中断(CCPxF 位置 1，CCPx 引脚无变化)；

1011——比较模式，当比较一致时 CCPxIF＝1 且触发特殊事件；

1100——PWM 模式：P1A 和 P1C 为高电平有效，P1B 和 P1D 也为高电平有效；

1101——PWM 模式：P1A 和 P1C 为高电平有效，P1B 和 P1D 为低电平有效；

1110——PWM 模式：P1A 和 P1C 为低电平有效，P1B 和 P1D 为高电平有效；

1111——PWM 模式：P1A 和 P1C 为低电平有效，P1B 和 P1D 也为低电平有效。

当 CCPx 模块工作于捕捉模式时，捕捉到的 16 位长 TMR1 的时间值将放入 CCPRxH:CCPRxL 寄存器对中；比较模式时，CCPRxH:CCPRxL 寄存器对放入一个 16 位长的时间值，和 TMR1 的计数值进行对比；PWM 模式下输出高电平宽度由 CCPRxL 和 CCPRxB1:CCPRxB0 组成的 10 位值决定。另外，由 TMR2 和 PR2 寄存器负责实现输出方波频率的控制。

6.4.2 CCP 模块的输入捕捉模式

当 CCP 模块工作于输入捕捉模式时,下列事件之一出现,TMR1 定时器中的 16 位计数值将会立即复制到 CCPRxH:CCPRxL 寄存器对中:
- 输入信号的每一个上升沿;
- 输入信号的每一个下降沿;
- 输入信号的 4 个上升沿后;
- 输入信号的 16 个上升沿后。

具体由哪一个事件触发通过 CCPxM3:CCPxM0 这 4 个位来设置。当捕捉到一次事件时,CCPxIF 标志将被自动置 1,但必须用软件清 0。如果前一次捕捉到的 CCPRxH:CCPRxL 中的数值还没有被读取就又发生了一次捕捉,那么原先的值将丢失。

为配合 CCP 模块实现输入捕捉功能,TMR1 必须工作于定时器模式或同步计数器模式。另外,一次事件的捕捉并不会使 TMR1 的当前计数值复位归 0。因此,TMR1 还可以作为普通的定时器使用,在其计数溢出归 0 时产生 TMR1IF 中断标志,进入 TMR1 自己的中断服务程序。利用这一特点,可以在定时器中断服务程序中定义一个变量作为软件计数器。这样,即使捕捉事件发生的时间间隔长于 16 位的计时值,仍然可以使用 CCP 模块来捕捉。

图 6-19 所示为捕捉模式的工作原理图。软件在初始化时设定 CCP 模块进入输入信号捕捉模式,并设定好捕捉事件的类型。设定完毕后,剩下的捕捉工作将由硬件自动完成。CCPx 模块的硬件实时检测 CCPx 引脚上的输入信号变化,一旦出现满足捕捉要求的沿跳变,立即将当前 TMR1 中的计数值复制到 CCPRxH:CCPRxL 寄存器中保存,同时将 CCPxIF 中断标志置 1,随后软件可以响应 CCPxIF 中断,从 CCPRxH:CCPRxL 中读取捕捉到的时间值。

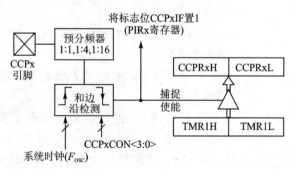

图 6-19　CCP 模块捕捉模式工作原理图

硬件捕捉到的时间值与普通中断响应后读到的 TMR1 计数值有很大的区别。普通中断响应本身在进入中断服务时有延时,读取 TMR1 时又必须分 2 次完成,因此,可能会引入误差。而 CCP 的捕捉是在事件发生的同一时刻将 16 位的计数值一次复制保存,可以获得事件发生时的时间值,其分辨率由 TMR1 的计数频率决定,最高可以是单片机的一个指令周期。

当 CCPx 被设置成输入捕捉模式时,对应的 CCPx 引脚必须配置成输入模式,如果引脚设置成输出模式,那么用指令改变对该引脚的状态可能引发一次捕捉事件。

【例 6 - 7】 使用 CCP 模块 1 的捕捉功能测量输入信号的周期,单片机的工作频率为 4 MHz。

```c
#include "pic.h"
__CONFIG(FOSC_INTRC_NOCLKOUT & WDTE_OFF & MCLRE_OFF );
//配置文件,设置为内部 RC 方式振荡,禁止看门狗,不用 MCLR 复位


typedef    unsigned   char    uchar;
typedef    unsigned   int     uint;
uint       Cycle;

/* 以下是显示程序,使用 BCD 译码 - 显示器将数值显示出来
最高位接 PORTB 的低 4 位,次高位接 PORTB 的高 4 位
第三位接 PORTD 的低 4 位,末位接 PORTD 的高 4 位
*/
void Disp(uint DispNum)
{
        uchar    DispBuf[4];            //定义 4 字节的显示缓冲区
        DispBuf[3] = DispNum % 10;      //获得待显示值的最低位
        DispNum/ =   10;
        DispBuf[2] = DispNum % 10;      //获得次低位
        DispNum/ =   10;
        DispBuf[1] = DispNum % 10;      //获得第 2 位
        DispBuf[0] = DispNum/10;        //获得待显示值的最高位
        PORTB = 0;                      //清除上次的显示值
        PORTB| = DispBuf[0];            //最高位赋给 PORTB 的低 4 位
        DispBuf[1]<< = 4;               //次高位左移 4 次,将显示值移到高 4 位
        PORTB| = DispBuf[1];            //将显示值赋给 PORTB 的高 4 位
        PORTD = 0;                      //清除上次的显示值
        PORTD| = DispBuf[2];            //将第 3 位显示值送到 PORTD 的低 4 位
        DispBuf[3]<< = 4;               //最低位左移 4 位,移到高 4 位
        PORTD| = DispBuf[3];            //将显示值送到 PORTD 的高 4 位
}
void interrupt Measure()                //CCP1 模块中断处理
{   uint    tmp;
    static    uint     pValue;         //保存上一次 CCPR1H:CCPR1L 的值
```

第6章 PIC 单片机内部资源编程

```
            if(CCP1IF)                       //判断是否是 CCP1 中断
            {   CCP1IF = 0;                  //清除中断标志
                tmp = CCPR1H;
                tmp * = 256;
                tmp + = CCPR1L;              //获得捕捉值
                Cycle = tmp - pValue;
                pValue = tmp;
            }
        }
        void main()
        {   TRISB = 0;                       //PORTB 作为输出引脚使用
            RISD = 0;                        //PORTD 作为输出引脚使用
            TRISC2 = 1;                      //CCP1 引脚作为输入
            CCP1IE = 1;                      //允许 CCP1 捕捉中断
            T1CON = 0x01;                    //TIMER1 控制字
            CCP1CON = 0x05;                  //捕捉每个上升沿
            PEIE = 1;                        //外围中断允许
            GIE = 1;                         //总中断允许
            for(;;)
            {   Disp(Cycle);                 //将频率值显示出来
            }
        }
```

程序实现：输入源程序，命名为 capture.c，建立名为 capture 的工程，将 capture.c 加入工程中，编译、链接直到没有错误为止。

参考图 6-20，在 Proteus 中绘制仿真电路图。双击 U1 打开 Edit Component 对话框，在 Program File 列表框中选择 recive 工程所生成的 capture.production.cof 文件，将 Processor Clock Frequency 改为 4 MHz。单击"▶"按钮运行程序，参考图 6-20 调整信号发生器的各选项。4 位 LED 显示器即显示所测信号的周期，单位为 μs。当调整 Frequency 至 1 kHz 时，显示值为 1 000；当调整至 500 Hz 时，显示值为 2 000。

程序分析：为将计数值显示出来，使用了 Proteus 中提供的 BCD 译码显示器。这种译码显示器有 4 个输入端，显示器根据这 4 个输入端电平高低的组合来显示相应数字。例如：当引脚上出现"低、低、高、低"(0010)电平时，数码管显示 2，而当引脚上出现"高、低、低、低"(1000)电平时，数码管显示 8。4 个显示器的引脚分别接到 PORTB 和 PORTD 的 16 个引脚上，其中第 1 位显示器接 PORTB 的低 4 位，第 2 位显示器接 PORTB 的高 4 位，第 3 位显示器接 PORTD 的低 4 位，而最后一位则接 PORTD 的高 4 位。编写显示程序时，只要将需显示的数值不断除以 10 并取其余数，然后将此余数送到相应的端口即可将数值显示出来。

例如：待显示的数是 1 282，那么 1 282/10 的商是 128，余数是 2，将 2 送到

第6章 PIC单片机内部资源编程

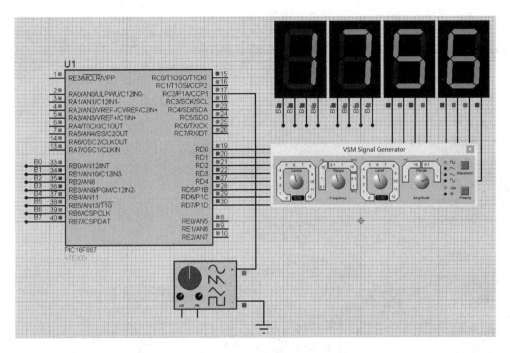

图6-20 用CCP1模块的捕捉功能测量信号周期

PORTD的高4位即可在最后一位数码管上显示2;将上一步的商128再除以10,商是12,余数是8,将8送到PORTD的低4位,即可在第3位数码管上显示8;再将上一步的商12除以10,得到余数是2,商是1,分别将商1和余数2送到PORTB的低4位和高4位,即可在第1和第2位数码管上显示1和2。这样整体看起来显示的就是1 282。

需要注意的是,如果是将待显示值送到端口的低4位,那么直接赋值就行。如果将待显示值送到端口的高4位,需要先将这个值左移4次,以便将待显示值移到高4位,然后与端口的值相"或"。例如:将8送到PORTD的低4位,只要直接写"PORTD=8;"即可。要将2送到PORTD的高4位,不可以直接写"PORTD=2",否则PORTD就变成2了;应该这样处理,2用二进制表示是0000 0010,左移4次是0010 0000(0x20),将这个值与PORTD相"或"结果是PORTD的值为0x28。即其低4位和高4位的值分别是8和2,因此,在显示器的第3位和第4位分别显示8和2。

在CCP1的中断处理中,用pValue记录上一次中断时捕捉到的时间值,而用tmp来计算本次捕捉到的时间值,两者相减就是待测信号的周期值。虽然有可能出现tmp的值比pValue小的情况,但程序中并不需要特别处理。例如当输入信号频率为500 Hz时,某次捕捉中tmp=790,而pValue=64 326,用计算器计算790-64 326的结果是-63 536,似乎与设想中的结果(2 000)不相符。但如果将该数转换成十六进制不难发现,-6 3536就是7D0,正是十进制数2 000的十六进制表示方式。关于这方面的介绍,读者可以参考第 3 章。

6.4.3 CCP 模块的比较输出模式

CCP 模块的比较输出模式工作原理如图 6-21 所示。工作于该模式时,通过指令在 CCPRxH:CCPRxL 寄存器中设定一个 16 位的数值,TMR1 在计数过程中将与此设定值进行对比,如果两者相等,就可以通过 CCP 模块的内部硬件电路自动地完成下列工作中的一种:

- 在对应的 CCPx 引脚上输出高电平;
- 在对应的 CCPx 引脚上输出低电平;
- 触发内部事件。

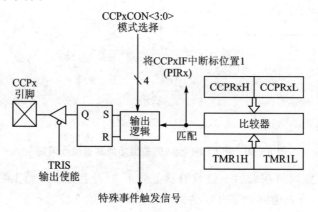

图 6-21 CCP 的比较输出模式

图 6-21 中,特殊事件触发信号将:

- 使 TMR1H 和 TMR1L 寄存器清 0;
- 不会使 PIR1 寄存器中的 TMR1IF 标志位置 1;
- 使 GO/$\overline{\text{DONE}}$ 位置 1 启动 ADC 转换。

究竟完成何种工作,由 CCPxM3:CCPxM0 这 4 个控制位来决定。不管设定为何种工作,在比较一致时都置位 CCPxIF 中断标志。与捕捉模式一样,此时的 TMR1 也必须工作于内部定时器或同步计数器模式,不然将无法与 CCP 模块配合。

当 CCP 模块工作于触发内部事件时,是指 CCP 模块的内部硬件电路在比较相符时自动完成特定的工作。在此模式下,比较相符时 TMR1 将被自动清 0,但 TMR1IF 标志不会被置位,这时 CCPRxH:CCPRxL 寄存器对等同于 TMR1 定时器的周期控制寄存器。在大部分带有 A/D 模块的芯片上,此时还可以自动启动一次 A/D 转换。

在比较模式下的 CCPx 引脚应该设定为输出,才能在比较相符时从对应引脚上输出特定电平,但在此模式下无法通过指令来改变 CCPx 引脚输出电平的状态。在此模式下,引脚上的状态必然是比较相符时输出电平的反相。

【例 6-8】 使用 CCP1 模块的比较输出功能,在 CCP1 引脚输出脉冲波形。

```c
#include <htc.h>
typedef unsigned char uchar;
typedef unsigned int uint;
__CONFIG(FOSC_INTRC_NOCLKOUT & WDTE_OFF& MCLRE_OFF );
//配置文件,设置为内部 RC 方式振荡,禁止看门狗,不用 MCLR 复位

void interrupt Measure()
{
    if(CCP1IF&CCP1IE)              //判断是否是 CCP1 中断
    {   TMR1L = 0;
        TMR1H = 0;
        CCP1IF = 0;                //清除中断标志
        if(CCP1CON == 0x09)
        {
            CCPR1H = PORTB;
            CCPR1L = 0x10;
            CCP1CON = 0x08;        //比较相符时输出高电平
        }
        else
        {
            CCPR1H = 0x60;
            CCPR1L = 0;
            CCP1CON = 0x09;        //比较相符时输出高电平
        }
    }
}
void main()
{   ANSELH = 0;
    TRISB = 0xff;                  //将 PORTB 设为输入
    WPUB = 0xff;
    nRBPU = 0;                     //允许接入内部弱上拉
    TRISC2 = 0;                    //CCP1 引脚作为输出
    CCP1IE = 1;                    //允许 CCP1 捕捉中断
    T1CON = 0x01;                  //TIMER1 控制字
    CCP1CON = 0x08;                //预置 CCPx 引脚输出为 0,比较一致时 CCPx 引脚输出为 1
    CCPR1H = 0x00;
    CCPR1L = 0xff;
    PEIE = 1;                      //外围中断允许
    GIE = 1;                       //总中断允许
    for(;;)
```

第6章 PIC 单片机内部资源编程

```
        ;
    }
}
```

程序实现：输入源程序，命名为 compare.c，建立名为 compare 的工程，将 compare.c 加入工程中，编译、链接直到没有错误为止。

图 6-22 所示为 Proteus 演示这一程序的电路图，这里使用示波器来观察所生成的比较输出波形。双击 U1 打开 Edit Component 对话框，在 Program File 列表框中选择 compare 工程所生成的 compare.production.cof 文件，单击"▶"按钮运行程序，即可观察到示波器中所显示的波形。

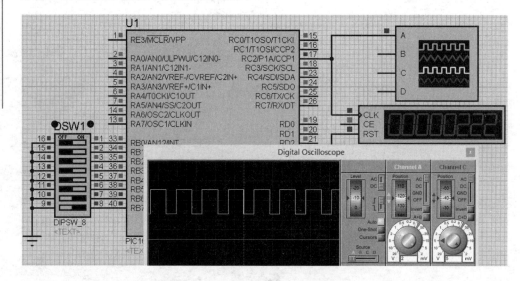

图 6-22 CCP 模块用于比较输出模式

程序分析：主程序设置好 CCP1 模块的工作方式及相应的中断后，即进入一个无限循环中。在 CCP1 模块中断处理程序中判断当前输出是高电平还是低电平。如果输出是高电平，那么重新设置一个预置值，并将 CCP 工作模式改为计数值到就输出低电平。这样，到了这个新的值以后，CCP1 模块将会使 CCP1 引脚变为低电平，同时引发中断。进入中断处理程序后，判断当前输出低电平，则再次更改预设的比较值，并将 CCP 工作模式改为计数值到就输出高电平。显然，第 1 次的预设值决定了输出波形中高电平的宽度，而第 2 次的预设值决定了输出波形中低电平的宽度。

6.4.4 CCP 模块的 PWM 模式

PWM 即脉宽调制，CCP 模块在配置为 PWM 模式时，CCPx 引脚可以输出占空比可调的矩形波，占空比调整的分辨率为 10 位。PIC 单片机的 CCP 模块在产生 PWM 时，必须由 TIMER2 配合实现，在这里 TIMER2 负责控制方波的周期，占空比的调整则通过 CCPR xH:CCPR xL 寄存器对实现。图 6-23 所示为 PWM 模式工作原理图。

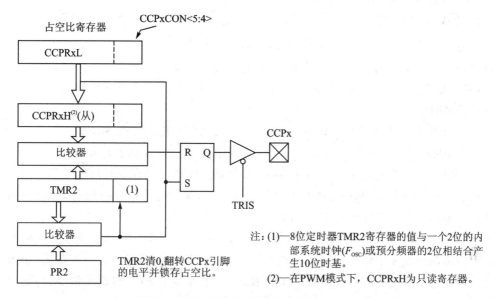

图 6-23 CCP 模块的 PWM 模式

从图 6-23 可以看出,PWM 模式下,TMR2 在计数过程中将同步进行两次比较:TMR2 和 CCPRxH 比较一致将使 RS 触发器的 R 端有效,从而使 CCPx 引脚输出低电平;TMR2 和 PR2 比较一致将使 RS 触发器的 S 端有效,从而使 CCPx 引脚输出高电平。在此模式下,虽然 CCPx 的输出来自于 CCP 模块而非端口寄存器的锁存,但仍要求 CCPx 引脚所对应的端口方向控制寄存器相关数据位设置为 0,即要求将该引脚设置为输出状态。

1. PWM 周期

PWM 周期由 PR2 寄存器决定,其周期计算公式为

$$PWM\ 周期 = (PR2+1) \times 4 \times T_{OSC} \times TMR2_{预分频}$$

其中 T_{OSC} 为单片机的振荡周期。一般的应用都是为了得到特定周期输出的方波,反过来求 PR2 的设定值。

当 TMR2 计数值等于 PR2 寄存器设定值时,下一个计数脉冲的到来将发生如下 3 个事件:

➢ TMR2 被清 0;
➢ CCPx 引脚被置为高电平(例外:当 PWM 占空比为 0 时,CCPx 引脚保持为低电平);
➢ 新的 PWM 占空比设定值从 CCPRxL 被复制到 CCPRxH(总共 10 位)。

注意:TMR2 的后分频器在 PWM 周期控制中不起任何作用。PIC 单片机中多

个CCP模块被同时配置成PWM工作模式时,由于内部只有一个TIMER2定时器和PR2寄存器,故所有PWM输出都将是相同频率。

2. PWM占空比

通过写入CCPRXL寄存器和CCPXCON控制器的bit 5～bit 4(CCPxX:CCPxY)位可以得到PWM的高电平时间设定值,分辨率可达10位,即高8位(CCPR1L值)和低2位(CCPxX:CCPxY)组成。用以下公式可以计算得出PWM高电平持续时间:

$$PWM 高电平时间 = CCP1L:CCPxX:CCPxY \times T_{OSC} \times TIMER2_{预分频}$$

CCPRxL和CCPxX:CCPxY在运行过程中的任何时候都可以修改,但只有当TIMER2增量计数至与PR2的值相等时(即当前PWM周期完成时),该工作周期值才被装入到CCPRxH和一个内部的2位锁存器中,这样可以保证得到输出的PWM波形无毛刺。在PWM模式下,CCPRxH为只读寄存器。

当TIMER2的8位计数值及内部2位指令相位计数值(共10位)与CCPRxH加上内部的一个2个锁存器(共10位)一致时,CCPX引脚就变为低电平输出,结束这一周期内的高电平占空比。如果CCPRxH大于或等于PR2的设定值,则将输出100%占空比波形,亦即CCPx引脚将维持高电平不变。当需要输出标准的50%占空比方波时,只需设定CCPxL=PR2/2即可。当多个PWM同时工作时,虽然周期一定是相同的,但CCPRxH:CCPRxL寄存器对是独立的,故不同的PWM输出时各自的占空比独立可调。

虽然理论上PWM的占空比可达10位分辨率,但受限于PWM周期的设定值。如果设PR2=0xFF(最大设定值),即可有10位分辨率的调整度,但此时PWM输出频率最低。如果需要更高的输出频率,那就必须降低PR2中的设定值,这就必然会使占空比的分辨率降低。对于确定频率的PWM波形,其占空比调整的最大分辨率由下式决定:

$$占空比分辨率(位) = \log_2 \frac{F_{OSC}}{F_{PWM}} = \text{lb} \frac{F_{OSC}}{F_{PWM}}$$

其中F_{OSC}为单片机的振荡频率,F_{PWM}为PWM方波的输出频率。

3. PWM应用实例

下面通过一个例子来学习PIC16F887芯片的PWM功能。

【例6-9】 使用PIC16F887的PWM功能输出矩形波,CCP1引脚作为输出。

```
#include <htc.h>
typedef unsigned char uchar;
typedef unsigned int uint;
__CONFIG(FOSC_INTRC_NOCLKOUT & WDTE_OFF & MCLRE_OFF );
//配置文件,设置为内部RC方式振荡,禁止看门狗,不用MCLR复位
```

第6章 PIC单片机内部资源编程

```
void main()
{
    T2CON = 0x0c;           //启动 TIMER2,预分频系数为 1:1,后分频系数为 1:2
    //设定为 PWM 工作方式
    CCP1M3= 1;
    CCP1M2= 1;              //CCP1M〈3:0〉=11xx 设定为 PWM 工作方式

    PR2 = 100;              //设定 PWM 波的周期
    CCPR1L= 0x20;           //设定高电平持续时间的高 8 位
    CCP1X = 0;
    CCP1Y = 0;              //设定高电平持续时间的低 2 位

    TRISC2= 0;              //将 CCP 引脚设为输出
    TMR2ON= 1;              //开启 TIMER2
    for(;;)
    {   PR2 = PORTA;
        CCPR1L = PORTB;
    }
}
```

程序实现:输入源程序,命名为 pwm.c,建立名为 pwm 的工程,将 pwm.c 加入工程中,编译、链接直到没有错误为止。

图 6-24 所示为用 Proteus 演示这一程序的电路图,这里使用示波器来观察所生成的 PWM 波形,使用频率计来测量输出波形的频率。双击 U1 打开 Edit Comn-

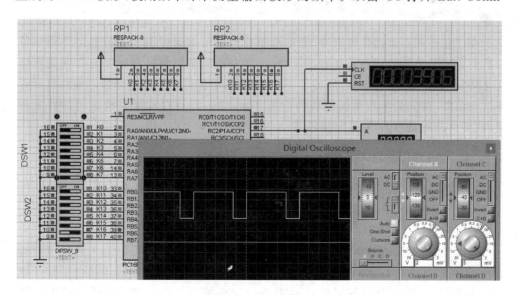

图 6-24 CCP 模块的 PWM 应用

ponent 对话框,在 Program File 列表框中选择 PWM 工程所生成的 PWM.production.cof 文件,单击"▶"按钮运行程序,即可观察到 PWM 波形,并可读出频率值。拨动 DSW1 开关,可以改变矩形波的周期;拨动 DSW2 开关,可以改变矩形波的高电平宽度。

程序分析:

PWM 波形的周期以及高电平持续时间的计算公式在本节中已有介绍。现以 PR2=100 为例来实际计算一下周期。仿真时设定工作频率为 4 MHz,因此其 T_{OSC}=0.25 μs。预分频系数设定为 1。

PWM 周期=(PR2+1)*4*T_{OSC}*TMR2 预分频系数=101*4*0.25 μs=101 μs

因此,当 PR2=100 时,其 PWM 周期为 101 μs,即其振荡频率约为 9 900 Hz。

以 CCPR1L=0x20,CCP1X=0,CCP1Y=0 为例来实际计算高电平持续时间:

PWM 高电平持续时间=DCxB<9:0>*T_{OSC}*TMR2 预分频

DCxB<9:2>就是 CCPRxL 的值,而 DCxB<1:0>就是 CCPxX 和 CCPxY 的值。

对于这个具体的例子,CCPR1L=0x20(即 0010 0000),CCP1X=0,CCP1Y=0,即 DCxB 是 00 1000 0000B,也就是十进制数 128,因此

PWM 高电平持续时间=128 μs*0.25 μs*1=32 μs

程序运行过程中改变 DSW1 拨动开关,相当于改变了 PR2,因此 PWM 波形的频率发生了变化;改变 DSW2 拨动开关,相当于改变了 CCPR1L,因此 PWM 波形的高电平持续时间发生了变化。

6.5 模/数转换模块及使用

在工业控制和智能化仪表中,通常由单片机进行实时控制及实时数据处理。单片机所分析和处理的信息总是数字量,而被控制或测量对象的有关参量往往是连续变化的模拟量,如温度、速度、压力等,与此对应的电信号是模拟电信号。单片机要处理这种信号,首先必须将模拟量转换成数字量,这一转换过程就是模/数转换,实现模/数转换的设备称为 A/D 转换器或 ADC。

6.5.1 ADC 模块概述

PIC 系列单片机可以提供多种特性的 ADC 模块,其分辨率有 8 位、10 位和 12 位,输入通道最多可以有 14 个,转换所需的基准电压也可以通过软件配置选择,能满足各种不同系统的设计要求。

需要注意的是,在具有 A/D 转换模块的芯片中,复用于模拟量输入和数字量输入的引脚在芯片复位后即被默认设置为模拟量输入。因此,如果需要这些引脚工作于数字 I/O,必须在初始化时将这些引脚设置为数字 I/O 引脚,否则就不能正常工作。

图 6-25 所示为 PIC16F887 芯片中 ADC 的工作原理示意图。从图中可以看出,PIC16F887 芯片中具有 14 通道 10 bit 的 ADC,有多种基准源可供选择。

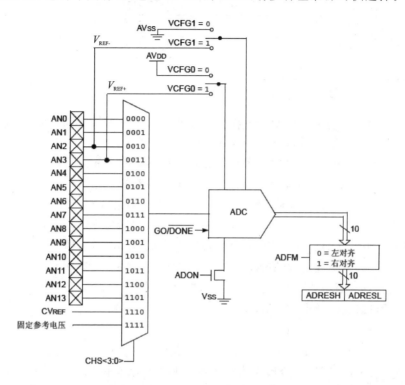

图 6-25 ADC 工作原理示意图

10 位分辨率的 A/D 模块转换后输出的数字量在 0x000~0x3FF 之间,0x000 对应于允许输入的最低电压(为参考低电压 V_{REF-} 或者 VSS,取决于 VCFG1 位的值);转换结果为全 1 时对应于允许输入的最高电平(为参考高电压 V_{REF+} 或者 VDD,取决于 VCFG0 位的值)。

PIC 单片机片内 A/D 转换过程采用逐次逼近法,一次转换所需的时间最短仅需十几微秒,速度相当快。

6.5.2 ADC 模块相关控制寄存器

ADC 模块中有两个重要的寄存器,即 ADCON0 和 ADCON1。除此之外,还有其转换结果寄存器 ADRES;对于模拟信号输入引脚的配置,需要相应端口输入/输出方向控制寄存器 TRISx 寄存器的正确设定;另外,如果需要 A/D 转换结束时产生中断响应,则要注意相关的寄存器 PIE1、PIR1 和 INTCON。

1. ADCON0 控制寄存器

ADCON0 位于 bank0,其各数据位定义如表 6-15 所列。表中 R/W-0 表示该位可读/写,复位后为 0;U-0 表示该位未用,读该位的值为 0。

表 6-15 ADCON0 各数据位定义

R/W-0	R/W-0	R/W-0	R/W-0	R/W-0	R/W-0	R/W-0	U-0	R/W-0
ADCS1	ADCS0	CHS3	CHS2	CHS1	CHS0	GO/$\overline{DONE}$		ADON
bit 7	bit 6	bit 5	bit 4	bit 3	bit 2	bit 1		bit 0

ADCON0 中各数据位定义如下:

bit 7~bit 6 ADCS1:ADCS0,A/D 转换时钟选择,对于 ADCON1 寄存器中没有 ADCS2 位的单片机,对应关系如下:

00——$F_{OSC}/2$,即时钟源自于芯片主振荡器的 2 分频;

01——$F_{OSC}/8$,即时钟源自于芯片主振荡器的 8 分频;

10——$F_{OSC}/32$,即时钟源自于芯片主振荡器的 32 分频;

11——F_{RC},即时钟源来自于 A/D 模块内自带的 RC 振荡器。

bit 5~bit 2 CHS3:CHS0,A/D 转换输入模拟信号通道选择。

0000——通道 0,AN0;

……

1101——通道 13,AN13;

1110——CV_{REF};

1111——固定参考电压(0.6 V 固定参考电压)。

bit 1 GO/$\overline{DONE}$,A/D 转换启动控制位和转换状态标志位。这一位既是 A/D 转换控制位,通过软件置 1 后将开始一个 A/D 转换过程,同时又是一个标志位。

1——A/D 转换正在进行中;

0——A/D 转换过程结束。

bit 0 ADON,A/D 模块启用控制位。

1——A/D 转换模块开始工作;

0——A/D 转换模块被禁止,该部分电路没有任何耗电。

2. ADCON1 控制寄存器

ADCON1 位于 bank1,其各数据位定义如表 6-16 所列。表中:R/W-0 表示该位可读/写,复位后为 0;U-0 表示该位未使用,读该位的值为 0。

表 6-16 ADCON1 各数据位定义

R/W-0	U-0	R/W-0	R/W-0	U-0	U-0	U-0	U-0	U-0
ADFM		VCFG1	VCFG0	—	—	—	—	—
bit 7	bit 6	bit 5	bit 4	bit 3	bit 2	bit 1	bit 0	

ADCON1 中各数据位定义如下:
bit 7　ADFM,A/D 转换结果对齐方式选择。
　　　1——结果右移,ADRESH 寄存器的高 6 位读作 0;
　　　0——结果左移,ADRESL 寄存器的低 6 位读作 0。
bit 6　未使用,读为 0。
bit 5　VCFG1,参考电压位。
　　　1——来自 V_{REF-} 引脚;
　　　0——VSS。
bit 4　VCFG0,参考电压位。
　　　1——来自 V_{REF+} 引脚;
　　　0——VDD。
bit 3~bit 0　未实现,读为 0。

3. 引脚功能选择寄存器

ANSEL 寄存器和 ANSELH 寄存器用来选择引脚是否作为模拟输入使用,其各数据位定义分别如表 6-17 和表 6-18 所列。表中 R/W-0 表示该位可读/写,复位后为 0。

表 6-17　ANSEL 各数据位定义

R/W-1	R/W-1	R/W-1	R/W-1	R/W-1	R/W-1	R/W-1	R/W-1
ANS7	ANS6	ANS5	ANS4	ANS3	ANS2	ANS1	ANS0
bit 7	bit 6	bit 5	bit 4	bit 3	bit 2	bit 1	bit 0

表 6-18　ANSELH 各数据位定义

U-0	R/W-1	R/W-1	R/W-1	R/W-1	R/W-1	R/W-1	R/W-1
—	—	ANS13	ANS12	ANS11	ANS10	ANS9	ANS8
bit 7	bit 6	bit 5	bit 4	bit 3	bit 2	bit 1	bit 0

表 6-17 和表 6-18 中 ANS0~ANS13 为模拟选择位,分别选择引脚 AN0~AN13 工作于模拟或数字功能:
　　1——模拟输入,引脚被分配为模拟输入;
　　0——数字 I/O,引脚被分配给端口或特殊功能。
注意:将引脚设置为模拟输入将自动禁止数字输入电路、弱上拉电路和电平变化中断(如果有的话)。相应的 TRIS 位必须置 1 以将引脚设置为输入模式,从而允许从外部控制引脚电压。

4. 结果寄存器

如果 PIC 单片机中的 A/D 转换精度为 8 位,那么用于存放转换结果的寄存器是 ADRES。如果 A/D 转换精度超过了 8 位,那么用于存放转换结果的寄存器有 2 个,即 ADRESH 和 ADRESL,分别用于存放 A/D 转换数字结果的高字节和低字节。根据 ADFM 值的不同,数据存储有两种方案,详见 6.5.3 小节中的讲解。

6.5.3 模拟通道输入口引脚的设置

寄存器 ANSEL 和 ANSELH 用于控制 A/D 转换模拟通道输入口的引脚,作为模拟输入使用时,其相应的 TRIS 位必须置 1;如果将 TRIS 位置 0,即将该引脚作为输出使用,而又用 ANSEL 或 ANSELH 将该引脚设置为模拟量输入使用,则其引脚自身的输出电压必然与该引脚上所接的待测信号源叠加。根据待测信号源内阻、引脚输出电压值、内阻等的不同,将得到不同的结果,因此这种叠加测得的结果是没有意义的。有一些情况下,这种叠加还会损坏单片机引脚或者信号源相关元件。因此,所有被用作 A/D 转换的引脚,一定要将引脚方向控制器中的对应位置 1,即该引脚必须设置成输入状态。

作为一种特殊的应用,如果将某引脚作为模拟输入使用,而在该引脚方向控制器中又将其置为输出,那么这个引脚的输出高电平或低电平可以被 A/D 转换测量获得。当然,此时该引脚只能悬空或者仅接上拉或下拉电阻,不能接入其他信号源。

6.5.4 A/D 转换实例分析

了解了 ADC 的结构和控制寄存器后,还需要掌握 A/D 转换过程、A/D 转换结果格式等问题。

1. A/D 转换步骤

一个完整的 A/D 转换可以按如下步骤实现:
① 设定 ANSEL、ANSELH 和 TRISx 寄存器,配置引脚的工作方式;
② 配置 ADC 模块,选择 ADC 转换时钟,配置参考电压,选择 ADC 输入通道,选择结果的格式,启动 ADC 模块;
③ 如果需要中断响应,则应配置相应的中断控制寄存器;
④ 等待所需的采集时间;
⑤ 将 GO/$\overline{DONE}$ 置 1 启动转换;
⑥ 通过查询方式或者中断方式来获知 A/D 转换结束;
⑦ 读取 A/D 转换结果;
⑧ 如果使用中断操作,则应将中断标志位清 0。

这些操作中有一些是默认的,如上电后默认所有 A/D 转换输入引脚工作于模拟状态,ADC 的转换时钟、参考电压等也有其默认值,因此,即使一些程序中没有配置,也能得到正确的结果,但为养成良好的编程习惯,一般应进行明确设置。

ADC 的转换时钟与单片机当前的工作主频以及配置位 ADCS1、ADCS0 的设置有关。表 6-19 所列为数据手册上 ADC 时钟周期与器件频率的关系。在编程时,应避免使用表中阴影单元中的设置值。例如:当器件的工作频率为 20 MHz 时,

ADCS1 和 ADCS0 的值只能是 10(选定 ADC 时钟周期为 1.6 μs)或者 11(选择 F_{RC} 作为 ADC 的时钟);而当器件的工作频率为 4 MHz 时,ADCS1 和 ADCS0 建议取值 01 或者 11,取值 01 时 ADC 时钟周期为 2.0 μs,取值 10 也可以,但是 ADC 时钟周期为 8.0 μs,这样每次转换的时间较长。由此可见,多阅读数据手册中的相关内容,编程时就能更有针对性。

表 6-19 ADC 时钟周期与器件频率的关系

ADC 时钟周期(T_{AD})		器件频率(F_{OSC})			
ADC 时钟源	ADCS<1:0>	20 MHz	8 MHz	4 MHz	1 MHz
$F_{OSC}/2$	00	100 ns[2]	250 ns[2]	500 ns[2]	8.0 μs
$F_{OSC}/8$	01	400 ns[2]	1.0 μs[2]	2.0 μs	8.0 μs[3]
$F_{OSC}/32$	10	1.6 μs	4.0 μs[2]	8.0 μs[3]	32.0 μs[3]
$F_{RC}/32$	11	2~6 μs[1,4]	2~6 μs[1,4]	2~6 μs[1,4]	2~6 μs[1,4]

注意:建议不要使用阴影单元内的值。

注:(1) 表示对于 VDD>3.0 V 的情况,F_{RC} 时钟源的典型 T_{AD} 时间为 4 μs。
(2) 表示这些值均违反了最小 T_{AD} 时间要求。
(3) 表示为了加快转换速度,建议选用其他时钟源。
(4) 表示当器件的工作频率高于 1 MHz 时,仅在休眠期间进行转换时才建议使用 F_{RC} 时钟源。

2. A/D 转换结果的格式问题

超过 8 位的 A/D 转换结果必定需要 2 个 8 位寄存器才能存放,在 PIC 单片机中相应地定义了 ADRESH 和 ADRESL,用来分别存放 10 位数值的高位字节和低位字节。其存放的格式由 ADCON1 寄存器的第 7 位 ADFM 决定。

当 ADFM=0 时,得到的 A/D 转换结果的最高 8 位直接放入 ADRESH 寄存器,剩下的 2 个低位数值将从 ADRESL 寄存器的第 7 位顺序放入,ADRESL 的低位均以 0 填充。这样的存放格式称为左对齐,如图 6-26 所示。使用左对齐方式时,程序可以忽略 ADRESL 寄存器的内容,把 A/D 模块简单地当作 8 位寄存器来使用,只要直接读取 ADRESH 寄存器中的 8 位数据即可。如果 PIC 芯片内部是 8 位 A/D,那么用于保存 A/D 转换结果的寄存器只有一个 ADRES,而且 ADRESH 寄存器的物理地址与 ADRES 寄存器完全一样。所以对具有 10 位 A/D 的 PIC 芯片编程时,如果使用左对齐格式可以使用 10 位 A/D 模块与 8 位 A/D 模块完全兼容,则程序可以方便地进行移植。

D9	D8	D7	D6	D5	D4	D3	D2	D1	D0	0	0	0	0	0	0
B7	B6	B5	B4	B3	B2	B1	B0	B7	B6	B5	B4	B3	B2	B1	B0
ADRESH								ADRESL							

图 6-26 10 位 A/D 转换结果左对齐存放示意图

当 ADFM=1 时,得到多位 A/D 转换结果的最低 8 位直接放入 ADRESL 寄存器,剩下的 2 个高位数据值将从 ADRESH 寄存器的第 0 位顺序放入,ADRESH 的高位余下的位以 0 填充。我们把这样的存放格式称为右对齐,如图 6-27 所示。当程序需要处理全部的 10 位数据时,只要将 ADRESH 和 ADRESL 中的值分别赋给一个 int 型变量的高、低 8 位,即可获得 A/D 转换结果,比较方便;而如果使用左对齐方式,则赋值给这个 int 型变量以后还需要右移 6 次才能获得正确结果。

0	0	0	0	0	0	D9	D8	D7	D6	D5	D4	D3	D2	D1	D0
B7	B6	B5	B4	B3	B2	B1	B0	B7	B6	B5	B4	B3	B2	B1	B0
ADRESH								ADRESL							

图 6-27 10 位 A/D 转换结果右对齐存放示意图

3. A/D 转换实例

【例 6-10】 在如图 6-26 所示电路中,要求将 AN3 输入端的采样到的电压值显示出来。这里借用 Proteus 中的计数器作为显示器。

```c
#include "htc.h"
typedef unsigned char uchar;
typedef unsigned int uint;
__CONFIG(FOSC_INTRC_NOCLKOUT & WDTE_OFF & MCLRE_OFF );
//配置文件,设置为内部 RC 方式振荡,禁止看门狗,不用 MCLR 复位

void mDelay(uint DelayTime)
{    uint temp;
    for(;DelayTime>0;DelayTime--)
    {    for(temp = 0;temp<65;temp++)
        {;}
    }
}
//用 Proteus 中的计数器作为显示器
void Disp(uint DispNum)
{    uint i;
    RC1 = 1;                    //复位当前计数值
    for(i = 0;i<DispNum * 2;i++)
        RC0 = !RC0;             //取反脉冲信号输出端
    RC1 = 0;                    //复位端回到低电平,准备下一次复位操作
}

void main()
{    uint AdValue;
```

```
    TRISC = 0;                    //PORTC 均设为输出
    RC1 = 0;
    //AD 功能设置
    TRISA| = 0x08;                //AN3 相应引脚设为输入
    ANSEL| = 0x08;                //RA3(AN3)设为模拟通道

    ADCS1 = 1;
    ADCS0 = 0;                    //A/D 转换频率设为 $F_{osc}/32$
    ADFM = 1;                     //A/D 转换结果右对齐

    ADON = 1;                     //启用 A/D 转换模块
    for(;;)
    {   CHS2 = 0;
        CHS1 = 1;
        CHS0 = 1;                 //选择 AN3 通道
    // CHS2 CHS1 CHS0    通道
    // 011 = Channel 3 (AN3)
        GO = 1;                   //GO/DONE 位置 1,开始一次 A/D 转换
        for(;;)
        {   if(!GO)               //如果 ADGO 变为 0,则一次转换结束
                break;
        }
        AdValue = ADRESH;
        AdValue * = 256;
        AdValue + = ADRESL;
        Disp(AdValue);            //显示数据
        mDelay(50);               //每隔 50 ms 测一次
    }
}
```

程序实现:输入源程序,命名为 adc.c,建立名为 adc 的工程,将 adc.c 加入工程中,编译、链接直到没有错误为止。

图 6-28 所示为 Proteus 演示这一程序的电路图,这里使用了一只电位器来提供不同的输入电压,将电位器的中心抽头接入 PIC16F887 芯片的 5 脚(AN3)。双击 U1 打开 Edit Component 对话框,在 Program File 列表框中选择 adc 工程所生成的 adc.production.cof 文件,单击"▶"按钮运行程序,即可观察到显示器显示的数值,通过单击图 6-28 中可变电阻左侧的❶或❶按钮即可调整输入电压,观察运行的结果。

第 6 章　PIC 单片机内部资源编程

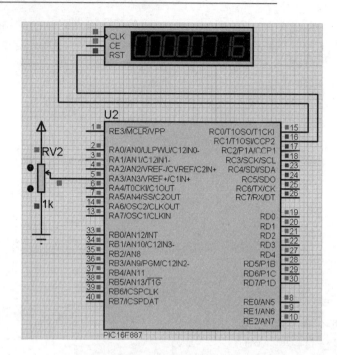

图 6-28　使用 PIC16F887 制作的电压表

第 7 章 函 数

一个较长的程序一般应由若干个程序模块组成,每一个模块用来实现一个特定的功能。所有的高级语言中都有子程序这一概念,即用子程序实现模块的功能。在 C 语言中,子程序的作用是由函数来完成的。本章就来学习函数的有关知识。

7.1 概　述

一个完整的 C 程序可由一个主函数和若干个函数组成,由主函数调用其他函数,其他函数也可互相调用。同一个函数可以被一个或多个函数调用任意多次。C 语言中的主函数为 main 函数。

在程序设计中,可以将一些常用的功能模块编写成函数,放在函数库中供选用。充分利用函数,可以减少编写重复程序行的工作量。

【例 7 - 1】　函数调用。

```
#include "htc.h"
#include "usart.h"
#include "stdio.h"
typedef  unsigned  char   uchar;
typedef  unsigned  int    uint;
__CONFIG(FOSC_INTRC_NOCLKOUT & WDTE_OFF & MCLRE_OFF );
//配置文件,设置为内部 RC 方式振荡,禁止看门狗,不用 MCLR 复位
void printstar()
{    printf("******************************\n");
}
void print_message()
{    printf("How do you do!\n");
}
void main()
{
```

第 7 章 函 数

```
    init_comms();           /*初始化串行口*/
    printstar();            /*调用printstar函数*/
    print_message();        /*调用print_message函数*/
    printstar();            /*调用printstar函数*/
    for(;;){;}
}
```

程序实现：输入源程序，命名为 fun1.c，保存在 ch07\fun1 文件夹中，将 HI-TECH 安装文件夹中 Samples\Usart 文件夹下的 usart.c 和 usart.h 两个文件复制到 fun1 文件夹下。建立名为 fun1 的工程，选择 Simulator 作为调试工具，将 fun1.c 和 usart.c 两个文件加入工程，并编译、链接正确。

为使用串口，需要把串行窗口调出来，选择菜单命令"文件"→"项目属性"，打开"项目属性"对话框，单击对话框左侧的 Simulator 选项。在 Options for Simulator 选项中打开 Option Categories 下拉列表，找到 Uart1 Option 项，然后勾选 Enable Uart1 IO 项，单击"确定"按钮退出设置。这一设置过程可以参考 5.2.3 小节例 5-5 中的介绍。

程序运行时，将在输出窗口出现 Uart1 Output 子窗口，并且可以看到程序运行结果，如图 7-1 所示。

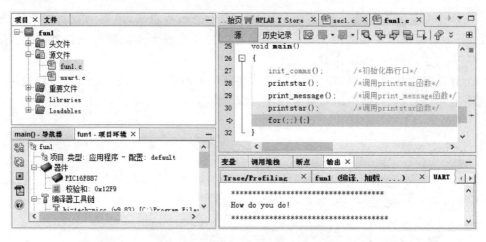

图 7-1 例 7-1 的程序运行结果

程序分析：printstar 和 print_message 都是用户定义的函数名，分别用来输出一排"*"号和一行信息。

① 一个源程序文件由一个或多个函数组成。

② 一个 C 语言程序由一个或多个源程序文件组成。对于较大的程序，通常不希望把所有源程序全部放在一个文件中，而是将函数和其他内容分别放入若干个文件中，再由这些文件组合成一个完整的 C 语言程序。这样可以分别编写，分别编译，而且一个源文件也可供多个程序使用，以提高效率。

③ C 语言程序的执行从 main 函数开始。

④ 所有函数都是平行的,函数在定义时都是相互独立的,一个函数并不从属于另一个函数,即函数不能嵌套定义。函数间可相互调用,但 main 函数不能被调用。

⑤ 从函数的形式看,函数分以下两类:

➤ 无参函数——即主调函数不向被调用函数传递参数,这类函数就是完成一定的操作功能。无参函数可以有返回值,但大多数的无参函数没有返回值。

➤ 有参函数——在调用函数时,主调函数将一些数据传递给被调用函数,通常被调用函数会对这些数据进行处理,根据这些数据进行不同的操作,或者得到一个计算的结果,并且可以带回到主调函数中。

⑥ 从用户使用的角度看,函数可以分为以下两种:

➤ 标准函数——即库函数,这是由编译系统(如 HI-TECH 软件)提供的,用户不必自行编写这些函数的程序,而却可以使用这些函数所提供的功能。例如 sin 函数提供了正弦函数计算功能。

➤ 用户函数——这是用户根据自己的需要而编写的具有特定功能的函数。

7.2 函数的定义

按形式划分,函数可分为无参函数和有参函数。此外,C 语言还提供了空函数。下面分别讨论这 3 种函数的定义方法。

1. 无参函数的定义方法

无参函数的定义形式如下:

```
类型标识符  函数名()
{   声明部分
    语句
}
```

例 7-1 中的 printstar 和 print_message 函数都是无参函数。用"类型标识符"指定函数返回值的类型。这两个函数没有返回值,使用 void 来定义。

在例 7-1 的程序中,函数 printstar 放在主函数 main 之前,这是经典 C 的写法。但是 ANSI C(标准 C)则要求用另一种格式进行规范化书写:首先,即使是无返回值函数,其返回值类型也要用 void 关键字,而主函数 main 则要放在文件的前面,被调用的函数应在开头进行原型声明。例 7-1 的程序如果按 ANSI C 的写法,则应按例 7-2 的程序改写。

【例 7-2】 按 ANSI C 的标准书写函数调用。

```
# include "htc.h"
# include "usart.h"
```

第7章 函数

```c
#include "stdio.h"
typedef unsigned char uchar;
typedef unsigned int   uint;
__CONFIG(FOSC_INTRC_NOCLKOUT & WDTE_OFF & MCLRE_OFF );
//配置文件,设置为内部 RC 方式振荡,禁止看门狗,不用 MCLR 复位

void printstar();
void print_message();
void main()
{
    init_comms();           /*初始化串行口*/
    printstar();            /*调用 printstar 函数*/
    print_message();        /*调用 print_message 函数*/
    printstar();            /*调用 printstar 函数*/
    for(;;){;}
}
void  printstar()
{   printf("*********************\n");
}
void print_message()
{   printf("How do you do!\n");
}
```

2. 有参函数的定义

有参函数的定义形式如下:
　　类型标识符　函数名(形式参数列表)
　　{　声明部分
　　　　语句
　　}

例如:

```c
int max(int x,int y)
{    int z;
     z = x>y? x:y;
     return (z);
}
```

这是一个求 x 和 y 二者中值较大者的函数,函数名 max 前面的 int 表示函数的返回值是整型的,即本函数被调用后将返回一个整型数。括号中有两个形式参数 x 和 y,它们都是整型数。在调用此函数时,主调函数把实际参数的值传递这个函数中的形式参数 x 和 y。花括号里是函数体,它包括声明部分和语句部分。在声明部分

定义所用的变量,对将要调用的函数进行声明;在函数体的语句中求出 z 的值(x 和 y 中较大的那一个);而 return(z) 的作用是将 z 的值作为函数值返回主调函数中去。从这里可以看到,函数被定义为 int 型,z 也是 int 型的,二者一致。

3. 空函数的定义

C 语言允许有空函数,空函数的定义形式如下:

  类型说明符 函数名()
  { }

调用此函数时,什么工作也不做,没有任何实际的作用。

例如:

```
void dummy()
{ }
```

在主调函数中写上 dummy() 表明这里要调用一个函数,现在这个函数没有起作用,等以后扩充函数功能时补充上。

在程序设计中往往根据需要确定若干个模块,分别由一些函数来实现。而在第 1 阶段只设计最基本的模块,先把架子搭起来,细节留待进一步完善。当以这样的方式写程序时,可以在将来准备扩充功能的地方写上一个空函数,这些函数的具体内容未编写好,只是先占一个位置,以后用编写好的函数替代它。这样做的好处是,程序的结构清楚,可读性好,便于以后扩充新功能,对程序结构影响不大。

7.3 函数参数和函数的值

C 语言采用函数之间的参数传递方式,使一个函数能对不同的变量进行功能相同的处理,从而大大提高了函数的通用性与灵活性。

函数之间的参数传递由函数调用时主调函数的实际参数与被调用函数的形式参数之间进行数据传递来实现。

如果被调用函数有返回值,那么这个值可以通过 return 语句返回给主调函数。

1. 形式参数和实际参数

首先来了解形式参数和实际参数的概念:

形式参数——在定义函数时,函数名后面括号中的变量称为形式参数,简称形参。

实际参数——在调用函数时,函数名后面括号中的表达式称为实际参数,简称实参。

以 int max(int x,int y) 为例,函数定义时,x 和 y 是形参。当主调函数调用这一参数时,将会是如下形式:

第7章 函　数

```
z = max(5,9);
```

其中,5 和 9 就是实参。当执行到 max 函数时,凡有变量 x 的场合,其值就是 5,凡有 y 的场合,其值就是 9。

关于形参与实参,说明如下:

① 在未出现函数调用时,在定义函数中指定的形参并不占用内存中的存储单元。只有在发生函数调用时,函数 max 中的形参才被分配内存单元。在调用结束后,形参所占用的内存单元也被释放。

② 实参可以是常量、变量或表达式,如:

```
z = max(x,y);
```

其中 x 和 y 是主调函数中的两个变量,在调用 max 函数时它们必定有确定的值,并将 x 和 y 的值赋给形参。这里的 x 和 y 与函数定义中的 x 和 y 含义完全不同,更详细的信息可以参考 7.6 节中的介绍。

③ 在被定义的函数中,必须指定形参的类型。

④ 实参与形参的类型应相同或赋值兼容。

⑤ C 语言规定,实参变量对形参变量的数据传递是"值传送",即单向传递,只由实参传给形参,而不能由形参返回给实参。

在调用函数时,给形参分配存储单元,并将实参对应的值传递给形参;调用结束后,形参单元被释放,实参单元仍保留并维持原值。因此,在执行一个被调用函数时,形参的值如果发生变化,并不会改变主调函数中的实参的值。

例如:

```
/* Switch 函数将形参 x 和 y 的值交换 */
int  Switch (int x,int y)
{    int z;
     z = x;
     x = y;
     y = z;
     return (x);
}
```

主调函数中这样调用:

```
{   ……
    int x = 10,y = 20;
    Switch (x,y)
    ……
}
```

执行这样的程序后,主调函数中 x 和 y 的值各是多少呢?答案是,$x=10$,$y=$

20，没有任何变化。实际上，主调函数在调用 Switch 函数时，只是将 x 的值（即10）传递给 Switch 中的形参 x，而将 y 的值（即20）传递给 Switch 中的形参 y，然后它们之间就不再有任何联系了。主调函数中的变量名 x 和 y 与 Switch 函数中的变量名 x 和 y 毫无关系。

2. 函数的返回值

通常，希望通过函数调用使主调函数能得到一个确定的值，这就是函数的返回值。仍以前面的例子为例，如果这样调用函数"z=max(5,9);"，则将有一个返回值9，而这样调用函数"z=max(2,4);"，则有一个返回值4。下面对函数的返回值进行说明：

① 函数的返回值是通过函数中的 return 语句获得的。return 语句将被调用函数中的一个确定值带回主调函数中。

如果需要从被调用函数带回一个函数值（供主调函数使用），则被调用函数中必须包含 return 语句。如果不需要从被调用函数带回函数值，则可以不要 return 语句。

一个函数中可以有一个以上的 return 语句，执行到哪一个 return 语句，则该 return 语句起作用。

return 语句后面的括号也可以不要，即

```
    return  n;
```

与

```
    return  (n);
```

等价。

return 语句后面的值也可以是一个表达式。

② 既然函数有返回值，这个值当然应属于某一个确定的数据类型，那么应当在定义函数时指定函数值的类型。例如：

```
    int max(…)
```

C 语言规定，凡不加类型说明的函数，一律自动按整型处理。

在定义函数时，对函数值说明的类型一般应该和 return 语句中的表达式类型一致。

③ 如果函数值的类型和 return 语句中表达式的值不一致，则以函数类型为准。对数值型数据可以自动进行类型转换。也就是说，返回值的类型由函数类型决定。

【例 7-3】 返回值类型与函数类型不同。

```
# include "htc.h"
# include "usart.h"
# include "stdio.h"
```

第7章 函数

```
typedef   unsigned   char   uchar;
typedef   unsigned   int    uint;
__CONFIG(FOSC_INTRC_NOCLKOUT & WDTE_OFF & MCLRE_OFF );
//配置文件,设置为内部 RC 方式振荡,禁止看门狗,不用 MCLR 复位

int max(float x,float y)
{   float z;
    z = x>y? x:y;
    return(z);
}
void main()
{   float a = 10.5,b = 23.4;
    float c;
    init_comms();                    /*初始化串行口*/
    c = max(a,b);
    printf("Max is %f\n",c);
    for(;;);
}
```

程序实现：输入源程序，保存在 ch07\type 文件夹中并命名为 type.c。将 HT-PIC 安装文件夹中 samples\usart\usart.c 和 usart.h 两个文件复制到 type 文件夹内。建立名为 type 的工程,加入 type.c 源程序和 usart.c 源程序。编译、链接后进入调试,全速运行,运行结果如图 7-2 所示。

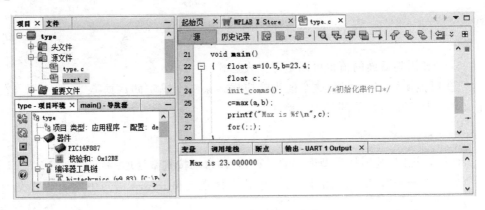

图 7-2 例 7-3 程序的运行结果

程序分析：这里 max 函数中定义 z 的类型为 float 型,但 max 被定义为 int 型,实际返回时,将返回一个 int 型数据。函数的返回值本应该是变量 b 的值 23.4,但该值返回时被转换成为整型数的值 23,随即它又被赋给了 float 型的变量 c,因此最终打印出来的是浮点数的形式,但该值已变为 23.000 00,而不是 23.400 00。

④ 如果被调用函数中没有 return 语句,并不带回一个确定的、用户所希望得到

的函数值,但实际上,函数并不是不带回返回值,而只是不带回有用的返回值,带回的是一个不确定的值。

例如:将例 7-1 中的"void printstar();"改写成"printstar();",那么在主调函数中写上

```
a = printstar();
```

是符合语法的,但这个变量 a 所获得的返回值往往是没有意义的,编程者必须小心使用,不让这个可能无法预知的值起到破坏作用。

⑤ 为了明确表示不带回返回值,可以用 void 定义函数。

例 7-1 中的"void printstar();"就是明确指定函数不能带回返回值,如果再用

```
a = printstar();
```

那么就会被编译系统认为出现语法错误。这样系统就保证不使函数带回任何值,即禁止在调用函数中使用被调用函数的返回值。为使程序减少出错,保证正确调用,凡不要求带回函数值的函数,均应定义为 void 类型。

7.4 函数调用

主调函数通过函数调用的方法来使用函数。

1. 函数调用的一般形式

函数调用的一般形式如下:

　　函数名(实参列表)

对于有参函数,若包含多个实参,则各参数间用逗号隔开。实参与形参的个数应相等,类型应一致。实参与形参按顺序对应,逐一传递数据。

如果是调用无参函数,则没有实参列表,但括号不能省略。

2. 函数调用方式

按函数在程序中出现的位置来分,可以有以下 3 种函数调用方式。

(1) 函数调用语句

把函数调用作为一个语句。例如:

```
print_message();
```

这时不要求函数带回返回值,只要求函数完成一定的操作。

(2) 函数结果作为表达式的一个运算对象

当函数出现在一个表达式中时,这种表达式称为函数表达式。这时要求函数带回一个确定的值以参加表达式的运算。例如:

```
c = 2 * max(a,b);
```

第 7 章 函　数

其中函数 max 是表达式的一部分,它的值乘以 2 再赋给变量 c。

（3）函数参数

函数调用作为一个函数的实参。例如：

```
m = max(a,min(b,c));
```

其中 min(b,c)是一次函数调用,它的值作为函数 max 调用中的一个实参。

3. 对被调用函数的声明和函数原型

在一个函数中调用另一个函数(即被调用函数)需要具备以下 3 个条件：

① 被调用的函数必须是已经存在的函数(是库函数或者用户自定义的函数)。但仅有这一条件还不够。

② 如果使用库函数,一般还应该在本文件开头用 #include 命令将调用有关库函数时所需用到的信息"包含"到本文件中来。例如：在程序中加上

```
#include <math.h>
```

就可以使用 C 编译系统提供的数学函数。

③ 如果使用用户自己定义的函数,而且该函数与调用它的函数(即主调函数)在同一个文件中,一般还应该在主调函数中对被调用的函数进行声明,即向编译系统声明将要使用该函数,并将有关信息通知编译系统。

【例 7-4】 对被调用的函数进行声明。

```
void main()
{   int max(int x,int y);        /*对被调用函数的声明*/
    int a = 10,b = 20,c;
    c = max(a,b);
    printf("Max is %d\n",c);
}
int max(int x,y)
{   int z;
    z = x>y? x:y;
    return(z);
}
```

其中 main 函数开始的第 2 行"int max(int x,int y);"是对被调用的 max 函数进行声明。注意：声明和定义不要混淆。max 函数的定义在下面,它包括了函数名、函数值类型、函数体等部分,而声明仅把函数的名字、函数类型、个数和顺序通知给编译系统,以便在调用该函数时按此进行检查。

在函数声明中也可以不写形参名,而只写形参的类型。如：

```
int max(int   int)
```

第 7 章 函　数

在 C 语言中,以上的函数声明称为函数原型。使用函数原型是 ANSI C 的一个重要特点,利用函数原型可以在程序的编译阶段对被调用函数的合法性进行检查。从例 7-4 中可以看到,main 函数的位置在 max 函数的前面,而在进行编译时是从上到下逐行进行的,如果没有对函数的声明,则当编译到包含函数调用的语句"c=max(a,b);"时,编译系统不知道 max 是什么,也无法判断实参(a 和 b)的类型和个数是否正确,因而无法进行正确性的检查,只有在运行时才会发现实参与形参的类型或个数不一致,出现运行错误。发现问题越晚越麻烦,因此,用户希望尽可能在编译阶段就能发现错误。

函数原型的两种一般形式如下:

  函数类型　函数名(参数类型1,参数类型2,……)

  函数类型　函数名(参数类型1　参数名1,参数类型2　参数名2,……)

第一种形式是基本形式。为便于阅读程序,也允许在函数原型中加上参数名,即第二种形式。但编译系统不检查参数名,因此参数名是什么都无所谓。

应当保证函数原型与函数定义写法上的一致,即函数类型、函数名、参数个数、参数类型和参数顺序必须相同。函数调用时,函数名、实参个数应与函数原型一致。实参类型必须与函数原型中的形参类型赋值兼容,按 3.9 节中介绍的赋值规则进行类型转换。如果不是赋值兼容,则按出错处理。

说明:

① 如果被调用函数的定义出现在主调函数之前,可以不必加声明。因为编译系统已经知道了已定义的函数类型,所以会根据函数定义提供的信息对函数的调用进行正确检查。

【例 7-5】　将被调用函数放在主调函数之前。

```c
#include <htc.h>
#include <math.h>
float fadd(float a,float b)      /*被调用函数放在主调函数的前面*/
{   return a + b;
}
void main()
{   float a;
    a = fadd(12.3,334.5);
    for(;;)
    {  ;
    }
}
```

② 如果在所有函数定义之前,在函数的外部已做了函数声明,则在各个主调函数中不必对所调用的函数再做声明。

【例 7-6】　将被调用函数放在主调函数之后。

第7章 函 数

```
#include <htc.h>
#include <math.h>
void fun();
float fadd(float,float);
/*在这里声明被调用函数,则凡要用到该函数的主调函数不必再逐一声明*/
void main()
{   float a;
    a = fadd(12.3,334.5);
    fun();
    for(;;)
    { ;
    }
}
void fun()
{   float a;
    a = fadd(111.3,34.5);
}
float fadd(float a,float b)
{   return a+b;
}
```

若不按这样的方法来处理,则将出现错误,将例7-6中的

```
float fadd(float,float);
```

程序行去掉,就会出现图7-3所示的错误信息,并且不能被编译、链接通过。

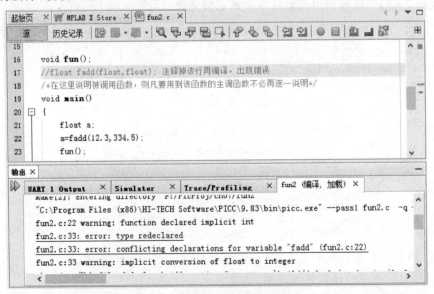

图7-3 未按要求进行函数调用

在 C 语言中,函数的定义都是相互独立的,即在定义函数时,一个函数内部不能包含另一个函数。尽管 C 语言中函数不能嵌套定义,但允许嵌套调用函数,即在调用一个函数的过程中,允许调用另一个函数。

4. 用函数指针变量调用函数

C 语言中的一个函数其实就是一段连续的代码,在函数编译、链接后,这段代码在储存器中存放时,必然占用一个确切的地址,这个地址在编译、链接时,就由 C 的编译系统确定下来。如果找到了这个函数起始代码所在的存储器位置,实际上也就是找到了这段代码,如果从这个代码位置开始执行程序,那么其效果就相当于调用这个函数,但又不是通过函数调用的一般方式来进行的。

要找到一个函数的入口并不难,应用前面学过的指针的概念就可以了。定义一个指针变量,然后让这个指针指向某个函数,即让这个指针变量的值等于函数所在位置的地址值。

设在某设计中有这样的要求:在液晶屏上显示如图 7-4 所示的选单,根据按键输入执行不同的程序。如果输入值为 0 则执行(1.打印),如果输入值为 1 则执行(2.复制),以此类推。

假设为每一种功能都编写了一段程序,即可使用指针调用函数的方法来调用各功能程序,不必再用 if…else…或者 switch case 之类的语句了,使得程序相当简洁。

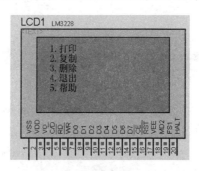

图 7-4 液晶屏显示菜单

【例 7-7】 用函数指针变量调用函数。

```
/********************
;文件名:menu.c
;函数指针用于选择单处理的程序
********************/
#include "htc.h"
#include "usart.h"
#include "stdio.h"
typedef unsigned char uchar;
typedef unsigned int  uint;
```

第7章 函数

```c
__CONFIG(FOSC_INTRC_NOCLKOUT & WDTE_OFF & MCLRE_OFF );
//配置文件,设置为内部 RC 方式振荡,禁止看门狗,不用 MCLR 复位

void  print()                                       //用于处理打印的函数
{
    printf("This is print function!\n");
}
void  copy()                                        //用于处理复制的函数
{
    printf("This is copy function!\n");
}
void  delete()                                      //用于处理删除的函数
{
    printf("This is delete function!\n");
}
void  quit()                                        //用于处理退出的函数
{
    printf("This is quit function!\n");
}
void  help()                                        //用于处理帮助的函数
{
    printf("This is help function!\n");
}

void  (*p1)();                                      //指向函数的指针
void  (*p[])() = {print,copy,delete,quit,help};     //指向函数的指针数组

void main()
{   unsigned char   index = 0;
    p1 = print;
    init_comms();                                   //初始化串行口
    p1();
    for(;;)
    {   p[index]();
        index++;
        if(index >= 5)
            index = 0;
    }
}
```

第 7 章 函 数

程序实现：输入源程序，保存在 ch07\menu 文件夹中，并命名为 menu.c，将 HT-PIC 安装文件夹中的 samples\usart\usart.c 和 usart.h 两个文件复制到 menu 文件夹内。建立名为 menu 的工程，加入源程序，编译、链接正确后进入调试。参考 5.2.3 小节例 5-5 中的方法调出 Uart1 Output，按 F8 键单步执行程序，可以观察到如图 7-5 所示的运行结果。

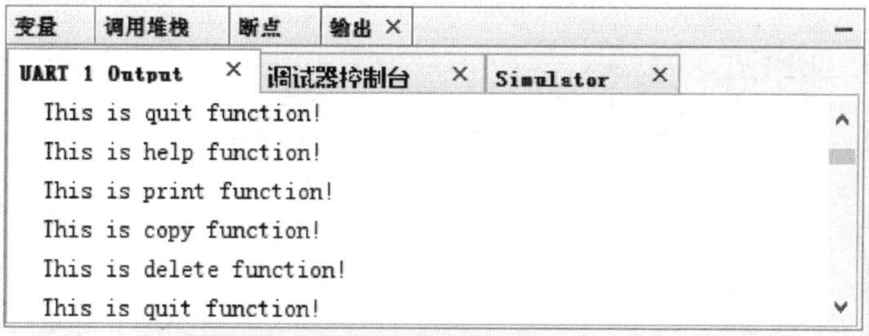

图 7-5 例 7-7 程序运行结果

程序分析：图 7-5 中第一行是程序行"p1();"执行后得到的结果，而后面的结果分别是 index 等于 0、1、2、3、4 时程序行"p[index]();"的执行结果。

程序中，"void (*p1)();"是函数指针定义语句，说明 p1 是一个指向函数的指针变量，此函数无返回值。注意："(*p1)()"不能写成"*p1()"，即 *p1 两边的括号不能省略，表示 p1 先与"*"号结合，是指针变量，然后再与"()"结合，表示此指针变量指向函数。

语句"p1=(void *)print;"的作用是将函数 print 的入口地址赋给指针变量 p1。

语句"void (*p[])()={print,copy,delete,quit,help};"的作用是定义指向函数的指针数组，主程序中根据数组下标的值调用相应的函数。

函数的指针变量调用函数的要点可归纳如下。

① 指向函数的指针变量的一般形式如下：

　　数据类型　(*指针变量名)();

这里的"数据类型"是指函数返回值的类型。

② "(*p)()"表示定义一个指向函数的指针变量，它不是固定指向哪一个函数的，只是表示定义了这样一个类型的变量，它是专门用来存放函数的入口地址的。在程序中把哪一个函数的地址赋给它，它就指向哪一个函数。

③ 当给函数之外的变量赋值时，只需给出函数名而不必给出参数，例如：

　　p=(void *)print;

而不能写成

　　p=(void *)print();

④ 用函数指针变量调用函数时，只需将(*p)代替函数名即可。

7.5 数组作为函数参数

前面已介绍了可以用变量作为函数参数,此外,数组元素也可以作为函数实参。数组元素作为函数的参数时,传递的是整个数组。

【例 7-8】 编写一个 max 函数,找出数组中的最大值并返回。

```c
typedef unsigned int uint;
typedef unsigned char uchar;
int max(uint Values[],uchar i)
{
    uint MaxDat;
    MaxDat = Values[0];
    for(i = 1;i<10;i ++ )
        if(MaxDat<Values[i])
            MaxDat = Values[i];
    return MaxDat;
}
void main()
{   uint MaxNum;
    uint Scroe[10] = {10,11,23,44,9,6,223,456,34,10};
    MaxNum = max(Scroe,10);
    for(;;)
    {;}
}
```

程序实现:输入源程序,命名为 array.c,建立名为 array 的工程,加入 array.c 源程序,编译、链接以后进入调试,按 F7 键单步执行程序,可以跟踪进入 max 函数观察到程序的执行过程。

说明:

① 用数组名作为函数参数,应该在主调函数和被调用函数分别定义数组,例中 Values 是形参数组名,score 是实参数组名,分别在其所在函数中定义,不能只在一方定义。

② 实参数组与表参数组类型应该一致,如不一致,结果将出错。本例中均为 unsigned int 型。

③ 实参数组和形参数组的大小可以一致也可以不一致,C 编译器对形参数组大小不做检查,只是将实参数组的首地址传递给形参数组。

④ 形参数组也可以不指定大小,在定义数组时在数组名后面跟一个空的方括号,为了在被调用函数中处理数组元素的需要,可以另设一个参数以传递数组元素的个数,本例中用了 i 传递数组元素的个数。

⑤ 必须强调:用数组名作为参数是将数组所在内存单元的首地址传递给函数,函数是直接操作数组内的元素,因此,如果函数改变了数组元素的值,这种变化将会在主调函数中反映出来。注意:不要与 7.3 节中介绍的形参与实参的关系混淆。7.3 节所介绍的情况是"传值",而这里是"传址"。

7.6 局部变量和全局变量

一个 C 语言程序中的变量可以在这个程序的所有函数中被使用,也可以仅在一个函数中有效,这就是 C 语言中引入的局部变量和全局变量的概念。

7.6.1 局部变量

在一个函数内部定义的变量是内部变量,它只在本函数范围内有效,也就是说只有在本函数内才能使用它们,在此函数以外是不能使用这些变量的,称为局部变量。

例如:

```
  int fun1(int a)            /* 函数 fun1 */
  {   int b,c;
      ……                    /* 本函数内有 a、b、c 这 3 个变量 */
  }
  char fun2(char x,char y)   /* 函数 fun2 */
  {   int i, j;              /* 本函数内有 x、y、i、j 这 4 个变量 */
      ……
  }
  void main()
  {   int m,n;
      ……
      fun1 (10);
      fun2 (5,8);
  }
```

说明:

① main 函数中定义的变量(m,n)也只在 main 函数中有效,不因其调用了 fun1 和 fun2 函数就认为 m 和 n 也在 fun1 和 fun 2 函数中有效。

② 不同函数中可以使用相同名字的变量,它们代表不同的对象,互不干扰。假设在 fun2 函数中将定义更改为

```
  int m,n;
```

这里的 m 和 n 与 main 函数中的 m、n 互不相干,在内存中占用不同的内存单元。

③ 形参也是局部变量,例如:fun1 函数中的 a 只在 fun1 函数中起作用。

第 7 章 函 数

④ 在用"{"和"}"括起来的复合语句中可以定义变量,且这些变量只在本复合语句中起作用。例如:

```
void main()
{   int a,b;                /*变量 a 和 b 在整个 main 函数中有效*/
    ……
    {   int c;              /*变量 c 只在本复合语句中有效*/
        c = a + b;
    }
}
```

变量 c 只在复合语句内有效,离开该复合语句即无效,不能使用。

7.6.2 全局变量

一个源程序文件可以包含一个或若干个函数,在函数内定义的变量是局部变量,而在函数之外定义的变量称为外部变量。外部变量是全局变量,它的有效范围为从定义变量的位置到本源文件的结束,在此范围内的所有函数都可以使用这个变量。

例如:

```
int gi1 = 10,gi2 = 20;          /*外部变量*/
int fun1(int a)                 /*函数 fun1*/
{   int b,c;
    ……                          /*本函数内有 a、b、顿 c 这 3 个变量*/
}
char gc1,gc2;
char fun2(char x,char y)        /*函数 fun2*/
{   int i, j;
    ……                          /*本函数内有 x、y、i、j 这 4 个变量*/
}
void main()
{   int m,n;
    ……
    fun1(10);
    fun2(5,8);
}
```

gi1、gi2、gc1、gc2 都是全局变量,但它们的作用范围不同。在 main 函数和 fun2 函数中可以使用这 4 个变量,但是在 fun1 函数中只能使用 gi1 和 gi2 这 2 个变量。

一个函数中既可以使用本函数中定义的局部变量,又可以使用有效的全局变量。

说明:

① 设全局变量的作用是增加了函数间数据联系的通道。由于同一文件中的所有函数都能引用全局变量的值,因此如果在一个函数中改变了全局变量的值,就能影

响到其他函数,相当于各个函数间有直接数据传递的通道。由于函数调用只能带回一个返回值,因此有时可以利用全局变量增加函数间联系的渠道,从函数得到一个以上的返回值。在编写中断程序时,往往也是通过全局变量来进行数据的交换。

下面通过一个例子来说明。

【例7-9】 有一个一维数组,内放10个学生成绩,要求写一个函数,求出平均分、最高分和最低分。

由于函数只能有一个返回值,而这里需要有3个结果,因此,要使用全局变量。

```
float Max = 0, Min = 0;                    /* 全局变量 */
float average(float array[], int n);       /* 定义函数,形参为数组 */
{    int i;
     float aver, sum = array[0];
     Max = Min = array[0];
     for(i = 1; i<n; i++)
     {   if(array[i]<Max)     Max = array[i];
         else if(array[i]<Min)   Min = array[i];
         sum = sum + array[i];
     }
     avr = sum/i;
     return (avr);
}
```

② 如果不是十分必要,建议尽量少用全局变量。理由如下:
- 全局变量在程序的全部执行过程中都占用存储单元,而不是仅在需要时才占用。
- 全局变量降低了函数的通用性。通常在编写函数时,都希望函数具有良好的可移植性,以便其他程序中使用。一旦使用了全局变量,就必须在使用到该函数的程序中定义同样的全局变量。
- 使用全局变量过多,会降低程序的结构清晰性。在程序调试时,如果一个全局变量的值与设想的不同的,则很难判断出究竟是哪一个函数出现了差错。

③ 如果在同一源文件中,全局变量与局部变量同名,则在局部变量的作用范围内,全局变量被屏蔽,不起作用。

7.7 变量的存储类别

从7.6节中已经知道,变量从作用域(即从空间)角度来分,可以分为全局变量和局部变量;从变量值存储的时间(生存期)角度来分,可以分为静态存储方式和动态存储方式。

第7章 函 数

1. 动态存储方式与静态存储方式

静态存储方式是指在程序运行期间分配固定的存储空间的方式。动态存储方式是在程序运行期间根据需要动态分配存储空间的方式。

在 C 语言中，每一个变量和函数都有两个属性：数据类型和数据的存储类别。数据类型是指前面所谈到的字符型、整型、浮点型等；而数据的存储类别是指数据在内存中存储的方法。存储方法分为两大类，即静态存储类和动态存储类，具体包括 4 种：自动的(auto)、静态的(static)、寄存器的(register)、外部的(extern)。根据变量的存储类别，可以知道变量的作用域和生存期。这 4 类变量中，register 类型的变量是指允许将该变量保存在寄存器中而非内部 RAM 中，以便程序运行速度更快。对于目前的 C 编译器，这一指定并没有实际的意义，因此下面不再介绍 register 类型的存储类型。

2. 自动变量

函数中的局部变量如果不专门声明为 static 存储类别，则都是动态分配存储空间的。函数中的形参和在函数中定义的变量(包括在复合语句中定义的变量)都属于自动变量。在调用该函数时系统会给它们分配存储空间，在函数调用结束时就自动释放这些存储空间。因此，这类局部变量称为自动变量。自动变量用关键字 auto 进行存储类别的声明。例如：

```
int func()
{   auto int a,b,c;
    ……
}
```

在实际程序中 auto 可以省略，因此，程序中未加特别声明的都是自动变量。

3. 静态局部变量

有时希望函数中的局部变量的值在函数调用结束后不消失而保留原值，即其占用的存储单元不释放，在下一次调用该函数时，该变量的值仍得以保留。这时就将此局部变量指定为"静态局部变量"，用关键字 static 进行声明。

嵌入式编程中常有这样的要求：8 位数码管采用动态显示驱动，使用定时器中断函数显示。每次定时中断后只显示这 8 位显示器中的一位，下一次定时中断后再显示另一位，这样就需要一个计数器，该计数器的值为 0～7，对应显示第 1～8 位数码管。显然，这个计数器的值必须保持连贯，不能每次进入程序时都对其进行初始化。使用全局变量可以满足这样的要求，但是这个变量只在本函数中有效，其他函数用不到也不应当用到这个变量，因此最好不要使用全局变量，此时采用静态局部变量就较为合适。

【例 7-10】 数码管的动态显示。

```
void interrupt Disp()
{   static uchar dCount;                //定义静态局部变量
    if(TMR1IF==1&&TMR1IE==1)            //TIMER 1 中断
    {
        ……
        dCount++;
        if(dCount==8)
            dCount=0;
        TMR1IF=0;                       //清中断标志
    }
}
```

对静态局部变量说明如下：

① 静态局部变量在整个程序运行期间都不释放。

② 对静态局部变量是在编译时赋初值的，即只赋初值一次。在程序运行时已有初值，以后每次调用函数时不再重新赋值。

③ 如果定义局部变量不赋初值的话，则对静态局变量来说，编译时自动赋初值 0；而对自动变量来说，如果不赋初值则它的值是一个不确定的值。

④ 虽然静态变量在函数调用结束后仍然存在，但在其他函数中不能引用。

4. 外部变量

外部变量（即全局变量）是在函数的外部定义的，它的作用域为从变量的定义处开始，直到本程序文件的结尾处。在此作用域内，全局变量可以被程序中的各个函数所引用。

有时还需要用 extern 来声明外部变量，以扩展外部变量的作用域。

一个 C 工程可以由一个或多个源程序文件组成，如果一个源程序文件中需要引用另一个源程序文件中已定义的外部变量，就需要使用 extern 来进行声明。

如果一个程序包含了两个源程序文件，而这两个源程序文件用到了同一个外部变量 Num，则不可以在这两个程序文件中都定义 Num；否则在进行程序链接时将会出现"重复定义"的错误。正确的做法是：在任意一个文件中定义外部变量 Num，而在另一个文件中用 extern 对 Num 做外部变量声明。其中一个文件中定义如下：

```
int Num;
```

另一个文件中这么写：

```
extern int Num;
```

第7章 函数

在编译和链接时,C 编译系统会知道 Num 是一个已在别处定义的外部变量,并将在另一文件中定义的外部变量的作用域扩展到本文件,在本文件中可以合法地引用外部变量 Num。

【例 7-11】 用 extern 将外部变量的作用域扩展到其他文件。

文件 extern1.c:

```c
#include "htc.h"
#include "usart.h"
#include "stdio.h"
__CONFIG(FOSC_INTRC_NOCLKOUT & WDTE_OFF & MCLRE_OFF);
//配置文件,设置为内部 RC 方式振荡,禁止看门狗,不用 MCLR 复位

void FillArray();
unsigned int Array[10];
void main()
{   unsigned int i;
    init_comms();
    FillArray();
    for(i=0;i<10;i++)
        printf("Array[%d] = %d\n",i,Array[i]);
    for(;;){;}
}
```

文件 extern2.c:

```c
extern int Array[10];
void FillArray()
{
    unsigned char i;
    for(i=0;i<10;i++)
    {   Array[i] = i;
    }
}
```

程序实现:输入两段源程序,并分别以 extern1.c 和 extern2.c 为文件名保存文件。建立名为 extern 的工程,分别加入这两段源程序,将 extern2.c 中的"extern int Array[10];"程序行去掉前面的 extern,编译、链接,将看到如图 7-6 所示的提示信息,说明在两个文件中都定义 Array[10]是无法通过链接的。

在 extern2.c 文件中在"int Array[10];"前加上 extern 关键字,程序即能通过编译和链接。图 7-7 所示为例 7-11 程序全速运行后的结果。

第 7 章 函　数

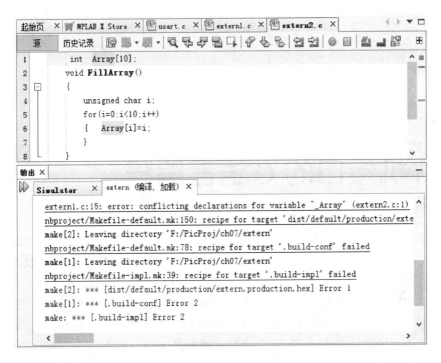

图 7-6　不加 extern 关键字无法通过编译

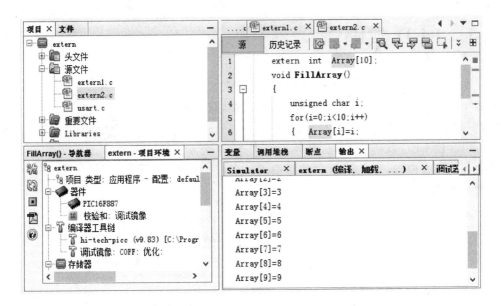

图 7-7　例 7-11 程序全速运行之后的结果

第 8 章

单片机接口的 C 语言编程

根据单片机的工作需要和用户的不同要求,单片机应用系统常常需要配接键盘、显示器、A/D 转换器、D/A 转换器等外设。接口技术就是解决计算机与外设之间相互联系的问题。

本章给出了一些成熟软件包及一些常用器件的驱动程序。读者可以自己动手,利用这些软件包和驱动程序去解决一些实际问题。刚开始学习时,只要学会如何使用这些驱动程序就可以了,用得多了,自然就明白其中的一些奥妙了。当在实际应用中遇到新的器件时,把具有类似接口的器件驱动程序作为参考,编写新器件的驱动程序就会比较容易。

8.1 LED 数码管

在单片机控制系统中,常用 LED 数码管来显示各种数字或符号。这种显示器显示清晰,亮度高,接口方便,因此被广泛应用于各种控制系统中。

图 8-1 LED 数码管

以 8 位 LED 数码管为例,其外形如图 8-1 所示。其内部结构有两种,即共阳型和共阴型,其电路原理图分别如图 8-2(a)和(b)所示。

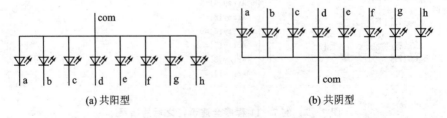

图 8-2 8 位 LED 数码管的电路原理图

8.1.1 静态显示接口

在单片机应用系统中,显示器的显示方式有两种:静态显示和动态扫描显示。所谓静态显示,是指当显示器显示某一个字符时,相应段的发光二极管处于恒定的导通或截止状态,直到需要显示另一个字符为止。

当 LED 数码管工作于静态显示方式时:如果数码管是共阴型的,则公共端接地;如果显示器是共阳型的,则公共端接正电源。每位 LED 数码管的 8 位字段控制线(a~h)分别与一个具有锁存功能的输出引脚连接。采用这种工作方式的 LED 亮度高,软件编程也比较容易,但是它占用比较多的 I/O 口资源。

LED 静态显示方式的接口可以有多种不同的电路形式,其中使用 74HC595 芯片组成的静态显示接口电路简单易用,应用广泛。

74HC595 是具有锁存功能的移位寄存器,其内部结构框图如图 8-3 所示。从图中可以看出,74HC595 内部有一个带有进位位的 8 位移位寄存器,一个存储寄存器和一个三态输出控制器。当时钟端 SRCLK(第 11 脚)有时钟脉冲时,移位寄存器将串行输入端 SER(第 14 脚)的数据转换成为并行输出。在串行数据开始输入之前,将 RCLK 引脚置 0,移位寄存器的输出不会被送入存储寄存器,在 8 位数据全部送完后,将 RCLK 引脚置 1,才会将新的数据送入存储寄存器中。存储寄存器经过三态控制器缓冲后,对外输出。这样,在整个数据传输期间,74HC595 的输出端数据始终保持稳定不变。8 位移位寄存器的进位位单独引出(第 9 脚),可以方便地进行阶联,将多片 74HC595 串接起来使用。

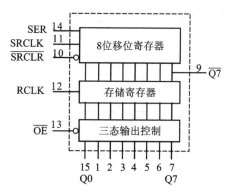

图 8-3　74HC595 的内部结构框图

74HC595 的逻辑功能如表 8-1 所列。其中:

H——高电平;

L——低电平;

↑——上升沿;

↓——下降沿;

第8章 单片机接口的 C 语言编程

X——无关紧要,高电平或低电平均不影响。

表 8-1 74HC595 的逻辑功能表

输入引脚					功　能
SER	SRCLK	SRCLR	RCLK	OE	
X	X	X	X	H	禁止 Q0~Q7 输出
X	X	X	X	L	允许 Q0~Q7 输出
X	X	L	X	X	清除内部移位寄存器
L	↑	H	X	X	移位寄存器的首位变低,其余各位依次前移
H	↑	H	X	X	移位寄存器的首位变高,其余各位依次前移
X	↓	H	X	X	移位寄存器的内容不发生变化
X	X	X	↑	X	移位寄存器中的数据送入存储寄存器
X	X	X	↓	X	存储寄存器的输出不发生变化

图 8-4 所示为以 74HC595 组成的静态显示接口的电路图,通过 6 片 74HC595 作为 6 位 LED 显示器的静态显示接口。其中第一片 74HC595 的串行数据输入端 (SER)接到 PIC 单片机的任意一个 I/O 端,后面的 74HC595 芯片的 SER 端则接到前一片 74HC595 的 Q7(第 9 脚)端。所有 74HC595 芯片的 SRCLK 端并联接到单片机的任意一个 I/O 端。RCLK 是锁存允许端,当 RCLK 引脚上有上升沿且其他条件符合时,移位寄存器中的内容将被送入存储寄存器。

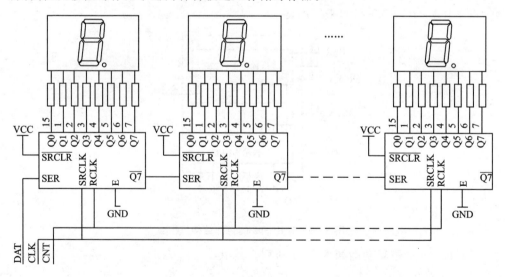

图 8-4 74HC595 静态显示接口电路图

了解 74HC595 芯片的功能后,即可写出驱动程序。下面通过一个例子来说明。

【例 8-1】 使用 74HC595 制作 6 位静态显示电路,在数码管上分别显示

123456。

```c
#include "HTC.h"
typedef unsigned char uchar;
typedef unsigned int  uint;
__CONFIG(FOSC_INTRC_NOCLKOUT & WDTE_OFF & MCLRE_OFF );
//配置文件,设置为内部RC方式振荡,禁止看门狗,不用MCLR复位


#define Dat RC1              //定义串行数据输入端
#define Clk RC0              //定义时钟端
#define RCK RC2              //定义控制端

uchar  DispBuf[6] = {6,5,4,3,2,1};
const  uchar DispTab[ ] = {0xC0,0xF9,0xA4,0xB0,0x99,0x92,0x82,0xF8,0x80,0x90,
0x88,0x83,0xC6,0xA1,0x86,0x8E,0xFF};    //定义定形码表
void SendData(unsigned char SendDat)    //传送1字节的数据
{   unsigned char  i;
        for(i = 0;i<8;i++)
        {   if((SendDat&0x80) == 0)
                Dat = 0;
            else
                Dat = 1;
            Clk = 0;
            Clk = 1;
            SendDat = SendDat<<1;
        }
}
void Disp()
{   uchar c;
    uchar  i;
    RCK = 0;                            //存储寄存器输入禁止
    for(i = 0;i<6;i++)
    {   c = DispBuf[5 - i];             //取出待显示字符,且调整顺序
        SendData(DispTab[c]);           //送出字形码数据
    }
    RCK = 1;                            //存储寄存器输入允许
}
void main()
{   TRISC = 0;                          //设置PORTC为输出
    Disp();
    for(;;);
}
```

第8章 单片机接口的 C 语言编程

程序实现：输入源程序，命名为 74hc595.c，建立名为 74HC595 的工程，将源程序加入其中，编译、链接通过。

参考图 8-5，在 Proteus 中绘制显示电路，双击 U1 打开 Edit Component 对话框，在 Program File 列表框中选择 74HC595 工程所生成的 74HC595.production.cof 文件，单击"▶"按钮运行程序，结果如图 8-5 所示。

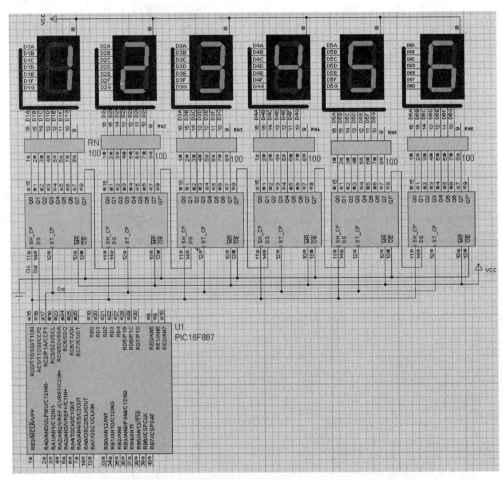

图 8-5 使用 74HC595 的静态显示效果

程序分析：

① 由于 6 片 74HC595 串联，单片机第 1 次送出来的数先进入直接与单片机相连的第 1 片 74HC595，然后依次向第 2、3、4、5、6 片 74HC595 中传送。在单片机送出了第 6 个数据后，第 1 个被送出的数据最终被传送到右边的那片 74HC595 芯片中。在单片机执行 RCK=1 的指令后，RCK 引脚由低电平变为高电平，原本存储在各芯片移位寄存器中的数据被送入存储寄存器，由于 OE 端直接接地，因此 6 片

74HC595 立即将此数据送到输出引脚，6 个数字同时显示出来。

② 由于 74HC595 芯片内带有存储寄存器，因此，数据传送时不会立即出现在输出引脚上，只有在给 RCLK 上升沿后，才会将数据集中输出。因此，该芯片比另一种常用的串/并转换芯片 74HC164 更适于快速和动态地显示数据。

③ 由于 74HC595 拉电流和灌电流的能力都很强（典型值为 ±35 mA），因此，数码管既可以使用共阳型，也可以使用共阴型。

8.1.2 动态显示接口

LED 显示器动态接口的基本原理是利用人眼的视觉暂留效应。接口电路把所有显示器的 8 个笔段 a~h 分别连接在一起，构成"字段输出口"。每一个显示器的公共端 COM 各自独立地受 I/O 线控制，称为位扫描口。CPU 向字段输出口送出字形码时，所有的显示器都能接收到，但是究竟点亮哪一个显示器，取决于当时位扫描口的输出端接通了哪一个 LED 显示器的公共极。所谓动态，就是利用循环扫描的方式，分时轮流选通各显示器的公共极，使各个显示器轮流导通。当扫描速度达到一定程度时，人眼就分辨不出来了，认为是各个显示器同时发光。

图 8-6 所示为实验板上的 LED 数码管的动态显示接口电路。这里的 LED 数

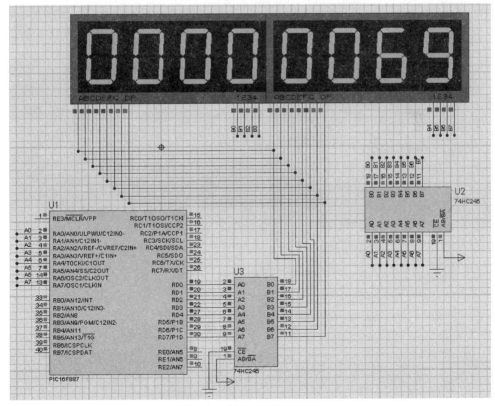

图 8-6 动态显示接口电路

第8章 单片机接口的 C 语言编程

码管采用共阳型方式,PORTD 作为段控制,PORTA 作为位控制。PORTA 和 PORTD 都接了 74HC245 作为功率驱动。

下面是使用中断方式编写的动态数码管显示程序。

【例 8 - 2】 动态数码管显示程序。使用定时中断实现显示的程序,第 1~5 位各位始终显示 0,第 6~8 位显示计数器 Count 的值,Count 的值在 0~999 之间变化。

```c
#include "HTC.h"
#include "stdio.h"
typedef unsigned char uchar;
typedef unsigned int uint;
#define Hidden 16
__CONFIG(FOSC_INTRC_NOCLKOUT & WDTE_OFF & MCLRE_OFF );
//配置文件,设置为内部 RC 方式振荡,禁止看门狗,不用 MCLR 复位

uchar DispTab[] = {0xC0,0xF9,0xA4,0xB0,0x99,0x92,0x82,0xF8,0x80,
0x90,0x88,0x83,0xC6,0xA1,0x86,0x8E,0xFF};
uchar BitTab[] = {0x01,0x02,0x04,0x08,0x10,0x20,0x40,0x80};
uchar DispBuf[8] = {0,0,0,0,0,0,0,0};
void mDelay(uint DelayTime)
{   uint temp;
    for(;DelayTime>0;DelayTime--)
    {   for(temp = 0;temp<165;temp++)
        {;}
    }
}
void interrupt Disp()
{   static uchar dCount;                //用作显示的计数器
    if(TMR1IF == 1&&TMR1IE == 1)        //是 TIMER1 中断
    {
        TMR1H = -(4000/256);
        TMR1L = -(4000%256);            //重置定时初值
    }
    PORTA = 0;                          //关显示
    PORTD = DispTab[DispBuf[dCount]];   //显示第 i 位,显示缓冲区中的内容
    PORTA| = BitTab[dCount];            //位码
    dCount++;
    if(dCount == 8)
        dCount = 0;
    TMR1IF = 0;                         //清中断标志
}
```

```
void main()
{   uchar Count = 0;
    uchar tmp;
    ANSEL = 0;                          //设定 PORTA 为数字端口
    TRISA = 0;                          //PORTA 0~5 设为输出
    TRISD = 0;                          //PORTD 设为输出

///////////////////////////////TIMER1 设置
    TMR1CS = 0;                         //将 TIMER1 设为工作于定时器状态
    TMR1ON = 1;                         //启动 TIMER1
    TMR1IE = 1;
////////////////////////////////中断控制
    GIE = 1;                            //总中断允许
    PEIE = 1;                           //外围部件中断允许

    for(;;)
    {
        Count ++ ;
        tmp = Count;
        DispBuf[7] = tmp % 10;
        tmp/ = 10;
        DispBuf[6] = tmp % 10;
        DispBuf[5] = tmp/10;
        mDelay(100);
        if(Count>999)
            Count = 0;
    }
}
```

程序实现：输入源程序，命名为 dled.c，建立名为 dled 的工程，将源程序加入其中，编译、链接通过。在 Proteus 中建立名为 dled 的工程文件，参考图 8-6 绘制电路图。双击 U1 打开 Edit Component 对话框，在 Program File 列表框中选中 MPLAB 中生成的 dled.Production.cof 文件，单击"▶"按钮运行程序，结果如图 8-6 所示。

注：配套资料\picprot\ch08\dled 文件夹中名为 dled.avi 的文件记录了这一过程，供读者参考。

程序分析：中断部分的程序流程图如图 8-7 所示。程序中使用了一个 static 型的计数器 Count，每次进入中断服务程序，Count 即加 1，加到 8 时回 0，即 Count 的值始终在 0~7 之间变化，对应显示第 1~8 位数码管。在得到要显示的某位后，通过查表的方式,查位码表查出位码。

首先执行

```
PORTA = 0;
```

将 PORTA 全部清 0,目的是关断前一次数码管的显示。再执行

```
PORTA| = BitTab[dCount];      //将位码送到 PORTA 端
```

然后,根据 Count 的值取出显示缓冲单元中的值:

```
tmp = DispBuf[Count];          //根据当前的计数值取显示缓冲单元中的待显示值
```

接下来,根据这个值查找字形码:

```
tmp = DispTab[tmp];            //取字形码
```

最后,将这个字形码值送往 PORTD 口即可显示出来。

  这个程序有一定的通用性,不论显示的位数是多少,与端口如何连接,只要对程序中有关硬件端口操作的部分略做改动,就可以满足不同的显示要求。

  从这两个动态显示程序可以看出,和静态显示相比,动态扫描的程序有些复杂。不过,这是值得的,因为动态扫描的方法节省了硬件开支。

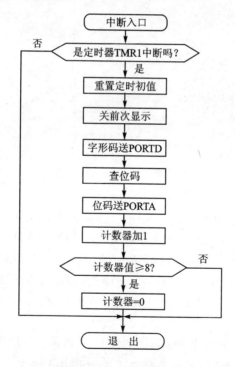

图 8-7　动态扫描流程图

8.2 键盘接口及应用

在单片机应用系统中，经常会要求有人机对话功能（例如将数据输入仪器），或对系统运行进行控制等，这时就需要键盘。

计算机所用的键盘有全编码键盘和非编码键盘两种。全编码键盘能够由硬件逻辑自动提供与按键对应的编码，通常还有去抖、多键识别等功能。这种键盘使用方便，但价格较高，一般的单片机应用系统中较少采用。非编码键盘只简单地提供行和列的矩阵，其他工作都靠软件来完成。由于其经济实用，单片机应用系统中多采用后者，因此，本节仅介绍非编码键盘接口。

8.2.1 键盘工作原理

单片机系统中一般由软件来识别键盘上的键是否闭合。图 8-8 所示为单片机键盘的一种接法。编程时，将 RC0～RC3 引脚设置为输入工作方式。由于每个引脚均接有上拉电阻，因此，当没有按键被按下时，所有引脚均为高电平，而当某个引脚所接按键被按下时，相应引脚即变为低电平。程序中读出 PORTC 的值，判断相应位是否为 0，即可判断该引脚所接按键是否被按下。

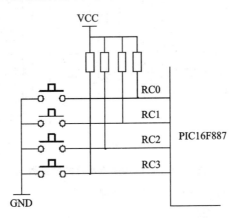

图 8-8 键盘接法之一

为使单片机能正确地读出键盘所接 I/O 的状态，对每一次按键只响应一次，必须考虑如何去除抖动。常用的去抖动方法有两种：硬件法和软件法。单片机中常用软件法，故这里不介绍硬件去抖动的方法。

软件法去抖动的思路是，在单片机获得某接有按键的 I/O 口为低电平的信息后，不是立即认定该键已被按下，而是延时 10 ms 或更长时间后再次检测该 I/O 口。如果仍为低电平，则说明该键的确被按下了，这实际上是避开了按键按下时的前沿抖动。在检测到按键被释放后（该 I/O 口为高电平）再延时 5～10 ms，消除按键被释放时的后沿抖动,然后再对键值处理。

当然,实际应用中,键的机械特性各不相同,对按键的要求也是千差万别,需要根据不同的需要来编写处理程序,但要遵循以上消除键抖动的原则。

8.2.2 键盘与单片机的连接

将每个按键的一端接到单片机的 I/O 口,另一端接地,这是最简单、最常用的一种方法,但它需要单独占用一个 I/O 口。对于 PIC 单片机来说,由于其端口既可以作为输入来用,又可以作为输出来用,而且其输出有很强的驱动能力,因此,常用的一种技巧就是将其引脚分时复用,同一引脚既作为输出使用又作为输入使用。

图 8-9 所示为 PORTC 口驱动 8 个发光二极管,同时又可接 8 个按键。100 kΩ 的排电阻接发光管的阴极,公共端接高电平。10 kΩ 的排电阻接发光二极管的阴极,公共端接地。

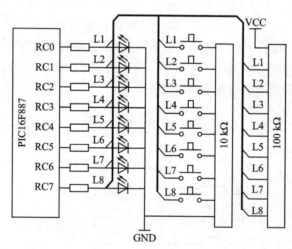

图 8-9 按键控制流水灯的电路图

下面以 RC0 引脚为例来说明其工作原理。

通常 RC0 工作于输出状态,输出 1 时发光二极管点亮,输出 0 时发光二极管熄灭。当需要检测按键时,把 RC0 改为输入模式,经 100 kΩ 的电阻后,LED 中几乎没有电流通过,保证 RC0 中按键没有按下时为高电平。当有按键按下时,10 kΩ 电阻与 100 kΩ 电阻分压,RC0 引脚上的电压约为 0.5 V,RC0 读到低电平 0。检测期间 LED 是熄灭的,但由于检测速度很快,利用人眼的视觉暂留效应,故我们并不会发觉发光二极管的发光状态有什么变化。

【例 8-3】 键控流水灯。

本程序实现由按键控制的流水灯功能,这里只用到接在 RC0~RC3 上的 4 个键,其定义如下:

RC0:开始,按下此键则流水灯开始流动(由上而下)
RC1:停止,按下此键则流水灯停止流动,所有灯为暗
RC2:上,按下此键则流水灯由上向下流动
RC3:下,按下此键则流水灯由下向上流动
/*********************
键控流水灯程序
*********************/
```c
#include "HTC.h"
__CONFIG(FOSC_INTRC_NOCLKOUT & WDTE_OFF & MCLRE_OFF );
//配置文件,设置为内部RC方式振荡,禁止看门狗,不用MCLR复位


typedef unsigned char   uchar;
typedef unsigned int    uint;

bit     UpDown = 0;                         //上/下流动标志
bit     StartEnd = 0;                       //启动及停止标志
/*延时程序,由参数Delay确定延迟时间*/
void mDelay(uint DelayTime)
{   uchar temp;
    for(;DelayTime>0;DelayTime--)
    {   for(temp=0;temp<165;temp++)
        {;}
    }
}
void KProce(uchar KValue)                   //键值处理
{   if((KValue&0x01)==0)
        StartEnd = 1;
    if((KValue&0x02)==0)
        StartEnd = 0;
    if((KValue&0x4)==0)
        UpDown = 1;
    if((KValue&0x8)==0)
        UpDown = 0;
}
uchar Key()
{   uchar KValue;
    uchar tmp;
    TRISC = 0xff;
    mDelay(1);
    KValue = PORTC;
    if(KValue==0xff)                        //均为1,无键按下
```

第 8 章　单片机接口的 C 语言编程

```c
    {
        return(0);                          //返回
    }
    mDelay(10);                             //延时 10 ms,去键抖
    KValue = PORTC;
    if(KValue == 0xff)                      //无键按下
    {
        return(0);                          //返回
    }
    //如尚未返回,说明一定有键被按下
    for(;;)
    {   tmp = PORTC;
        if(tmp == 0xff)
        break;                              //等待按键释放
    }
    return(KValue);
}
uchar cror(uchar Data, uchar cl)
{   Data = (Data>>cl)|(Data<<(8-cl));
    return Data;
}
uchar crol(uchar Data,uchar cl)
{   Data = (Data<<cl)|(Data>>(8-cl));
    return  Data;
}
void main()
{   uchar KValue;                           //存放键值
    uchar LampCode;                         //存放流动的数据代码
    TRISC = 0;                              //PORTC 作为输出使用
    PORTC = 0;
    LampCode = 0x01;
    for(;;)
    {   KValue = Key();                     //调用键盘程序并获得键值
        TRISC = 0;
        if(KValue)                          //如果该值不等于 0
        {   KProce(KValue);                 //则调用键盘处理程序
        }
        if(StartEnd)                        //要求流动显示
        {
            PORTC = LampCode;
            if(UpDown)                      //要求由上向下
            {   LampCode = cror(LampCode,1);
```

```
            }
        else
           {  LampCode = crol(LampCode,1);         //否则要求由下向上
           }
           mDelay(500);
        }
     else
        {  PORTC = 0x0;                            //关闭所有显示
        }
    }
}
```

程序实现：输入源程序并命名为 keyled.c，建立名为 keyled 的工程，加入 keyled.c 源文件，并编译、链接通过。

打开 Proteus 软件，参考图 8-10 绘制仿真图形。注意：

① 绘制发光二极管时，双击发光二极管图标，打开 Edit Component 对话框，将 Full Driver Current 后的文本框中的电流值由 10 mA 改为 1 mA，这样可使效果更明显一些。

② 仿真时，必须在所有发光二极管阴极连线与地之间接入一个稳压值为 2.7 V 或

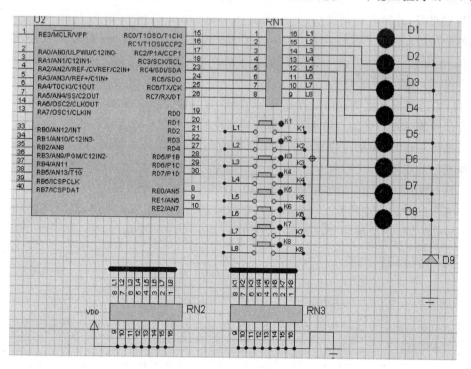

图 8-10　键控流水灯电路原理图

第 8 章 单片机接口的 C 语言编程

者 3.3V 的稳压管，才能有现象演示出来。实际硬件电路中并不需要这样一个二极管。

图画好后，双击 U1 芯片，打开 Edit Component 对话框，在 Program File 文本框中选择 keyled.production.cof 文件。单击"▶"按钮运行程序，单击 K1 按键，可以观察到灯开始流动，单击 K3 按键则灯流动的方向发生变化，单击 K4 按键则灯的流动方向又回到原来的状态，单击 K2 按键则灯停止流动，并全部熄灭。

注：配套资料\picprog\ch08\key1 文件夹中名为 keyled.avi 的文件记录了这一过程，供读者参考。

程序分析：本程序演示了一个键盘处理程序的基本思路，进入 Key 函数后，首先将 PORTC 引脚置为输入，读出 PORTC 口的值，然后判断这个值是否等于 0xFF。如果相等，则说明没有键被按下，直接返回；否则，说明有键按下，延时一段时间（10 ms 左右）后再次检测，如果仍有键被按下，则读出键值。随后不断读键值以等待键被释放。当再次读到键值为 0xFF 时，说明键已被松开，即可带键值返回调用函数中。返回调用函数后立即将 PORTC 置为输出。

调用函数获得键值后，将该键值送往 KProcess 函数处理，根据要求置位或复位相应的标志位。

为实现灯的流动效果，需要控制数据实现循环左移或者循环右移功能。例如：当用于灯显示控制的变量 LampCode=0x01 时，若将此数据送到 PORTC，则 RC0 所接 LED 被点亮，此后若数据按 0x01→0x02→0x04→0x08→0x10→0x20→0x40→0x80→0x01 的顺序循环左移，则实现了流水灯由上向下亮；而如果数据按照 0x01→0x80→0x40→0x20→0x10→0x08→0x04→0x02→0x01 的顺序循环右移，则实现了流水灯由下往上点亮。

C 语言中只有实现移位的操作符"≫"和"≪"，而并没有实现循环移位的操作符或者是函数，因此，必须自行编写代码实现字符的循环左移或者循环右移。

循环左移时，用从左边移出的位填充字的右端；而循环右移时，用从右边移出的位填充字的左侧。

例：数 c1=1101 1110，循环左移 2 位，正确结果应该是 0111 1011。

实现的方法是先将数 c1 右移 6 位，将原来高 2 位数据移到末尾，然后将数 c1 左移 2 位，最后将两个数相"或"即可。设 cTmp 为一个中间变量，即

```
cTmp = c1≫6;
c1 = c1≪2;
c1 = c1|cTmp;
```

其中 cTmp=c1≫6 式子中的 6 是用 8 减去待移位次数 2 得到的，而 8 则是一个字节所包含的位数。

中间变量 cTmp 并非必要，可以省略。因此，如果待移动的数据是 c，要移动的次数是 n，则循环左移写为

$$c \ll n | c \gg (8-n)$$

循环右移写为

$$c \gg n | c \ll (8-n)$$

以上两个式子就是程序中函数 cror 和 crol 的来历。

8.3 I²C 总线接口

传统的单片机外围扩展通常使用并行方式,即单片机与外围器件用 8 根数据线进行数据交换,再加上一些地址线、控制线,占用了单片机大量的引脚,这是令人难以忍受的。目前,越来越多的新型外围器件采用了串行接口。因此,可以说,单片机应用系统的外围扩展已从并行方式过渡到以串行方式为主的时代。常用的串行接口方式有 UART、SPI、I²C 等,其中 UART 接口技术在第 6 章中已介绍,SPI 接口技术将在 8.4 节中介绍,本节仅介绍 I²C 总线扩展技术。

8.3.1 I²C 总线接口概述

I²C 总线是一种用于 IC 器件之间连接的二线制总线,它通过 SDA 和 SCL 两根线与连到总线上的器件之间传送信息。总线上的每个节点都有一个固定的节点地址,根据地址识别每个器件,可以方便地构成多机系统和外围器件扩展系统。其传输速率为 100 Kb/s(改进后的规范为 400 Kb/s),总线的驱动能力为 400 pF。

I²C 总线为双向同步串行总线,因此,I²C 总线接口内部为双向传输电路,总线端口输出为开漏结构,故总线必须要接有 5~10 kΩ 的上拉电阻。

挂接到总线上的所有外围器件、外设接口都是总线上的节点。在任何时刻,总线上只用一个主控器件实现总线的控制操作,对总线上的其他节点寻址,分时实现点对点的数据传送。

I²C 总线上所有的外围器件都有规范的器件地址。器件地址由 7 位组成,它和 1 位方向位构成了 I²C 总线器件的寻址字节 SLA,其格式见表 8-2。

表 8-2　I²C 总线器件的寻址字节 SLA

D7	D6	D5	D4	D3	D2	D1	D0
DA3	DA2	DA1	DA0	A2	A1	A0	R/$\overline{W}$

器件地址(DA3、DA2、DA1、DA0):I²C 总线外围接口器件固有的地址编码,在器件出厂时就已给定,例如 I²C 总线器件 AT24Cxx 的器件地址为 1010。

引脚地址(A2、A1、A0):由 I²C 总线外围器件地址端口 A2、A1、A0 在电路中接电源或接地的不同,而形成的地址数据。

数据方向(R/$\overline{W}$):数据方向位规定了总线上主节点对从节点的数据方向,该位为 1 表示接收,该位为 0 表示发送。

下面以 24 系列 EEPROM 为例来介绍 I^2C 类接口芯片的使用。

8.3.2 24 系列 EEPROM 的结构及特性

在单片机应用中,经常会有一些数据需要长期保存,近年来,随着非易失性存储器技术的发展,EEPROM 常被用于断电后的数据存储。在 EEPROM 应用中,目前应用非常广泛的是串行接口的 EEPROM,24 系列(AT24Cxx)就是这样一类芯片。

1. 特性介绍

典型的 24 系列的 EEPROM 有 24C01(A)/02(A)/04(A)/08/16/32/64 等型号,它是一种采用 CMOS 工艺制成的内部容量分别是 128/256/512/1 024/2 048/4 096/8 192×8 位的、具有串行接口的、可用电擦除的可编程只读存储器,一般简称为串行 EEPROM。这种器件一般具有两种写入方式:一种是字节写入,即单个字节的写入;另一种是页写入方式,允许在一个周期内同时写入若干个字节(称为一页),页的大小取决于芯片内页寄存器的大小。不同公司的产品,其页容量是不同的,同一公司的不同品种,其页容量也不一定相同,例如 ATMEL 的 AT24C01/01A/02A 的页寄存器为 4 字节、8 字节、8 字节,而微芯公司的 24C01A/02A 的页寄存器容量都是 2 字节。擦除/写入的次数一般在 10 万次以上,也有一些(如微芯公司的 24AA01)已达 1 000 万次。断电后数据保存时间一般可达 40 年以上,有的可达 100 年以上。

2. 引脚图

AT24Cxx 芯片有多种封装形式。以 8 引脚双列直插式为例,芯片引脚如图 8-11 所示,各引脚定义如下:

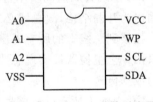

图 8-11　AT24Cxx 芯片引脚图

SCL:串行时钟端。SCL 信号用于对输入和输出数据的同步,写入串行 EEPROM 的数据用其上升沿同步,输出数据用其下降沿同步。

SDA:串行数据输入/输出端。这是串行双向数据输入/输出线,这个引脚是漏极开路驱动,可以与任何数目的其他漏极开路或集电极开路的器件构成"线或"连接。

WP:硬件数据写保护。当该引脚接地时,可以对整个存储器进行正常的读/写操作;当该引脚接高电平时,芯片就具有数据写保护功能,被保护部分因芯片型号而异,对 24C01A 而言,是整个芯片被保护。被保护部分的读操作不受影响,但不能写入数据。

A0、A1、A2:片选或页面选择地址输入。

VCC:电源端。

VSS:接地端。

第8章 单片机接口的C语言编程

3. 串行 EEPROM 芯片寻址

在一条 I^2C 总线上可以挂接多个具有 I^2C 接口的器件。在一次传送中,单片机所送出的命令或数据只能被其中的某一个器件接收并执行。因此,所有的串行 I^2C 接口芯片都需要一个 8 位的含有芯片地址的控制字,这个控制字可以确定本芯片是否被选通以及将进行读操作还是写操作。这个 8 位的控制字节的前 4 位是针对不同类型器件的特征码,对于串行 EEPROM 而言,这个特征码是 1010。控制字的第 8 位是读/写选择位,以决定微处理器对 EEPROM 进行读操作还是写操作。该位为 1,表示读操作;该位为 0,表示写操作。除这 5 位外,另外的 3 位在不同容量的芯片中有不同的定义。

在 24 系列 EEPROM 的小容量芯片里,使用 1 字节来表示存储单元的地址。但对于容量大于 256 字节的芯片,用 1 字节来表示地址就不够了,可采用以下两种方法来表示。

第一种方法是针对从 4 Kb(512 B)开始到 16 Kb(2 KB)的芯片,利用了控制中的 3 位来定义,其定义如表 8-3 所列。

表 8-3 EEPROM 芯片地址定义

位 芯片容量/Kb	D7	D6	D5	D4	D3	D2	D1	D0
1,2	1	0	1	0	A2	A1	A0	R/$\overline{W}$
4	1	0	1	0	A2	A1	P0	R/$\overline{W}$
8	1	0	1	0	A2	P1	P0	R/$\overline{W}$
16	1	0	1	0	P2	P1	P0	R/$\overline{W}$
32	1	0	1	0	A2	A1	A0	R/$\overline{W}$
64	1	0	1	0	A2	A1	A0	R/$\overline{W}$

从表 8-3 中可以看出,对 1 Kb 和 2 Kb 的 EEPROM 芯片,控制字中的 D3、D2、D1 这 3 位代表的是芯片地址 A2、A1、A0,与引脚名称 A2、A1、A0 对应。如果引脚 A2、A1、A0 所接的电平与命令字所送来的值相符,则代表本芯片被选中。例如:将某芯片的 A2、A1、A0 均接地,那么要选中这块芯片,则发送给芯片的命令字中这 3 位应当均为 0。这样,一共可以有 8 片 1 Kb 和 2 Kb 的芯片并联,只要它们的 A2、A1、A0 的接法不同,就能够通过指令来区分这些芯片。

对于 4 Kb 容量的芯片,D1 位被用作芯片内单元地址的一部分(4 Kb 即 512 B 需要 9 位地址信号,其中 1 位是 D1),只有 A2 和 A1 这 2 根地址线,所以最多只能接 4 片 4 Kb 芯片,8 Kb 容量的芯片只有 1 根地址线,所以只能接 2 片 8 Kb 芯片,至于 16 Kb 的芯片,则只能接 1 片。

第二种方法是针对 32 Kb 以上的 EEPROM 芯片,它们需要 12 位以上的地址,但这里已经没有可以借用的位了。解决办法是把指令中的存储单元地址由1字节改为2字节,这时A2、A1、A0又恢复为芯片的地址线来使用,所以最多可以接8块这样的芯片。

例如:AT24C01A芯片的A2、A1、A0均接地,那么该芯片的读控制字为1010 0001B,用十六进制表示为A1H;而该芯片的写控制字为1010 0000B,用十六进制表示为A0H。

8.3.3　24系列EEPROM的使用

PIC16F887单片机有硬件I^2C接口。以下提供一个使用该硬件接口编写的软件包。由于使用的是硬件接口,因此必须按照PIC16F887芯片数据手册的要求来进行硬件连接,即将单片机的SCL引脚(RC3)、SDA引脚(RC4)分别连接到AT24C01A的SCK引脚和SDA引脚。

这个软件包提供了两个函数用来从EEPROM中读出数据和向EEPROM中写入数据。其中,第一个函数:

```
void WrToROM(uchar Data[],uchar Address,uchar Num)
```

用来向EEPROM中写入数据。这个函数有3个参数:第1个参数是数组,用来存放待写数据的地址;第2个参数是指定待写EEPROM的地址,即准备从哪个地址开始存放数据;第3个参数是指定拟写入的字节数。

第二个函数:

```
void    RdFromROM(uchar Data[],uchar Address,uchar Num)
```

用来从EEPROM中读出指定字节的数据,并存放在数组中。这个函数同样有3个参数:第1个参数是数组地址,从EEPROM中读出的数据依次存放该数组中;第2个参数指定从EEPROM的哪个单元开始读;第3个参数是指定读多少个数据。

接下来,在调用函数中定义一个数组,用以存放待写入的数据,或读出数据之后用来存放数据,最后调用相关函数即可完成相应的操作。

软件包的源程序如下:

```
void Idle(void)                         //I²C空闲检测
{
    while((SSPCON2 & 0x1F)|(I2C_READ))
        continue;
}

void WrToRom(uchar Data[], uchar Address,uchar Num)
{   uchar i;
    SEN = 1;                            //发送起始命令
```

```c
        while(SEN);                    //SEN 被硬件自动清 0 之前循环等待
        SSPBUF = 0b10100000;           //控制字送入 SSPBUF
        Idle();                        //空闲检测
        if(!ACKSTAT);                  //是否有应答?
        else                           //ACKSTAT = 1 表示从器件无应答,直接返回
            return ;
        SSPBUF = Address;              //地址送入 SSPBUF
        Idle();                        //I²C 空闲检测
        if(!ACKSTAT);                  //应答位检测,ACKSTAT = 0 表示从器件有应答
        else                           //ACKSTAT = 1 表示从器件无应答,直接返回
            return ;
        for(i = 0;i<Num;i ++ )
        {
            SSPBUF = Data[i];          //数据送入 SSPBUF
            Idle();                    //空闲检测
            if(!ACKSTAT);              //应答位检测,ACKSTAT = 0 表示从器件有应答
            else                       //ACKSTAT = 1 表示从器件无应答,直接返回
                return ;
        }
        PEN = 1;                       //初始化重复停止位
        while(PEN);                    //PEN 被硬件自动清 0 之前循环
        //EEPROM 内部写周期一般为 3～10 ms,主机必须查询内部写入过程是否结束
        for(;;)
        {   SEN = 1;                   //发送起始位
            while(SEN);                //SEN 被硬件自动清 0 之前循环等待
            SSPBUF = 0b10100000;       //控制字送入 SSPBUF
            Idle();                    //空闲检测
            PEN = 1;                   //发送停止位
            while(PEN);                //PEN 被硬件自动清 0 前循环
            if(!ACKSTAT)               //应答位检测,ACKSTAT = 0 表示从器件有应答
                break;                 //ACKSTAT = 1 表示从器件无应答,直接返回
        }
}


void RdFromRom(uchar Data[],uchar Address,uchar Num)
{   uchar i;
    SEN = 1;                           //发送起始信号
    while(SEN);                        //SEN 被硬件自动清 0 之前循环等待
    SSPBUF = 0b10100000;               //写控制字送入 SSPBUF
    Idle();                            //空闲检测
    if(!ACKSTAT);                      //应答位检测,ACKSTAT = 0 表示从器件有应答
```

```
        else
            return ;
        SSPBUF = Address;              //地址送入 SSPBUF
        Idle();                        //空闲检测
        if(!ACKSTAT);                  //应答位检测,ACKSTAT = 0 表示从器件有应答
        else                           //ACKSTAT = 1 表示从器件无应答,直接返回
            return ;
        for(i = 0;i<Num;i ++ )
        {
            RSEN = 1;                  //重复 START 状态
            while(RSEN);               //等待 START 状态结束
            SSPBUF = 0b10100001;       //读数据的控制字送入 SSPBUF
            Idle();                    //空闲检测
            if(!ACKSTAT);              //应答位检测,ACKSTAT = 0 表示从器件有应答
            else                       //ACKSTAT = 1 表示从器件无应答,直接返回
                return ;
            RCEN = 1;                  //允许接收
            while(RCEN);               //等待接收结束
            ACKDT = 1;                 //接收结束后不发送应答位
            ACKEN = 1;
            while(ACKEN);              //ACKEN 被硬件自动清 0 之前不断循环
            Data[i] = SSPBUF;          //数据写入 SSPBUF
        }
        PEN = 1;                       //发送停止位
        while(PEN);                    //PEN 被硬件自动清 0 之前循环
    }
```

9.4 节将介绍关于该软件包操作 24C01A 器件的实例,这里就不再举例了。

8.4　93Cxx 系列 EEPROM 的使用

SPI 接口也是一种常用串行接口,93Cxx 系列是具有 SPI 接口的 EEPROM。以下通过该芯片的学习来了解 SPI 接口的相关知识。

8.4.1　93Cxx 系列 EEPROM 的结构及特性

93Cxx 系列 EEPROM 有 93C46/93C56/93C66 等型号,分别对应内置 1 Kb/2 Kb/4 Kb 的 EEPROM。其特点如下:
- 可提供工作电压低至 1.8 V 的型号。
- 可组织为 8 位或 16 位的格式。

第 8 章　单片机接口的 C 语言编程

- 三线制串行接口。
- 2 MHz 的时钟周期。
- 高可靠性：
  —1 000 000 次的擦写次数；
  —100 年的保存时间；
  —ESD 保护 >4 000 V。

93Cxx 系列 EEPROM 的引脚如图 8-12 所示。

CS——片选端，高电平有效。当其为低电平时，进入低功耗备用状态。

SK——时钟端，作为微处理器与串行 EEPROM 之间通信的同步信号。

图 8-12　93Cxx 系列 EEPROM 引脚图

DI——数据输入端。
DO——数据输出端。
ORG——数据组织结构方式选择，接高电平为 16 位格式，接低电平为 8 位格式。
VCC——电源端。
GND——接地端。

8.4.2　93C46 芯片的使用

PIC16F887 单片机有硬件 SPI 接口。

以下提供一个使用该硬件接口编写的软件包。

由于采用了硬件 SPI 接口，因此在硬件电路连接时必须按 PIC16F887 芯片数据手册的要求进行连接。将单片机的 SK 引脚（RC3）、SDI 引脚（RC4）和 SDO 引脚（RC5）分别与 93C46 的 SK（2 脚）、DO（4 脚）和 DI（3 脚）相连。此外，还需要一个 I/O 引脚与 93C46 的 CS 引脚相连。

使用该软件包时，首先调用

```
SpiInit();
```

函数初始化 SPI 总线。随后即可调用

```
WriteByte(uchar Dat,uchar Address);
```

将第 1 个参数所指定的数据写入第 2 个参数所指定的地址单元中。调用

```
ReadByte(uchar Address);
```

读出参数所指定的地址单元中的数据。

此外，该软件包还提供了多字节写入函数和多字节读出函数。调用

```
void  WriteBytes(uchar * WriteData,uchar  Number,uchar  Adress);
```

第 8 章 单片机接口的 C 语言编程

函数可写入多个数据。第 1 个参数指定待写入的一批数据的首地址,第 2 个参数指定要写入的数据个数,第 3 个参数指定待写入 93C46 芯片的首地址。

调用

```
void ReadBytes(uchar * ReadData,uchar Number,uchar Adress);
```

函数可读多个数据。第 1 个参数指定接收数据的内存首地址;第 2 个参数指定要读出的数据个数;第 3 个参数指定待读出的 93C46 芯片的首地址。

以下是该软件包的源程序:

```c
#define EWEN    0x60                    //写使能命令字
#define EWDS    0x00                    //写禁止命令字
void SpiInit(void){                     //SPI 接口引脚初始化
    PORTC = 0XFF;
    TRISC0 = 0;
    TRISC3 = 0;
    TRISC4 = 1;
    TRISC5 = 0;
    SSPCON = 0X31;
}

void Delay(void){                       //短暂延时
    asm("nop");
    asm("nop");
}

unsigned char OutPut(unsigned char SendData)   //数据输出
{
    unsigned char temp;
    SSPBUF = SendData;                  //待发送数据送入缓冲区
    asm("nop");
    asm("nop");
    while(STAT_BF == 0){                //等待发送完毕
        asm("clrwdt");
    }
    temp = SSPBUF;
    return(temp);
}

void Ewen(void){                        //写入使能
    unsigned char temp;
    CS = 1;
```

```
        Delay();
        temp = 0X02;
        OutPut(temp);
        temp = EWEN;                            //写使能命令字
        OutPut(temp);                           //使能写
        Delay();
        CS = 0;
}
void Ewds(void){                                //写禁止
        unsigned char temp;
        CS = 1;
        Delay();
        temp = 0x02;
        OutPut(temp);                           //禁止写
        temp = 0x00;                            //写禁止命令
        OutPut(temp);
        Delay();
        CS = 0;

}

void WriteByte(unsigned char WData,unsigned char Adress)      //单字节写
{
        unsigned char wtemp;
        CS = 1;
        Delay();
        wtemp = 0x02;
        OutPut(wtemp);
        wtemp = Adress|0x80;
        OutPut(wtemp);
        OutPut(WData);
        Delay();
        CS = 0;
}

unsigned char  ReadByte(unsigned  char  Adress)              //单字节读
{
        unsigned char wtemp,rtemp;
        CKP = 1;
        CS = 1;
        Delay();
```

```c
        wrtemp = 0x03;
        OutPut(wrtemp);
        wrtemp = Adress&0x7f;
        OutPut(wrtemp);
        CKP = 0;
        asm("nop");
        rtemp = OutPut(wrtemp);
        Delay();
        CS = 0;
        CKP = 1;
            return(rtemp);
        }
    void WriteBytes(unsigned char * WriteData,unsigned char  Number,unsigned char Adress)
    {
        unsigned char temp;
        Ewen();                                    //写使能
        while(Number! = 0){
            temp = * WriteData;
            WriteByte(temp,Adress);                //写入数据
            asm("nop");
            asm("nop");
            CS = 1;
            asm("nop");
            asm("nop");
            while(DI = = 0){
                asm("clrwdt");
            }
            Delay();
            CS = 0;
            WriteData ++ ;                         //指向下一个待写入数据
            Adress ++ ;                            //指向下一个地址单元
            Number -- ;                            //待写入的数据个数减1
        }
    }
    void ReadBytes(unsigned char * ReadData,unsigned char Number,unsigned char Adress)
    {
        while(Number! = 0)                         //未读完全部数据
        {
            asm("clrwdt");                         //喂看门狗
```

```
        * ReadData = ReadByte(Adress);    //读出数据并存入指定单元
        ReadData ++ ;                     //调整存入数据的单元
        Adress ++ ;                       //指向下一个待读出单元的地址
        Number -- ;                       //待读出的数据个数减 1
    }
}
```

关于 93C46 的应用,请参考 9.5 节中的例子。

8.5 DS1302 实时时钟及应用

DS1302 是 DALLAS 公司推出的涓流充电时钟芯片,内含有一个实时时钟/日历和 31 字节静态 RAM,通过简单的串行接口与单片机进行通信。

8.5.1 DS1302 的结构及特性

实时时钟/日历电路提供秒、分、时、日、星期、月、年的信息,每月的天数和闰年的天数可自动调整。时钟操作可通过 AM/PM 指示来决定采用 24 小时或 12 小时格式。DS1302 与单片机之间能简单地采用同步串行的方式进行通信,仅需用到 3 条 I/O 线。

实时时钟/RAM 的读/写数据以 1 字节或多达 31 字节的字符组方式通信。DS1302 工作时的功耗很低,可保持数据和时钟信息时功率小于 1 mW。

DS1302 的特性如下:
- 实时时钟具有能计算 2100 年之前的秒、分、时、日、星期、月、年的能力,还有闰年调整的能力。
- 31 字节 RAM。
- 串行 I/O 口方式使得引脚数量最少。
- 具有 2.0~5.5 V 的宽范围工作电压,在供电电压为 2.0 V 时,工作电流小于 300 nA。
- 读/写时钟或 RAM 数据时有两种传送方式:单字节传送和多字节传送字符组方式。

DS1302 封装图如图 8-13 所示,各引脚功能如下:

  X1、X2——32.768 kHz 晶振引脚。
  VCC1、VCC2——电源供电引脚。
  GND——地。
  RST——复位脚。
  I/O——数据输入/输出引脚。
  SCLK——串行时钟。

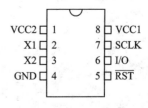

图 8-13 DS1302 芯片封装图

第 8 章 单片机接口的 C 语言编程

8.5.2 DS1302 芯片的使用

这里不提供 DS1302 芯片程序编写的细节分析,而是给出一个可直接使用的 DS1302 驱动程序。

使用时,先定义引脚。用 WrCmd 函数允许写入,允许振荡器工作,指令如下:

```
WrCmd(WrEnDisCmd,WrEnDat);        //写允许
WrCmd(OscEnDisCmd,OscEnDat);      //振荡器允许
```

定义一个 8 字节的数组,设其名称为 SendBuf 的数组,其中按顺序置入秒、分、小时、日、星期、月和年,这样的数值一共是 7 位,在最后 1 位放入一个任意数。调用 WriteByte 函数设置时钟,这个函数的第 1 个参数是写多字节的命令字,第 2 个参数是待写入的数值个数,第 3 个参数是 SendBuf 数组名。调用方法如下:

```
WriteByte(WrMulti,8,SendBuf);
```

设置完成以后,DS1302 芯片中的时钟即开始运行。如果需要读出时钟内的数据,则应定义一个 8 字节的数组,设其名称为 RecBuf,调用 RecByte 函数即可取出当前的时间值。该函数有 3 个参数,第 1 个参数为读多个字节的命令字,第 2 个参数为读出的数值个数,第 3 个参数为接收数组名。调用方法如下:

```
RecByte(RdMulti,8,RecBuf);
```

以下是 DS1302 芯片的驱动程序:

```
#define LSB         0x01

#define WrEnDisCmd  0x8e       //写允许/禁止指令代码
#define WrEnDat     0x00       //写允许数据
#define WrDisDat    0x80       //写禁止数据
#define OscEnDisCmd 0x80       //振荡器允许/禁止指令代码
#define OscEnDat    0x00       //振荡器允许数据
#define OscDisDat   0x80       //振荡器禁止数据
#define WrMulti     0xbe       //写入多字节的指令代码
#define WrSingle    0x84       //写入单字节的指令代码
#define RdMulti     0xbf       //读出多字节的指令代码

#define  cClk       RC3        //与时钟线相连的 PIC16F887 芯片的引脚
#define  cDat       RC4        //与数据线相连的 PIC16F887 芯片的引脚
#define  cRst       RC2        //与复位端相连的 PIC16F887 芯片的引脚
#define  SCL_CNT    TRISC3     //SCL 引脚控制位
#define  SDA_CNT    TRISC4     //SDA 引脚控制位
#define  RST_CNT    TRISC2     //RST 引脚控制位
```

```c
void uDelay(uchar  i)
{   for(;i>0;i--)
    {;}
}
void SendDat(uchar   Dat)
{   uchar i;
    for(i = 0;i<8;i++)
    {
        cDat = Dat&LSB;                     //数据端等于tmp数据的末位值
        Dat>>= 1;
        cClk = 1;
        uDelay(1);
        cClk = 0;
    }
}
/*写入1字节或者多字节,第1个参数是相关命令:
#define  WrMulti   0xbe                    //写入多字节的指令代码
#define  WrSingle  0x84                    //写入单字节的指令代码
第2个参数是待写入的值,第3个参数是待写入数组的指针
*/
void WriteByte(uchar CmdDat,uchar Num,uchar * pSend)
{
    uchar i = 0;
    SDA_CNT = 0;                            //数据端设为输出
    cRst = 0;
    uDelay(1);
    cRst = 1;
    SendDat(CmdDat);
    for(i = 0;i<Num;i++)
    {   SendDat(*(pSend+i));
    }
    cRst = 0;
}
/*读出字节,第1个参数是命令
 #define RdMulti 0xbf                       //读出多字节的指令代码
第2个参数是读出的字节数,第3个参数是指收数据数组指针
*/
void RecByte(uchar CmdDat,uchar Num,uchar * pRec)
{   uchar  i, j, tmp;
    SDA_CNT = 0;                            //数据端设为输出
    cRst = 0;                               //复位引脚为低电平
    uDelay(1);
    cClk = 0;
    uDelay(1);
    cRst = 1;
```

```
            SendDat(CmdDat);                    //发送命令
            SDA_CNT = 1;                        //数据端设为输入
            for(i = 0;i<Num;i++)
        {   for(j = 0;j<8;j++)
            {   tmp>> = 1;
                if(cDat)
                    tmp| = 0x80;
                cClk = 1;
                uDelay(1);
                cClk = 0;
            }
            *(pRec + i) = tmp;
        }
            uDelay(1);
            cRst = 0;
}
/* 根据传入的参数决定相关命令:
    第1个参数是命令字,第2个参数是写入的数据
*/
Void WrCmd(uchar CmdDat,uchar CmdWord)
{   uchar CmdBuf[2];
    CmdBuf[0] = CmdWord;
    WriteByte(CmdDat,1,CmdBuf);
}
```

根据需要取出数组中相应的数值即可,更完整、详细的例子请参考 9.3 节。

8.6　LED 点阵显示屏及其应用

　　LED 点阵显示屏具有显示亮度高、工作电压低、功耗小、微型化、易与集成电路匹配、驱动简单、寿命长、耐冲击、性能稳定等优点,目前已广泛应用于各种信息显示场合,如大型广场显示屏,各种车辆、电动栅栏门上使用的条屏等。

　　本节介绍 LED 点阵显示屏的设计方法、汉字字形码的生成等。

8.6.1　认识 LED 点阵显示屏及字模

　　LED 点阵显示屏一般是指由多个 LED 等间距构成的一种模块,理论上可以由单个 LED 发光二极管来搭接,但实际工作中通常选用现成的模块。

1. LED 点阵屏的结构

　　图 8-14 所示为某 8×8 点阵 LED 显示模块的外形图。

这种点阵显示屏内部也有两种接法,如图8-15(a)和(b)所示。以图8-15(a)为例,从图中可以看到该模块共有8行8列,有16个引脚,每个发光二极管放置在行线和列线的交叉点上,共64个发光二极管。当行置1,列置0时,该列与该行交叉点上的LED被点亮。而图8-15(b)所示电路则正好相反,当行置0,列置1时,交叉点上的LED被点亮。为使讲解统一,以下均以图8-15(b)所示电路图为例来说明。

图8-14 8×8点阵LED显示模块外形图

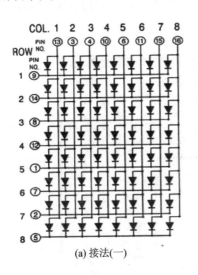

(a) 接法(一)

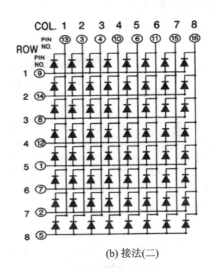

(b) 接法(二)

图8-15 8×8点阵LED显示屏的电路连接图

为点亮这64个LED中的任意一个,可以采用以下两种方案。

第一种方案是以行引脚作为扫描线输入,使其轮流出现高电平。列的8个引脚正好由单片机的一个I/O口来驱动,如由PORTD口来驱动。当列的8个引脚依次轮流变为高电平时,驱动行引脚的I/O产生相应的引脚电平变化。要点亮某一个LED,则该LED的行引脚必须为低电平0。例如:要求第1行第1列交叉点上的LED点亮而同一行其余LED均不亮时,应该在第一行的引脚(9)出现高电平时,置第1列引脚(13)为低电平,而其余引脚(3、4、10、6、11、15、16)均为高电平。这8条引脚的状态正好由1字节来描述,称为字模。在第1列所需点亮的LED确定后,也就是确定第2列所需点亮的LED,即当第2条行扫描线(14)脚为高电平时,确定由列引脚送出的字模。其余各列LED点亮的状况可以以此类推,为将这块显示器各点的状态都表达出来,共需要8字节的字模。

第二种方案是从行线输入字模,而列线作为扫描线输入,即列引脚在任一时刻都只有1个引脚为低电平,其余7个引脚均为高电平。当8个列引脚依次轮流变为低电平时,行引脚输入相应的字形码。

第8章 单片机接口的C语言编程

2. 字模的生成

使用 LED 点阵显示屏的重要工作之一是获得待显示字符的字模,手工编写字模很费事,于是很多人编写了各种各样的字模软件。虽然这些字模软件大多申明是为点阵型 LCD 显示屏编写的,但同样适用于 LED 点阵屏。为用好这些字模软件,必须学习字模的一些基本知识,这样才能理解字模软件中一些参数设置的方法,以获得正确的结果。

(1) 字模生成软件

图 8-16 所示为某字模生成软件的设置窗口,其中用黑框圈起来的是其输出格式、取模方式的设定选项。

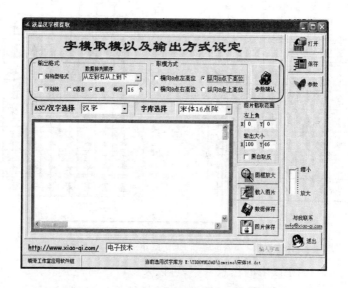

图 8-16 某种字模生成软件的设置窗口

使用该软件生成字模时,按需要设定好各种参数后,单击"参数确认"按钮。随后,图 8-16 所示窗口下方文本框后面的"输入字串"按钮变为可用,在该按钮前的文本框中输入需要转换的汉字,单击"输入字串"按钮,即可按所设定的输出格式及取模方式来获得字模数据。

图 8-17 所示即为按图 8-16 中的设置生成的"电子技术"这 4 个字的字模表。

从图 8-16 中可以看到该软件有 4 种取模方式供选择。实用时究竟应选择何种取模方式,取决于 LED 点阵屏与驱动电路之间的连接方法。下面就来介绍这 4 种取模方式的具体含义。

(2) 8×8 点阵字模的生成

为简单起见,先以 8×8 点阵字模为例来对取模方式进行说明。图 8-18 所示的"中"字有 4 种取模方式,请分别参考图 8-19～图 8-22。

第 8 章　单片机接口的 C 语言编程

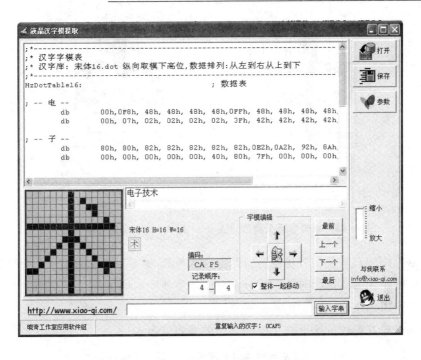

图 8-17　按所设定方式生成的字模表

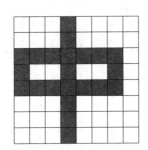

图 8-18　在 8×8 点阵中显示"中"字

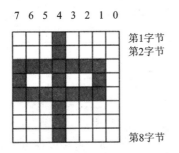

图 8-19　横向取模左高位

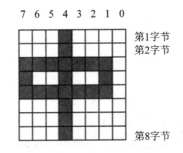

图 8-20　横向取模右高位

第8章 单片机接口的 C 语言编程

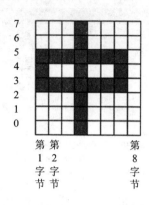

图 8-21 纵向取模上高位

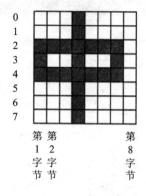

图 8-22 纵向取模下高位

如果将图中有颜色的方块视为"1",空白区域视为"0",则按图 8-19～图 8-22 所示的 4 种不同方式取模时的字模分别介绍如下。

- 横向取模左高位

横向取模左高位的字形与字模的对照关系表见表 8-4。

表 8-4 字形与字模的对照关系表(横向取模左高位)

位	7	6	5	4	3	2	1	0	字节
字节 1	0	0	0	1	0	0	0	0	0x10
字节 2	0	0	0	1	0	0	0	0	0x10
字节 3	1	1	1	1	1	1	1	0	0xFE
字节 4	1	0	0	1	0	0	1	0	0x92
字节 5	1	1	1	1	1	1	1	0	0xFE
字节 6	0	0	0	1	0	0	0	0	0x10
字节 7	0	0	0	1	0	0	0	0	0x10
字节 8	0	0	0	1	0	0	0	0	0x10

在该种方式下的字模表如下:

ZM[] = {0x10,0x10,0xFE,0x92,0xFE,0x10,0x10,0x10}

- 横向取模右高位

横向取模右高位的字形与字模的对照关系表见表 8-5。这种取模方式与表 8-4 类似,区别仅在于表格的第一行,即位排列方式不同。

表 8-5 字形与字模的对照关系表(横向取模右高位)

位	0	1	2	3	4	5	6	7	字　节
字节1	0	0	0	1	0	0	0	0	0x08
...									
字节8	0	0	0	1	0	0	0	0	0x08

在该种方式下字模表如下：

ZM[] = {0x08,0x08,0x7F,0x49,0x7F,0x08,0x08,0x08};

● 纵向取模下高位

在该种方式下字模表如下：

ZM[] = {0x1C,0x14,0x14,0xFF,0x14,0x14,0x1C,0x00};

● 纵向取模上高位

在该种方式下字模表如下：

ZM[] = {0x38,0x28,0x28,0xFF,0x28,0x28,0x38,0x00};

究竟应该采取哪一种取模方式，取决于硬件电路的连接及编程算法。图 8-23 所示为某 LED 点阵屏的驱动电路，图中 LED 点阵从左到右分别称为第 1~8 列，第

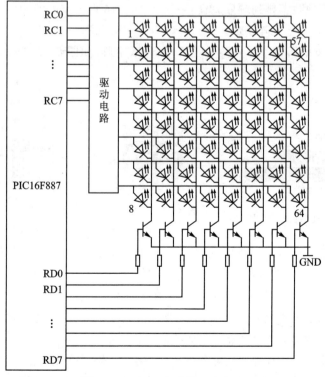

图 8-23　LED 点阵屏驱动电路

第8章 单片机接口的C语言编程

1列第1行的LED的编号为1,从上往下依次为1~8,第2列LED从上到下编号为9~16,以此类推,最后一列的8个LED编号为57~64。图8-23中标出了1、8、57和64这4个LED编号,可供参考。

按图8-23所示连接电路,如果PORTD口送出扫描信号,也就是RD0~RD7顺序为高电平,即使得驱动三极管顺序导通,而字模信号从PORTC口送出,那么此时所采取的取模方式就是"纵向取模下高位"。

如果zm[0]为0x1C,则3、4、5号LED被点亮,即相当于点亮"中"字最左侧的一列。其余字模依次送出时分别点亮"中"字的其他各列。

如果将PORTC口与点阵屏的连接方式改为RC7接至最上一行,则取模时就应改为纵向取模上高位。

如果将PORTC口作为扫描输出信号,即RC0~RC7顺序出现高电平,而字模信号从PORTD口送出,并且是横向取模右高位。如果将PORTD口的连线方式改为RD0在最下方一行,其余各行依次向上,则取模方式就是横向取模左高位。

(3) 16×16点阵字模的产生

通常用8×8点阵显示的汉字太过粗糙。为显示一个完整的汉字,至少需要16×16点阵,也就是4个8×8点阵。这时就需要考虑字模数据的排列顺序。图8-16所示的字模生成软件窗口中有两种数据排列顺序可选,如图8-24所示。

要解释这两种数据排列顺序,就需要了解16×16点阵字库的构成。图8-25所示为"电"字的16×16点阵字形。

这个16×16点阵的字形可以分为4个8×8点阵,如图8-26所示。

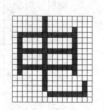
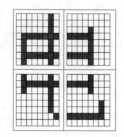

图8-24 数据排列方式　　图8-25 "电"字的16×16点阵字形　　图8-26 将16×16点阵分成4个8×8点阵

对于这4个8×8点阵的每一部分的取模方式由上述的4种方式确定,并且一定相同,每部分有8字节的数据。各部分数据的组合方式有以下两种:

第一种是"从左到右,从上到下",字模数据应该按照▦、▦、▦、▦的顺序排列,即先取第一部分的字模数据共8字节,然后取第二部分的8字节放在第一部分的8字节之后。剩余的两部分以此类推,这种方式不难理解。

第二种数据排列顺序是"从上到下,从左到右",字模数据按照▦、▦、▦、▦的顺序排列,但其排列方式并非先取第一部分的8字节,然后将第二部分的8字节加在第

第 8 章 单片机接口的 C 语言编程

一部分的 8 字节之后,而是第一部分的第一个字节后是第二部分的第一个字节,然后是第一部分的第二字节,后面接着的是第二部分的第二字节,依此类推。如果按此种方式取模,则部分字模如下:

```
{0x0,0x0,0xF8,0x7,0x48,0x2,0x48,0x2
……};
```

读者可以对照字形来看,其中第一和第二字节均为 0x0,从图 8-26 中可以看到这正是该字形左侧的上、下两部分的第一字节,而 0xF8 和 0x7 则分别是左侧上、下两部分的第二字节,其余以此类推。

由以上两种方法获得的字模并无区别,究竟采用哪种方式取决于编程者的编程思路。

目前在网络上可以找到的字模软件非常多,参数设置(包括参数名称等)也各不相同,但理解了上述原则就不难进行相关参数的设定了。

8.6.2 用 LED 点阵屏显示汉字

在学习了点阵屏的结构以后,接下来即可通过使用点阵屏显示汉字来进一步学习其使用方法。

1. 用 LED 点阵屏显示单个汉字

图 8-27 所示为用 4 个 8×8 点阵屏显示"电"字的仿真电路图。

图 8-27 中一共使用了 4 个 8×8 点阵屏,现将此 4 个点阵屏分离开(如图 8-28 所示),以便看清其接线方法。

Proteus 中的 8×8 点阵屏引脚内部电路连接图如图 8-29 所示,左侧的 8 根线为行线,而右侧的 8 根线为列线,且最下面的一根线对应第一列,其余以此类推。

综合以上各图可以看到,上、下两块的 8×8 点阵屏的列引脚接法完全相同,左侧的两块分别接 V1~V8,而右侧的两块则分别接 V9~V16,这样 4 块屏共 16 列,分别与 V1~V16 各标号相对应。左、右两块显示屏的行线接法完全相同,上面的两块屏分别接 M1~M8,而下面的两块屏分别接 M9~M16,这样 4 块屏共 16 行,分别与 M1~M16 各标号相对应。

本电路使用 74HC154 芯片作为列线的驱动,图 8-30 所示为 74HC154 的逻辑功能图。

图 8-31 所示为数据手册中 74HC154 芯片的逻辑表截图。逻辑表中的 H 表示高电平,而 L 表示低电平。可以看到,当 A0~A3 这 4 个引脚从 LLLL 变化至 HHHH 时,Y0~Y15 依次为低电平。当 Y0~Y15 连接到 16×16 点阵屏列引脚时,任一时刻只有一个引脚为低电平。

由图 8-27 可知,M00~M07、M10~M17 接入单片机的 I/O 口,可以接收任意数据,而列则被接入了 74HC154 芯片,该芯片只能使得各引脚依次出现低电平。显

第 8 章 单片机接口的 C 语言编程

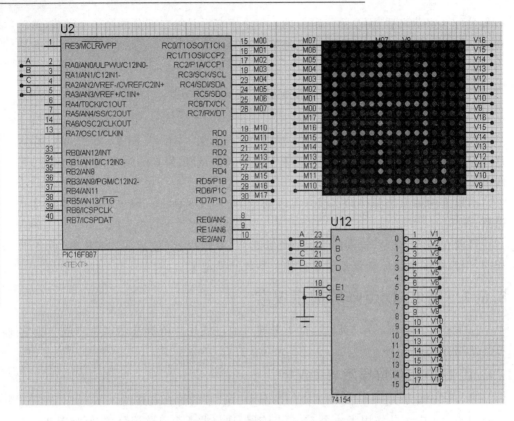

图 8-27 使用点阵屏显示"电"字

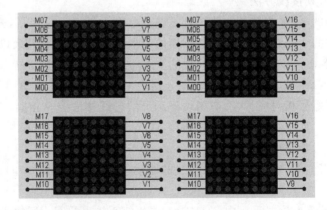

图 8-28 4 块 8×8 点阵屏的接线

然,这里是采用了行送出字模、列扫描的方法。因此,取字模时应该采用纵向取模的方式,而从图 8-28 中又可看出点阵屏的最上方一行是接入 I/O 口的最高位(RC7),因此,取字模时应采用上高位。综上所述,应选择字模软件的纵向取模上高位的方式来生成字模。

第 8 章 单片机接口的 C 语言编程

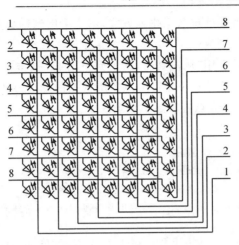

图 8-29　Proteus 中 8×8 点阵屏引脚与内部电路连接图

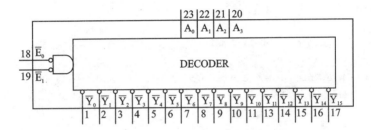

图 8-30　74HC154 芯片的逻辑功能图

INPUTS						OUTPUTS															
$\overline{E_0}$	$\overline{E_1}$	A_0	A_1	A_2	A_3	$\overline{Y_0}$	$\overline{Y_1}$	$\overline{Y_2}$	$\overline{Y_3}$	$\overline{Y_4}$	$\overline{Y_5}$	$\overline{Y_6}$	$\overline{Y_7}$	$\overline{Y_8}$	$\overline{Y_9}$	$\overline{Y_{10}}$	$\overline{Y_{11}}$	$\overline{Y_{12}}$	$\overline{Y_{13}}$	$\overline{Y_{14}}$	$\overline{Y_{15}}$
H	H	X	X	X	X	H	H	H	H	H	H	H	H	H	H	H	H	H	H	H	H
H	L	X	X	X	X	H	H	H	H	H	H	H	H	H	H	H	H	H	H	H	H
L	H	X	X	X	X	H	H	H	H	H	H	H	H	H	H	H	H	H	H	H	H
L	L	L	L	L	L	L	H	H	H	H	H	H	H	H	H	H	H	H	H	H	H
L	L	H	L	L	L	H	L	H	H	H	H	H	H	H	H	H	H	H	H	H	H
L	L	L	H	L	L	H	H	L	H	H	H	H	H	H	H	H	H	H	H	H	H
L	L	H	H	L	L	H	H	H	L	H	H	H	H	H	H	H	H	H	H	H	H
L	L	L	L	H	L	H	H	H	H	L	H	H	H	H	H	H	H	H	H	H	H
L	L	H	L	H	L	H	H	H	H	H	L	H	H	H	H	H	H	H	H	H	H
L	L	L	H	H	L	H	H	H	H	H	H	L	H	H	H	H	H	H	H	H	H
L	L	H	H	H	L	H	H	H	H	H	H	H	L	H	H	H	H	H	H	H	H
L	L	L	L	L	H	H	H	H	H	H	H	H	H	L	H	H	H	H	H	H	H
L	L	H	L	L	H	H	H	H	H	H	H	H	H	H	L	H	H	H	H	H	H
L	L	L	H	L	H	H	H	H	H	H	H	H	H	H	H	L	H	H	H	H	H
L	L	H	H	L	H	H	H	H	H	H	H	H	H	H	H	H	L	H	H	H	H
L	L	L	L	H	H	H	H	H	H	H	H	H	H	H	H	H	H	L	H	H	H
L	L	H	L	H	H	H	H	H	H	H	H	H	H	H	H	H	H	H	L	H	H
L	L	L	H	H	H	H	H	H	H	H	H	H	H	H	H	H	H	H	H	L	H
L	L	H	H	H	H	H	H	H	H	H	H	H	H	H	H	H	H	H	H	H	L

图 8-31　数据手册中 74HC154 芯片的逻辑表截图

第8章 单片机接口的C语言编程

取模方式确定后需要确定数据排列方式,不论采用哪种数据排列方式都可以,只是编写的程序会有所区别。

以下程序的字模是采用"从左到右,从上到下"的数据排列顺序。读者可以注意程序中送出上半部分点阵屏和下半部分点阵屏数据的处理方法。

【例8-4】 用16×16点阵屏显示单个汉字。

```c
#include "htc.h"
typedef     unsigned    char    uchar;
typedef     unsigned    int     uint;
__CONFIG(FOSC_INTRC_NOCLKOUT & WDTE_OFF & MCLRE_OFF );
//配置文件,设置为内部RC方式振荡,禁止看门狗,不用MCLR复位

uchar const DotTab[] = {0x0,0x0,0x1F,0xE0,0x12,0x40,0x12,0x40,0x12,0x40,0x12,
0x40,0xFF,0xFC,0x12,0x42,0x12,0x42,0x12,0x42,0x12,0x42,0x3F,0xE2,0x10,0x2,0x0,0xE,
0x0,0x0,0x0,0x0};

void mDelay(unsigned int DelayTime)
{   unsigned int  j = 0;
    for(;DelayTime>0;DelayTime -- )
    {   for(j = 0;j<65;j ++ )
        {;}
    }
}

int main(void) {
uchar i = 0;
ANSEL = 0;
TRISA = 0;
TRISC = 0;                  //PORTC设为输出
TRISD = 0;
 for(;;)
 {  PORTC = 0;
    PORTD = 0;              //关显示
    PORTC = DotTab[i * 2];
    PORTD = DotTab[i * 2 + 1];
    PORTA = i;
    i ++ ;
    if(i == 16)
        i = 0;
    mDelay(1);
 }
}
```

程序实现：输入源程序，命名为 hz1.c，在 Keil 中建立名为 hz1 的工程，将源程序加入工程，编译、链接直到没有错误为止。参考图 8-27 和图 8-28 在 Proteus 中绘制汉字点阵显示图，双击 U1 打开 Edit Component 对话框，在 Program File 列表框中选择 hz1.production.cof 文件，单击"▶"按钮运行程序，可以看到在 LED 点阵屏上显示的"电"字。

2. 用 LED 点阵屏显示多个汉字

实际工作中，最常见的是用 LED 显示屏显示多个汉字。下面通过一个例子来学习这部分知识。

在例 8-4 中，为显示 1 个汉字而使用了 2 个 8 位的 I/O 口，这 2 个 I/O 口用于送出字模数据。为获得扫描信号而使用了 74HC154 芯片，该芯片任一时刻只有一个引脚送出低电平。为了实现多个汉字的显示，一个比较简单的想法就是多做一些这样的组合。当前使用 16×16 点阵屏来显示汉字，每个汉字由 16 条扫描线控制，每多出 1 个汉字就多用 16 条扫描线，这样用于送出字模数据的 I/O 口始终只要 2 个就可以了。但是仔细研究后，可以发现这样的方案并不现实。为使得显示字形稳定不抖动，不论同时要显示多少个字，所有字形完整刷新一次的时间应控制在 25 ms 左右。显示单个汉字时，每列显示的时间约为 1.5 ms。增加字数时，每列的刷新时间要缩短。当需要显示 4 个字时，每列显示的时间仅约为 375 μs。要在如此短的时间内处理完数据是很困难的，显示亮度等也会受到影响。

为解决这一问题，这里设计的电路采用了另一种方案，即不论同时显示的字数有多少个，扫描线始终是 16 条，增加用于字模输出的 I/O 口。仍以 4 个字为例，当 16 列扫描线的第 1 列有效时送出第 1、17、33、49 列所对应的字模数据，而当第 2 列有效时送出第 2、18、34、50 列对应的字模数据……以此类推，直到第 16 列扫描线有效时，送出第 16、32、48、64 列所对应的字模数据。采用这种方法，不论要同时显示多少个字，只要增加用于字模输出的 I/O 口就可以了，不需要减少各列的刷新时间。

图 8-32 所示为同时显示 4 个汉字的仿真电路图。

图 8-32 中的点阵显示模块组合在一起，难以看清楚连线方式。图 8-33 所示为 2 个 16×16 点阵显示模块的组合。第 3 个和第 4 个 16×16 点阵显示模块可参考图 8-33 画出。

从图 8-33 可以看到，第 1 个 16×16 点阵行线连接到 M00～M07 和 M10～M17，而第 2 个 16×16 点阵的字模则连接到 M20～M27 和 M30～M37，即各模块的行线是由不同的 I/O 口驱动的。

由于一个汉字需要 2 个 8 位的 I/O 口用于送出字模数据，因此 4 个字就需要用到 8 个 8 位 I/O 口，这需要进行扩展。图 8-32 中使用 74HC573 进行了 I/O 口的扩展。该部分电路在图 8-32 中看不清楚，这里将该部分电路放大为图 8-34。

74HC573 芯片是 8 位锁存器，其 OE 引脚为芯片的片选端，当该引脚为高电平时，输出端 Q0～Q7 为高阻状态。当该引脚为低电平时为选中状态，输出 Q0～Q7 的

第 8 章 单片机接口的 C 语言编程

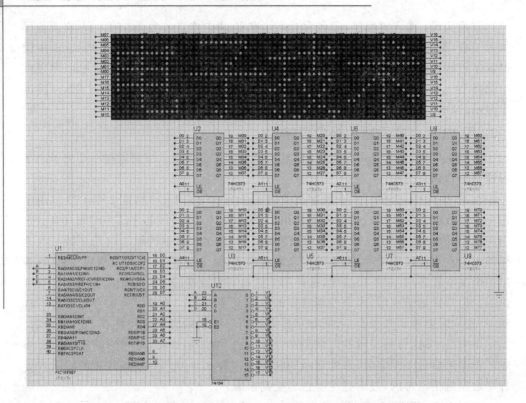

图 8-32 同时显示 4 个汉字的仿真电路图

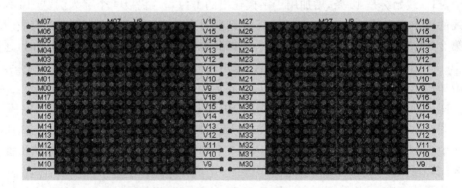

图 8-33 2 个 16×16 点阵显示屏的连线方式

状态取决于输入及内部的逻辑功能。LE 引脚为锁存端,当该引脚为高电平时,输出端 Q0~Q7 的状态与输入端 D0~D7 相同,当该位变为低电平时,输出状态被锁定,此时即便 D0~D7 发生变化,Q0~Q7 仍保持 LE 为高电平时的状态。图 8-32 中,74HC573 芯片的 OE 引脚全部连接在一起并接地,即所有芯片均处于选中状态。各芯片的 LE 引脚被接在 PORTD 的各引脚上,即该芯片的锁存端由单片机来控制,PORTD 引脚通常均为低电平状态,当需要更新某个 74HC573 输出端的数据时,首

第8章 单片机接口的C语言编程

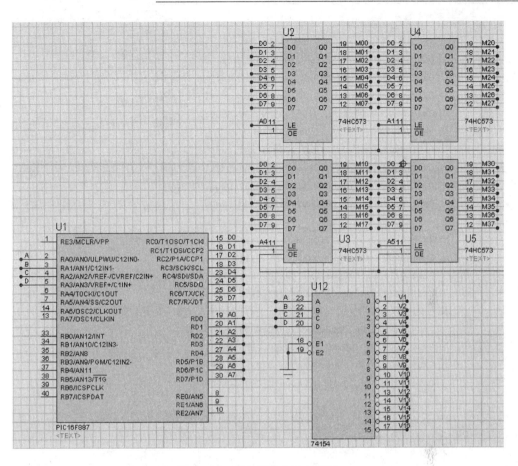

图 8-34 列扫描及 I/O 口扩展

先由 PORTC 送出需要更新的数据,然后将 PORTD 相应的控制端变为高电平,该芯片输出端即发生变化,随即将控制端又变为低电平,将数据锁存。这样每块 74HC573 芯片都可以单独更新数据而不会相互影响。

【例 8-5】 用 LED 点阵屏同时显示 4 个汉字。

```
#include       "htc.h"
typedef        unsigned char uchar;
typedef        unsigned int uint;

__CONFIG(FOSC_INTRC_NOCLKOUT & WDTE_OFF & MCLRE_OFF );
//配置文件,设置为内部RC方式振荡,禁止看门狗,不用MCLR复位


// 汉字字模表
// 汉字库:宋体16.dot  纵向取模上高位,数据排列:从上到下,从左到右
unsigned char const ChsTab[] =
```

```
{
//--  电  --
    0x00,0x00,0x1F,0xE0,0x12,0x40,0x12,0x40,
    0x12,0x40,0x12,0x40,0xFF,0xFC,0x12,0x42,
    0x12,0x42,0x12,0x42,0x12,0x42,0x3F,0xE2,
    0x10,0x02,0x00,0x0E,0x00,0x00,0x00,0x00,
//--  子  --
    0x01,0x00,0x01,0x00,0x41,0x00,0x41,0x00,
    0x41,0x00,0x41,0x02,0x41,0x01,0x47,0xFE,
    0x45,0x00,0x49,0x00,0x51,0x00,0x61,0x00,
    0x01,0x00,0x03,0x00,0x01,0x00,0x00,0x00,
//  技
    0x08,0x20,0x08,0x22,0x08,0x41,0xFF,0xFE,
    0x08,0x80,0x08,0x01,0x11,0x81,0x11,0x62,
    0x11,0x14,0xFF,0x08,0x11,0x14,0x11,0x64,
    0x31,0x82,0x10,0x03,0x00,0x02,0x00,0x00,
//  术
    0x04,0x08,0x04,0x08,0x04,0x10,0x04,0x20,
    0x04,0x40,0x04,0x80,0x05,0x00,0xFF,0xFF,
    0x05,0x00,0x44,0x80,0x24,0x40,0x34,0x20,
    0x04,0x10,0x0C,0x18,0x04,0x10,0x00,0x00
};

void mDelay(uchar DelayTim)
{   uchar i;
    for(;DelayTim>0;DelayTim)
    {   for(i=0;i<114;i++){;}
    }
}

void Disp()
{
    uchar i,j;
    for(i=0;i<16;i++)
    {   uchar CntCode = 0x11;
        uchar index = 0;
        for(j=0;j<4;j++)
        {   unsigned char cTmp;
            PORTC = 0;
            PORTD = CntCode&0x0f;                    //控制字送到 PORTD 端口,打开锁存端
            PORTC = ChsTab[index + i*2];
```

```
            //取上面一行显示模块所用的字模,送到 PORTC 端口
                PORTD = CntCode&0x0f;       //控制字送到 PORTD 端口,打开锁存端
                PORTD = 0;                  //关闭锁存端
        //4 组显示模块的上半部分
                PORTC = 0;
                PORTD = CntCode&0xf0;       //控制字送到 PORTD 端口,打开锁存端
                PORTC = ChsTab[index + i * 2 + 1];
        //取上面一行显示模块所用的字模,送到 PORTC 端口
                PORTD = CntCode&0xf0;       //控制字送到 PORTD 端口,打开锁存端
                PORTD = 0;                  //关闭锁存端

                cTmp = CntCode>>7;
                CntCode = CntCode<<1;
                CntCode = CntCode|cTmp;

                Index += 32;
            }
            PORTA = i;
            mDelay(1);
        }
    }

void main()
{   ANSEL = 0;
    TRISA = 0;
    TRISC = 0;
    TRISD = 0;
    for(;;)
        Disp();
}
```

程序实现: 在 Keil 软件中建立名为 hz 的工程文件,输入上述源程序,命名为 hz4.c。将该文件加入 hz 工程中,编译、链接获得 HEX 文件。参考图 8-32 在 Proteus 中绘制仿真原理图,双击 U1 打开 Edit Component 对话框,设置 Program File 为 hz.production.hex,单击"▶"按钮开始仿真,即可看到"电子技术"4 个字显示在 LED 点阵屏上。

8.7 液晶显示屏及其应用

液晶显示屏由于具有体积小、重量轻、功耗低等优点,逐渐成为各种便携式电子产品的理想显示器。从液晶显示屏的显示形式来分,可分为段式、字符型和点阵型三

种。本节介绍字符型和点阵型液晶显示屏。

8.7.1 使用字符型液晶显示屏制作小小迎宾屏

字符型液晶显示屏以其价廉、显示内容丰富、美观、无须定制、使用方便等特点成为 LED 显示屏的理想替代品。

图 8-35 所示为某 1602 字符型液晶显示屏的外形图。

1. 字符型液晶显示屏的基本知识

字符型液晶显示屏专门用于显示数字、字母、图形符号并可显示少量自定义符号。这类显示器均把 LCD 控制器、点阵驱动器、字符存储器等集成在一块板上,再与液晶屏一起组成一个显示模块,因此,这类显示器的安装与使用都较简单。

图 8-35 某 1602 字符型液晶显示屏外形图

这类液晶显示屏的型号通常为 xxx1602、xxx1604、xxx2002、xxx2004 等,其中 xxx 为商标名称,16 代表液晶每行可显示 16 个字符,20 表示液晶每行可显示 20 个字符,02 表示共有 2 行。其余型号以此类推。

这一类液晶显示屏通常有 16 根接口线,表 8-6 所列为这 16 根接口线的定义。

表 8-6 字符型液晶屏接口说明

编号	符号	引脚说明	编号	符号	引脚说明
1	VSS	电源地	9	D2	数据线 2
2	VDD	电源正极	10	D3	数据线 3
3	VL	液晶显示偏压信号	11	D4	数据线 4
4	RS	数据/命令选择端	12	D5	数据线 5
5	R/W	读/写选择端	13	D6	数据线 6
6	E	使能信号	14	D7	数据线 7
7	D0	数据线 0	15	BLA	背光源正极
8	D1	数据线 1	16	BLK	背光源负极

图 8-36 所示为字符型液晶显示屏与单片机的接线图,这里用了 RD0 口的 8 根线作为液晶显示屏的数据线,用 RA0、RA1、RA2 作为 3 根控制线,与 VL 端相连的电位器的阻值为 10 kΩ,用来调节液晶显示屏的对比度,5 V 电源通过一个电阻与 BLA 相连以提供背光,该电阻可用 10 Ω、1/2 W。

2. 字符型液晶显示屏的驱动程序

字符型液晶显示屏一般均采用 HD44780 及兼容芯片作为控制器,因此,其接口

第8章 单片机接口的C语言编程

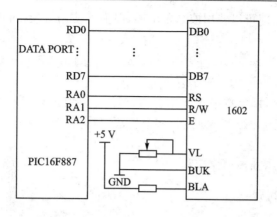

图 8-36 字符型液晶屏与单片机的接线图

方式基本是标准的。为便于使用,编写了驱动程序软件包。

这个驱动程序适用于1602型字符型液晶显示屏,提供了以下命令。

(1) 初始化液晶显示屏命令(void RstLcd())

功能:设置控制器的工作模式,在程序开始时调用。

参数:无。

(2) 清屏命令(void ClrLcd())

功能:清除屏幕显示的所有内容。

参数:无。

(3) 光标控制命令(void SetCur(uchar Para))

功能:控制光标是否显示以及是否闪烁。

参数:1个,用于设定显示器的开关、光标的开关以及是否闪烁。

程序中预定义了4个符号常数,只要使用这4个符号常数作为参数即可。其定义如下:

```
const uchar NoDisp = 0;        //无显示
const uchar NoCur = 1;         //有显示无光标
const uchar CurNoFlash = 2;    //有光标但不闪烁
const uchar CurFlash = 3;      //有光标且闪烁
```

(4) 写字符命令(void WriteChar(uchar c,uchar xPos,uchar yPos))

功能:在指定位置(行和列)显示指定的字符。

参数:共有3个,即待显示字符、行值和列值,分别存放在字符c和XPOS、YPOS中。其中行值与列值均从0开始计数。

例如:要求在第一行的第一列显示字符'a',可以写为

```
WriteChar('a',0,0);
```

第8章 单片机接口的C语言编程

有了以上4条命令,即可以使用液晶显示屏,但为了使用方便,再提供一条写字符串命令。

(5) 字符串命令(void WriteString(uchar * s,uchar xPos,uchar yPos))

功能:在指定位置显示一串字符。

参数:共有3个,即字符串指针 s、行值、列值。字符串须以"0"结尾,如果字符串的长度超过了从该列开始可显示的最多字符数,则其后字符被截断,并不在下一行显示出来。

以下是完整的驱动源程序:

```c
const uchar NoDisp = 0;              //无显示
const uchar NoCur = 1;               //有显示无光标
const uchar CurNoFlash = 2;          //有光标但不闪烁
const uchar CurFlash = 3;            //有光标且闪烁

void LcdPos(uchar,uchar);            //确定光标位置
void LcdWd(uchar);                   //写字符
void LcdWc(uchar);                   //送控制字(检测忙信号)
void LcdWcn(uchar );                 //送控制字子程序(不检测忙信号)
void mDelay(uchar );                 //延时,毫秒数由 j 决定
void WaitIdle();                     //正常读/写操作之前检测 LCD 控制器状态
//功能:在指定的行与列显示指定的字符
//参数:xPos 为光标所在行,yPos 为光标所在列,c 为待显示字符
void WriteChar(uchar c,uchar xPos,uchar yPos)
{   LcdPos(xPos,yPos);
    LcdWd(c);
}
//功能:显示字符串
//参数: * s 指向待显示的字符串,xPos 为光标所在行,yPos 为光标所在列
//说明:如果指定的行显示不下,则将余下字符截断,不换行显示
void WriteString(uchar * s,uchar xPos,uchar yPos)
{   uchar i;
    if( * s == 0)                    //遇到字符串结束符
        return;
    for(i = 0;;i ++ )
    {   if( * (s + i) == 0)
            break;
        WriteChar( * (s + i),xPos,yPos);
        xPos ++ ;
```

```c
            if(xPos>=15)                    //如果 xPos 中的值未到 15(可显示的最多位)
                break;
        }
    }
//功能:设置光标
//参数:Para 为 4 种光标类型
void SetCur(uchar Para)                     //设置光标
{   mDelay(2);
    switch(Para)
    {   case 0:
        {   LcdWc(0x08);                    //关显示
            break;
        }
        case 1:
        {   LcdWc(0x0c);                    //开显示,但无光标
            break;
        }
        case 2:
        {   LcdWc(0x0e);                    //开显示,有光标,但不闪烁
            break;
        }
        case 3:
        {   LcdWc(0x0f);                    //开显示,有光标且闪烁
            break;
        }
        default:
            break;
    }
}
//功能:清屏
void ClrLcd()
{   LcdWc(0x01);
}
//功能:正常读/写操作之前检测 LCD 控制器状态
void WaitIdle()
{   uchar tmp;
    RS = 0;
    RW = 1;
```

```
    E = 1;
    _nop_();
    for(;;)
    {   tmp = DPORT;
        tmp& = 0x80;
        if(tmp = = 0)
            break;
    }
    E = 0;
}
//功能:写字符
//参数:c 为待写字符
void LcdWd(uchar c)
{   WaitIdle();
    RS = 1;
    RW = 0;
    DPORT = c;                              //将待写数据送到数据端口
    E = 1;
    _nop_();
    _nop_();
    E = 0;
}
//功能:送控制字子程序(检测忙信号)
//参数:c 为控制字
void LcdWc(uchar c)
{   WaitIdle();
    LcdWcn(c);
}
//功能:送控制字子程序(不检测忙信号)
//参数:c 为控制字
void LcdWcn(uchar  c)
{   RS = 0;
    RW = 0;
    DPORT = c;
    E = 1;
    _nop_();
    E = 0;
}
```

```c
//功能:设置第(xPos,yPos)个字符的地址
//参数:xPos 和 yPos 表示光标所在位置
void LcdPos(uchar xPos,uchar yPos)
{   uchar tmp;
    xPos& = 0x0f;                   //x 位置范围是 0~15
    yPos& = 0x01;                   //y 位置范围是 0~1
    if(yPos == 0)                   //显示第一行
        tmp = xPos;
    else
        tmp = xPos + 0x40;
    tmp| = 0x80;
    LcdWc(tmp);
}
//功能:复位 LCD 控制器
void RstLcd()
{   mDelay(15);
    LcdWc(0x38);                    //显示模式设置
    LcdWc(0x08);                    //显示关闭
    LcdWc(0x01);                    //显示清屏
    LcdWc(0x06);                    //显示光标移动位置
    LcdWc(0x0c);                    //显示开及光标设置
}
//功能:延时
//参数:j 为待延时的毫秒数
void mDelay(uchar j)
{   uint i = 0;
    for(;j>0;j)
    {   for(i = 0;i<124;i++)
        {;}
    }
}
```

3. 字符型液晶显示屏驱动程序的使用

只要在主函数中定义 xPos 和 yPos 两个变量,定义一个字符数组或者字符型指针,然后调用此液晶显示函数,即可将数组中的字符在液晶显示屏的相应位置显示出来。

```
#define  DPORT  PORTD
#define  RS     RA0
#define  RW     RA1
```

第8章 单片机接口的C语言编程

```
#define    E            RA2

#define    RS_CNT       TRISA0
#define    RW_CNT       TRISA1
#define    E_CNT        TRISA2
__CONFIG(FOSC_INTRC_NOCLKOUT & WDTE_OFF & MCLRE_OFF);

……这里加入驱动程序

void main()
{   uchar xPos,yPos;
    uchar *s = "Welcome0..!";
    xPos = 0;
    yPos = 1;
    RstLcd();
    ClrLcd();
    SetCur(CurFlash);            //开光标显示、闪烁
    WriteString(s,xPos,yPos);
    for(;;){;}
}
```

程序实现：输入源程序，命名为lcd.c，建立名为lcd的工程，将源程序加入其中，编译、链接通过。

参考图8-37在Proteus中绘制显示电路，其中LCD模块选用LM016L。双击

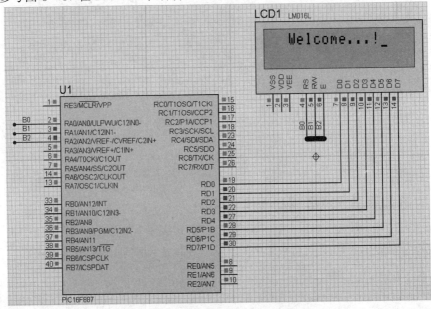

图8-37　在Proteus中仿真的效果

第8章 单片机接口的C语言编程

U1 打开 Edit Component 对话框,在 Program File 列表框中选择 LCD 工程所生成的 lcd.production.cof 文件,单击"▶"按钮运行程序,结果如图 8-37 所示。

8.7.2 用点阵型液晶显示屏显示汉字和图像

点阵型液晶显示屏既可以显示数据,又可以显示包括汉字在内的各种图形。点阵型液晶显示屏与 LED 点阵屏相比,其功耗低、体积小,适用于各种仪器、便携式设备等。随着其用量越来越大,价格不断降低,应用范围也越来越广。点阵型液晶显示屏驱动较为复杂,常用的是由液晶显示板和控制器部分组合而成的一个模块,因此也称为 LCM(Liquid Crystal Module),即液晶模块。

目前,市场上的 LCM 产品非常多,按其接口特征可以分为智能型和通用型两种。智能型 LCM 一般内置汉字库,具有一套接口命令,使用方便。通用型 LCM 必须由用户自行编程来实现各种功能,使用较为复杂,但其成本较低。

LCM 的功能特点主要取决于其控制芯片,目前常用的控制芯片有 T6963、HD61202、SED1520、SED13305、KS0107、ST7920、RA8803 等。其中使用 ST7920 和 RA8803 控制芯片的 LCM 产品一般都内置汉字库,而使用 RA8803 控制芯片的 LCM 产品一般都具有触摸屏功能。

由于 LCM 产品众多,本小节只能选择其中的一部分进行介绍。从帮助读者系统地理解 LCM 产品及学习单片机知识的角度出发,这里选择了较为传统的控制芯片制作的一款 LCM 产品 FM12864I 来进行介绍。

1. FM12864I 及其控制芯片 HD61202

图 8-38 所示为 FM12864I 的产品外形图。

这款液晶显示模块使用的是 HD61202 控制芯片,内部结构示意图如图 8-39 所示。由于 HD61202 芯片只能控制 64×64 点阵,因此产品中使用了 2 块 HD61202,分别控制屏的左、右两部分。也就是说,图中这块 128×64 点阵的显示屏实际上是 2 块 64×64 点阵显示屏的组合。除了这两块控制芯片外,图中显示还用到了一块 HD61203A 芯片,但该芯片仅供内部使用以提供列扫描信号,没有与外部的接口,用户无须关心。

图 8-38 FM12864I 的产品外形图

这块液晶显示屏共有 20 条引脚,其引脚说明如表 8-7 所列。

表 8-7 FM12864I 引脚说明

编号	符号	引脚说明	编号	符号	引脚说明
1	VSS	电源地	3	V0	LCD 偏压输入
2	VDD	电源正极(+5 V)	4	RS	数据/命令选择端(H/L)

第8章 单片机接口的C语言编程

续表 8-7

编号	符号	引脚说明	编号	符号	引脚说明
5	R/W	读/写控制信号（H/L）	17	RST	复位端（H:正常工作；L:复位）
6	E	使能信号	18	VEE	LCD驱动负压输出
7~14	DB0~DB7	数据输入口	19	BLA	背光源正极
15	CS1	片选IC1	20	BLK	背光源负极
16	CS2	片选IC2			

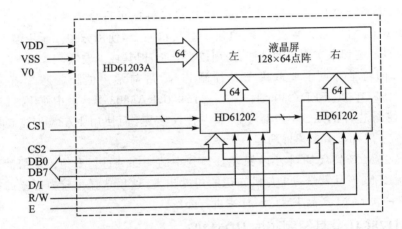

图8-39 FM12864I的内部结构示意图

HD61202及其兼容控制驱动器是一种带有列驱动输出的液晶显示控制器，它可与行驱动器HD61203配合使用组成液晶显示驱动控制系统。

HD61202芯片具有如下特点：

- 内藏 64×64 共4 096位显示RAM，RAM中每位数据对应LCD屏上一个点的亮暗状态。
- HD61202是列驱动，具有64路列驱动输出。
- HD61202读/写操作时序与68系列微处理器相符，因此它可直接与68系列微处理器接口相连，在与80C51系列微处理接口时要做适当处理，或使用模拟接口线的方式。
- HD61202占空比为1/64~1/32。

图8-40所示为HD61202内部RAM结构示意图，从图中可以看出每片HD61202可以控制 64×64 点，每8行称为1页。为方便MCU控制，1页内任意1列的8个点对应1字节的8位，并且是高位在下。由此可知，如果要进行取字模的操作，应该选择纵向取模下高位的方式。

第8章 单片机接口的C语言编程

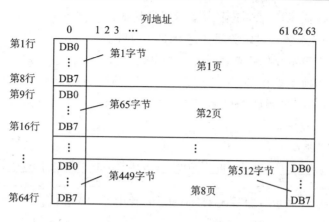

图 8-40 HD61202 内部 RAM 结构示意图

2. HD61202 及其兼容控制驱动器的指令系统

HD61202 的指令系统比较简单,总共只有 7 种指令。

(1) 显示开/关指令

R/W	D/I	DB7	DB6	DB5	DB4	DB3	DB2	DB1	DB0
0	0	0	0	1	1	1	1	1	1/0

注:表中前两列是此命令所对应的引脚电平状态,后 8 位是读/写字节。以下各指令表中的含义相同;不再重复说明。

该指令中,如果 DB0 为 1 则 LCD 显示 RAM 中的内容,如果 DB0 为 0 则关闭显示。

(2) 显示起始行 ROW 设置指令

R/W	D/I	DB7	DB6	DB5	DB4	DB3	DB2	DB1	DB0
0	0	1	1	显示起始行0~63					

该指令设置了对应液晶屏最上面一行显示 RAM 的行号,有规律地改变显示起始行,可实现显示滚屏的效果。

(3) 页 PAGE 设置指令

R/W	D/I	DB7	DB6	DB5	DB4	DB3	DB2	DB1	DB0
0	0	1	0	1	1	1	页号0~7		

该指令显示 RAM 可视作 64 行,分 8 页,每页 8 行对应 1 字节的 8 位。

(4) 列地址设置指令

R/W	D/I	DB7	DB6	DB5	DB4	DB3	DB2	DB1	DB0
0	0	0	1	显示列地址0~63					

该指令设置了页地址和列地址,就唯一地确定了显示 RAM 中的一个单元。这样 MCU 就可以用读指令读出该单元中的内容,用写指令向该单元写进 1 字节数据。

(5) 读状态指令

R/W	D/I	DB7	DB6	DB5	DB4	DB3	DB2	DB1	DB0
1	0	BUSY	0	ON/OFF	REST	0	0	0	0

该指令用来查询 HD61202 的状态。执行该条指令后,得到一个返回的数据值,并可根据各数据位来判断 HD61202 芯片当前的工作状态。各参数含义如下:

第8章 单片机接口的 C 语言编程

- BUSY:1 表示内部在工作;0 表示正常状态。
- ON/OFF:1 表示显示关闭;0 表示显示打开。
- REST:1 表示复位状态;0 表示正常状态。

如果芯片当前正处在 BUSY 和 REST 状态,则除读状态指令外,其他指令操作均无效果。因此,在对 HD61202 操作之前要查询 BUSY 状态,以确定是否可以对其进行操作。

(6) 写数据指令

R/W	D/I	DB7	DB6	DB5	DB4	DB3	DB2	DB1	DB0
0	1	写数据指令							

该指令用来将显示数据写入 HD61202 芯片中的 RAM 区。

(7) 读数据指令

R/W	D/I	DB7	DB6	DB5	DB4	DB3	DB2	DB1	DB0
1	1	读数据指令							

该指令用来读出 HD61202 芯片 RAM 中指定单元的数据。

读/写数据指令每执行完一次,读/写操作列地址就自动增 1。需要注意的是,进行读操作之前,必须要有一次空读操作,紧接着再读,才会读出所要读的单元中的数据。

3. 汉字及图像显示的驱动程序

点阵型液晶屏(LCM)往往用于显示汉字或者显示图像,从本质上来说,这两者并没有区别,其本质都是向 LCM 内部的 RAM 中填入点阵数据。

(1) 硬件电路

图 8-41 所示为 PIC16F887 芯片与 FM12864I 型 LCM 接口电路图,这里采用的是非总线接口方式。由图 8-41 可以看到,PORTD 口与数据口连接,各控制引脚分别由一根 I/O 口线控制。V0 端用于对比度调整,由于本模块内置了负电源发生

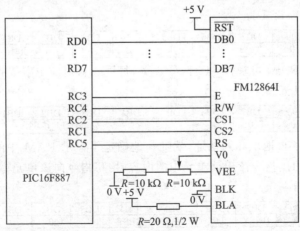

图 8-41 液晶显示屏与 80C51 的连接

器,因此连接非常方便,只要外接一个电阻和一个电位器即可。

(2) 驱动程序

要使用 LCM 来显示汉字,需要获得待显示汉字的字模数据。以 8.6 节所用的字模软件为例,FM12864I 应使用"纵向取模、高位在下"的方式。下面给出一个使用 PIC16F887 芯片控制 FM12864I 模块的驱动程序,清单如下:

```c
void uDelay()
{   uchar i = 10;
    for(;i>0;i);
}

void  WaitIdleL(void)
{
    unsigned char busy;
    TRISD = 0xff;                       //PORTD 设置为输入
    while(busy&0x80)
    {   CsLPin = 0;RwPin = 1;RsPin = 0;
        EPin = 1;
        uDelay();
        busy = DPORT;
        EPin = 0;
        uDelay();
    }
    TRISD = 0;                          //PORTD 设置为输出
}
/*********************
检测忙状态右
*********************/
void WaitIdleR(void)
{
    unsigned char busy;
    TRISD = 0xff;
    while(busy&0x80)
    {   CsRPin = 0;RwPin = 1;RsPin = 0;
        EPin = 1;
        uDelay();
        busy = DPORT;
        EPin = 0;
        uDelay();
    }
```

```
    TRISD = 0;
}
/***********************
写命令左
**********************/
void LcmWcL(unsigned char Dat)
{
    WaitIdleL();
     CsLPin = 1;RwPin = 0;RsPin = 0;
    DPORT = Dat;
    EPin = 1;
    uDelay();
    EPin = 0;
    CsLPin = 0;
}
/***********************
写命令右
**********************/
void LcmWcR(unsigned char Dat)
{
    WaitIdleR();
    CsRPin = 1;RwPin = 0;RsPin = 0;
    DPORT = Dat;
    EPin = 1;
    uDelay();
    EPin = 0;
    CsRPin = 0;
}
/***********************
写数据左
**********************/
void LcmWdL(unsigned char Dat)            //Lcm 左写数据
{
    WaitIdleL();
    DPORT = Dat;
    CsLPin = 1;RwPin = 0;RsPin = 1;
    EPin = 1;
    uDelay();
    EPin = 0;
    CsLPin = 0;
}
/***********************
```

写数据右
*********************/
```c
void LcmWdR(unsigned char Dat)
{
    WaitIdleR();
    DPORT = Dat;
    CsRPin = 1; RwPin = 0; RsPin = 1;
    EPin = 1;
    uDelay();
    EPin = 0;
    CsRPin = 0;
}
```
/**
函数功能:复位液晶控制芯片
入口参数:无
返　　回:无
备　　注:无
**/
```c
void LcmReset()
{   LcmWcL(0x3f);              //开左 LCM 显示
    LcmWcR(0x3f);              //开右 LCM 显示
    LcmWcL(0xc0);              //设定显示起始行
    LcmWcR(0xc0);              //设定显示起始列
}

void LcmWd(uchar Dat,uchar xPos,uchar yPos)
{   unsigned char xTmp,yTmp;
    xTmp = xPos;
    yTmp = yPos;
    yTmp& = 0x07;
    yTmp + = 0xb8;
    xTmp& = 0x3f;
    xTmp| = 0x40;
    if(xPos<64)
    {
        LcmWcL(yTmp);           //设页码
        LcmWcL(xTmp);           //设列码
    }
    else
    {
        LcmWcR(yTmp);
        LcmWcR(xTmp);
```

```
        }
        if(xPos<64)                    //xPos 小于 64 则对 CSL 操作
        {
            LcmWdL(Dat);
        }
        else
        {
            LcmWdR(Dat);
        }
}
/************************************************
函数功能:用指定数据填充屏幕数据
入口参数:FillDat  填充数据
返    回:无
备    注:无
************************************************/
void LcmFill(unsigned char FillDat)
{   unsigned char xPos = 0;
    unsigned char yPos = 0;
    for(;;)
    {   LcmWd(FillDat,xPos,yPos);
        yPos& = 0x07;
        xPos ++ ;
        if(xPos> = 128)
        {   yPos ++ ;
            xPos = 0;
        }
        if(yPos> = 0x8)
        {   yPos = 0;
            break;
        }
    }
}

/************************************************
函数功能:在指定位置显示 1 个 ASCII 字符
入口参数:HzNum  汉字字形表中位置
        xPos  显示起点的 x 坐标,可用值为 0～(127 - 8)
        yPos  显示起点的 y 坐标,可用值为 0～6
        attr  为 1 时在最低行显示一条线,用以形成光标的效果
返    回:无
备    注:无
```

```
*******************************************/
void AscDisp(uchar AscNum,uchar xPos,uchar yPos,uchar attr)
{   uchar i,hTmp,lTmp;
    for(i = 0;i<8;i++)
    {   hTmp = ascTab[AscNum][i * 2];
        lTmp = ascTab[AscNum][i * 2 + 1];
        if(attr)                          //反色显示
        {   lTmp| = 0xc0;
        }
        LcmWd(hTmp,xPos + i,yPos);
        LcmWd(lTmp,xPos + i,yPos + 1);
    }
}
/*******************************************
函数功能:在指定位置显示1个汉字
入口参数:HzNum  汉字字形表中位置
        xPos   显示起点的 x 坐标,可用值为 0~(127-16)
        yPos   显示起点的 y 坐标,可用值为 0~6
        attr   属性,为1时反色显示
返   回:无
备   注:一个汉字将占用2行 y 坐标,即第0行显示汉字后须在第2行显示,否则将吃
        掉上一行的汉字;汉字字模规则:纵向取模下高位;数据格式:从上到下,从左
        到右
*******************************************/
void ChsDisp16(uchar HzNum,uchar xPos,uchar yPos,uchar attr)
{   uchar i,hTmp,lTmp;
    for(i = 0;i<16;i++)
    {   hTmp = DotTbl16[HzNum][i * 2];
        lTmp = DotTbl16[HzNum][i * 2 + 1];
        if(attr)                          //反色显示
        {   hTmp = ~hTmp;
            lTmp = ~lTmp;
        }
        LcmWd(hTmp,xPos + i,yPos);
        LcmWd(lTmp,xPos + i,yPos + 1);
    }
}
/*******************************************
函数功能:整屏显示一个图像 logo
入口参数:pLogo 指向 logo 数组
返   回:无
备   注:logo 为 128×64;取模规则:纵向取模下高位;数据格式:从上到下,从左到右
*******************************************/
```

```c
void LogoDisp(uchar * pLogo)
{   uchar i,j;                    //i 表示行,j 表示列
    for(j=0;j<8;j++)
    {   for(i=0;i<128;i++)
        {   LcmWd(*pLogo,i,j);
            pLogo++;
        }
    }
}

//显示汉字字符串
void PutString( uchar * pStr,uchar xPos,uchar yPos,uchar attr)
{   uchar cTmp;
    uchar i=0;
    for(;;)
    {   cTmp = *(pStr+i);      //取字符表中的字符数据
        if(cTmp==0xff)
            break;
        if(cTmp<128)           //显示汉字
            ChsDisp16(cTmp,xPos+i*16,yPos,attr);
        i++;
    }
}
```

更详细的应用请读者参见 9.7 节的介绍,这里就不再重复举例了。

第 9 章

应用设计举例

本章介绍若干个简单但比较全面的程序,读者可以用它们来做一些比较完整的产品,从而对 PIC 单片机开发有一个比较完整的了解。

9.1 秒 表

本节这个例子是做一个 0~59 s 不断运行的秒表,每 1 s 到,数码管显示的秒数加 1,加到 59 s,再过 1 s,回到 0,从 0 开始加。秒累加的次数显示在第 1、2 位数码管上。实验电路板上的秒表电路如图 9-1 所示。

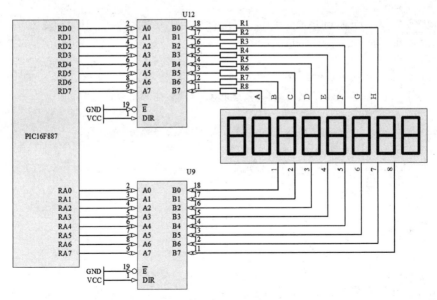

图 9-1 秒表电路

为实现这样的功能,程序中要有以下 3 部分:
① 秒信号的产生,这可以利用定时器来做,但直接用定时器做不行,因为定时器

第9章 应用设计举例

没有那么长的定时时间,所以要稍加变化。

② 计数器,用一个 static(静态)型变量,每 1 s 时间到,该变量加 1,加到 60 就回到 0,这个功能用 if 语句不难实现。

③ 把计数器的值变成十进制并显示出来,由于这里的计数值最大只到 59,也就是一个两位数,所以只要把这个数值除以 10,得到的商和余数就分别是十位和个位了。例如:37(25H)除以 10,商是 3,而余数是 7,分别把这两个值送到显示缓冲区的高位和低位,然后调用显示程序,就会在数码管上显示 37,这就是所需要的结果。此外,在程序编写时还要考虑到首位 0 消隐的问题,即十位上如果是 0,那么这个 0 不应该显示。为此,在进行了十进制转换后,对首位进行判断。首位如果是 0,就送一个消隐码到显示缓冲区,否则将首位数据送显示缓冲区。显示程序使用定时中断实现,主程序只要将待显示的值送往显示缓冲区即可。

【例 9 - 1】 用图 9-1 所示电路实现秒表功能,秒计数值显示在第 1、2 位数码管上,秒值显示在第 7、8 位数码管上。显示秒的值时具有高位 0 消隐功能。

```
/*******************************
;sec1.c
;秒表程序,每到 1 s,显示值加 1,有高位 0 消隐功能
;使用 8 位数码管中的最后 2 位,前面 6 位消隐
;*******************************/

#include "htc.h"
typedef    unsigned char uchar;
typedef    unsigned int uint;
#define Hidden 16
__CONFIG(FOSC_INTRC_NOCLKOUT & WDTE_OFF & MCLRE_OFF );
//配置文件,设置为内部 RC 方式振荡,禁止看门狗,不用 MCLR 复位

uchar DispTab[] = {0xC0,0xF9,0xA4,0xB0,0x99,0x92,0x82,0xF8,0x80,
0x90,0x88,0x83,0xC6,0xA1,0x86,0x8E,0xFF};
uchar BitTab[] = {0x01,0x02,0x04,0x08,0x10,0x20,0X40,0X80};
uchar DispBuf[8] = {0,0,0,0,0,0,0,0};

bit    Sec;                          //1 s 到的标记
uchar SecValue;                      //秒计数值

uchar TMR1HVal = (65536 - 4000)/256;
uchar TMR1LVal = (65536 - 4000) % 256;

void interrupt Disp()
{   static uchar dCount;             //用作显示的计数器
```

```
        static uint Count;                              //秒计数器
        const uint CountNum = 250;                      //预置值
        if(TMR1IF = = 1&&TMR1IE = = 1)                  //TIMER1 中断
        {
            TMR1H = TMR1HVal;
            TMR1L = TMR1LVal;                           //重置定时初值
        }
        PORTA = 0;                                      //关显示
        PORTD = DispTab[DispBuf[dCount]];               //显示第 i 位显示缓冲区中的内容
        PORTA| = BitTab[dCount];                        //位码
        dCount ++ ;
        if(dCount = = 8)
            dCount = 0;
        TMR1IF = 0;                                     //清中断标志
//以下是秒计数的程序行
        Count ++ ;                                      //计数器加1
        if(Count> = CountNum)                           //到达预计数值
        {   Count = 0;                                  //清 0
            Sec = 1;                                    //置位 1 s 到标志
            SecValue ++ ;                               //秒值加 1
            if(SecValue> = 60)
                SecValue = 0;                           //秒从 0 计到 59
        }

}
void Init()
{
    ANSEL = 0;                                          //设为数字端口
    TRISA = 0;                                          //PORTA 0~5 设为输出
    TRISD = 0;                                          //PORTD 设为输出
/////////////////////////////////TIMER1 设置
    TMR1CS = 0;                                         //将 TIMER1 设为定时器
    TMR1ON = 1;                                         //启动 TIMER1
    TMR1IE = 1;                                         //允许 TIMER1 中断
/////////////////////////////////中断控制
    GIE = 1;                                            //总中断允许
    PEIE = 1;                                           //外围部件中断允许
}

void main()
{   uchar      i;
    Uchar      sCount;                                  //秒计数值
```

第 9 章 应用设计举例

```
    Init();                             //初始化
    for(i=0;i<=6;i++)
        DispBuf[i] = Hidden;            //显示器前 6 位消隐
    for(;;)
    {
        if(Sec)                         //1 s 时间到
        {
            DispBuf[6] = SecValue/10;
            DispBuf[7] = SecValue%10;
            if(DispBuf[6] == 0)
                DispBuf[6] = Hidden;    //高位 0 消隐
            Sec = 0;                    //清除 1 s 到的标志
            sCount++;
            DispBuf[0] = sCount/10;
            DispBuf[1] = sCount%10;     //秒计数值显示在第 1、2 位数码管
        }
    }
}
```

程序实现：输入源程序，命名为 sec1.c，建立名为 sec1 的工程，加入源程序，编译、链接，直到完全正确为止。参考图 9-2 在 Proteus 中绘制电路图，双击 U1 打开 Edit Component 对话框，在 Program File 对话框选中生成的 sec1.production.cof 文件，单击 OK 按钮回到主界面。单击"▶"按钮运行程序，可以观察时钟的运行情况（如图 9-2 所示）。

注：配套资料\picprog\ch09\sec1 文件夹中的 sec1.avi 记录了用 Proteus 中演示仿真板的演示过程，供读者参考。

程序分析：

① 消隐的实现：消隐即数码管的任一段都不被点亮，字形码 0xFF 让所有笔段均不点亮，即实现了消隐。为使程序更有通用性，将这个消隐码放在字形码表的最后一位，即从 0 位算起的第 16 位。因此，只要将数据 16 送入显示缓冲区的某一位，即可实现该位的消隐。

② 在程序的开始部分，使用 #define 预处理指令定义了一些符号变量和符号常量，便于理解程序，如用 Hidden 代替 0x10（即十进制数 16）。

③ 秒信号的形成：程序中 TIMER1 作为定时器使用，每 4 ms 产生一次中断。定义一个 int 型变量（Count）并置初值为 0，每次定时时间到后，Count 单元中的值加 1。这样，当 Count 加到 250 时，说明已有 250 次间隔为 4 ms 的中断产生，也就是 1 s 时间到了。这里在程序中没有直接写

```
if(Count>=250)
```

而是写为

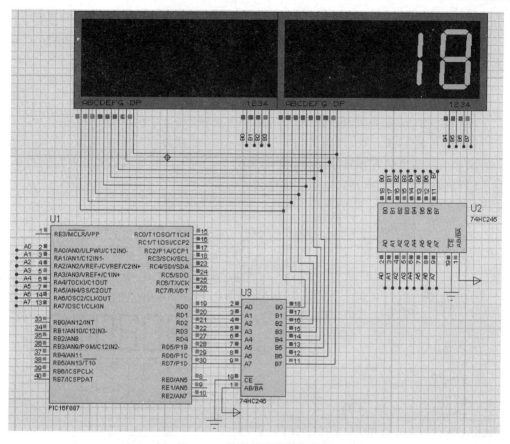

图 9-2　秒表程序的仿真效果

```
if(Count>=CountNum)        //到达预计数值
```

其中，CountNum 是一个预置值：

```
const uint CountNum = 250;
```

如果需要改变计时值，或者定时器的时间发生变化，只要修改预置值就可以了。

在 1 s 时间到后，置位 1 s 时间到的标记（SEC）后返回。主程序是一个无限循环，不断判断（SEC）标志是否为 1，如果为 1，则说明 1 s 时间已到，首先把 SEC 标志清 0，避免下次程序执行到这里时反复执行 if 语句中的程序行，否则 Count 每秒加 1 的操作就会出错；然后把计数器 Count 的值分离成十位和个位，分别送入显示缓冲区即可显示出秒值来。

9.2　可预置倒计时钟

下面的例子是例 9-1 的扩展，实现用键盘设置最大定时值为 59 s 的倒计时钟。

第9章 应用设计举例

其功能是:从一个设置值开始倒计时到0,然后回到这个设置继续倒计时,再从这个设置值开始倒计时到0,如此循环。设置值可以用键盘来设定,最长为59 s。

各按键的功能如下:

K1:开始运行。

K2:停止运行。

K3:高位加1,按一次,数码管的十位加1,从0~5循环变化。

K4:低位加1,按一次,数码管的个位加1,从0~9循环变化。

实验电路板上的可预置倒计时钟电路如图9-3所示,这里用了实验电路板的8位 LED 数码管及驱动电路和4位按键电路。

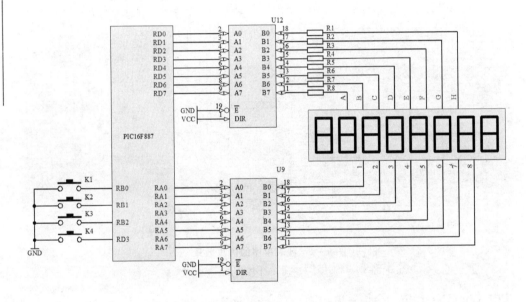

图9-3 可预置倒计时钟电路

图9-4所示为可预置倒计时钟的程序流程图。从图中可以看到,主程序首先调用键盘程序,判断是否有键按下,如果有键按下即转去键值处理,否则将秒计数值转化为十进制,并分别送显示缓冲区的高位和低位,然后调用显示程序。

【例9-2】 有预置功能的倒计时钟程序。

```
/*******************************
;带键盘设置的倒计时钟
;功能:从预设值倒计到0,然后回到预设值开始倒计时,不断循环
*******************************/
# include "htc.h"
# include "stdio.h"
typedef unsigned char uchar;
typedef unsigned int uint;
```

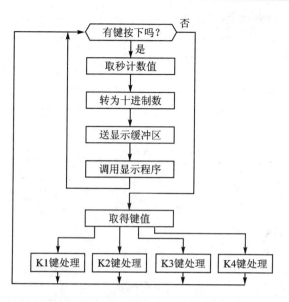

图 9-4　可预置倒计时钟的程序流程图

```
#define Hidden 16
__CONFIG(FOSC_INTRC_NOCLKOUT & WDTE_OFF & MCLRE_OFF );
//配置文件,设置为内部 RC 方式振荡,禁止看门狗,不用 MCLR 复位
uchar DispTab[] = {0xC0,0xF9,0xA4,0xB0,0x99,0x92,0x82,0xF8,0x80,
0x90,0x88,0x83,0xC6,0xA1,0x86,0x8E,0xFF};
uchar BitTab[] = {0x01,0x02,0x04,0x08,0x10,0x20,0X40,0X80};
uchar DispBuf[8] = {0,0,0,0,0,0,0,0};

bit     Sec;                              //1 s 到的标记
uchar   SecVal;                           //秒计数值
bit     KeyOk;
bit StartRun;
uchar   SetSecVal;                        //秒的预置值

const uchar TMR1HVal = (65536 - 4000)/256;
const uchar TMR1LVal = (65536 - 4000) % 256;
const uint CountNum = 250;                //用于秒计数的预置值

void interrupt Disp()
{     static uchar dCount;                //用作显示的计数器
      static uint Count;                  //秒计数器

      if(TMR1IF == 1&&TMR1IE == 1)        //定时器 TMR1 中断
      {
```

第 9 章　应用设计举例

```c
            TMR1H = TMR1HVal;
            TMR1L = TMR1LVal;                        //重置定时初值
        }
        PORTA = 0;                                   //关显示
        PORTD = DispTab[DispBuf[dCount]];            //显示第 i 位显示缓冲区中的内容
        PORTA| = BitTab[dCount];                     //位码
        dCount ++ ;
        if(dCount == 8)
            dCount = 0;
        TMR1IF = 0;                                  //清中断标志
//以下是秒计数的程序行
        Count ++ ;                                   //计数器加 1
        if(Count> = CountNum)                        //达到预计数值
        {   Count = 0;                               //清 0
            if(StartRun)                             //要求运行
            {   if((SecVal) == 0)
                    SecVal = SetSecVal;              //减到 0 后重置初值
            }
        }
    }
}
/* 延时程序,由 Delay 参数确定延迟时间 */

void mDelay(unsigned int Delay)
{   unsigned int i;
    for(;Delay>0;Delay)
    {   for(i = 0;i<124;i ++ )
        {;}
    }
}


void KeyProc(uchar KValue)                           //键值处理
{   if((KValue&0x01) == 0)                           //开始运行
        StartRun = 1;
    if((KValue&0x02) == 0)                           //停止运行
        StartRun = 0;
    if((KValue&0x4) == 0)
    {   StartRun = 0;                                //当前正在停止运行的状态
        DispBuf[6] ++ ;
        if(DispBuf[6]> = 6)                          //次高位由 0 加到 5
            DispBuf[6] = 0;
        SetSecVal = DispBuf[6] * 10 + DispBuf[7];    //计算出设置值
        SecVal = SetSecVal;
```

```c
        }
        if((KValue&0x8) == 0)
        {   StartRun = 0;                          //停止运行
            DispBuf[7]++;
            if(DispBuf[7] >= 10)                   //末位由0加到9
                DispBuf[7] = 0;
            SetSecVal = DispBuf[6] * 10 + DispBuf[7];  //计算出设置值
            SecVal = SetSecVal;
        }
}

uchar Key()
{   uchar KValue;
    uchar tmp;
    KValue = PORTB;                                //读PORTB
    KValue |= 0xf0;
    if(KValue == 0xff)                             //如果键值为0xFF
        return(0);                                 //返回
    mDelay(10);                                    //延时10 ms,去键抖
    KValue = PORTB;
    KValue |= 0xf0;
    if(KValue == 0xff)                             //无键按下
        return(0);                                 //返回
//如尚未返回,说明有键未被释放
    for(;;)
    {   tmp = PORTB;
        tmp |= 0xf0;
        if(tmp == 0xff)
            break;                                 //等待按键释放
    }
    return(KValue);
}
void Init()
{   ANSEL = 0;
    ANSELH = 0;
    TRISA = 0;                                     //PORTA设为输出
    TRISD = 0;                                     //PORTD设为输出
    TRISB = 0xff;                                  //PORTB设为输入
    WPUB = 0xff;                                   //允许接入内部弱上拉
    nRBPU = 0;


///////////////////TIMER1 设置
```

```c
        TMR1CS = 0;                              //将 TIMER1 设为定时器
        TMR1ON = 1;                              //启动 TIMER1
///////////////中断控制
        TMR1IE = 1;
        GIE = 1;                                 //总中断允许
        PEIE = 1;                                //外围部件中断允许
}
void main()
{   uchar KeyVal;
    uchar i;
    Init();                                      //初始化
    for(i = 0;i<= 6;i ++ )
        DispBuf[i] = Hidden;                     //显示器前 4 位消隐
    for(;;)
    {   KeyVal = Key();
        if(KeyVal)
            KeyProc(KeyVal);
        DispBuf[6] = SecVal/10;
        DispBuf[7] = SecVal % 10;
    }
}
```

程序实现：输入源程序,命名为 sec2.c,建立名为 sec2 的工程,加入源程序,编译、链接直到完全正确为止。参考图 9-5 在 Proteus 中绘制电路图,双击 U1 打开 Edit Component 对话框,在 Program File 对话框中选中生成的 sec2.production.cof 文件,单击 OK 按钮回到主界面。单击"▶"按钮运行程序,LED 数码管显示为 00,单击 K3 按键调整十位数到 3,然后单击 K1 按键开始运行,可以观察倒计时钟的运行情况(如图 9-5 所示)。

注：配套资料\picprog\ch09\sec2 文件夹中的 sec2.avi 记录了使用 proteus 演示的过程,供读者参考。

程序分析：与例 9-1 的程序相比,这个程序增加了键盘功能。下面对键盘处理过程进行分析。

① K1 按键的功能是实现开始运行。在这个按键按下之前,所有的部分几乎都已经开始工作,包括秒发生器也在运行,但在这个键还没有按下时,每 1 s 到后不执行秒值减 1 这项工作,所以只要设置一个标志位,每 1 s 到后检测该位。如果该位是真(1),则执行减 1 的工作;如果该位是假(0),则不执行减 1 的操作,这样按下"开始"键所进行的操作就是把这一标志位置 1。

② K2 按键的功能是停止。从上面的分析可知,只要在按下这个键之后把这一标志位清 0 即可。

第9章 应用设计举例

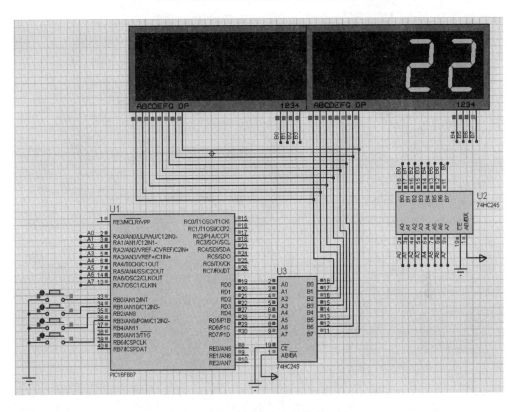

图9-5 倒计时钟程序的仿真效果

③ K3按键的功能是十位加1,并使十位在0~5之间循环。每按一次该键就把代表十位的那个显示缓冲区中的值加1,然后判断该值是否大于或等于6,如果大于或等于6,就把它变为0。

④ K4按键的功能是个位加1。直接把显示缓冲区的个位数加1,然后判断这个值是否大于等于10,如果大于或等于10,就让这个值减去10。

每次设置完成后,把十位的显示缓冲区的数取出,乘以10,再加上个位显示缓冲区的值,结果就是预置值。

程序的其他部分请自行分析。

9.3 使用DS1302芯片制作的时钟

例9-1中制作的秒表,其中秒信号发生器是通过单片机内部的定时器来实现的。这样制作出来的秒表其定时精度难以完全保证;而要获得年、月、日、日期、星期等信息时,需要复杂的编程;如果系统断电,那么要对单片机芯片进行断电保护,系统设计必然受到限制。因此,如果需要获得月、日、年等信息或者需要在断电时仍能运

第9章 应用设计举例

行时钟,则采用专门的实时钟芯片是较好的选择。第8章中介绍的DS1302是一种可靠、实用的实时钟芯片,下面的例子就是使用DS1302制作的一个时钟。

【例9-3】 使用DS1302制作的时钟,在8位数码管上分别显示时、分、秒。

```
/*******************************
;功能:根据程序所设置的时间运行,将时间读出显示在数码管上
;硬件描述:
;RC3 接 SCK,RC4 接 SDA,RC2 接 RST
*/
#include "htc.h"
#include "stdio.h"
typedef unsigned char uchar;
typedef unsigned int uint;
#define Hidden 16
__CONFIG(FOSC_INTRC_NOCLKOUT & WDTE_OFF & MCLRE_OFF);
//配置文件,设置为内部RC方式振荡,禁止看门狗,不用MCLR复位
uchar DispTab[] = {0xC0,0xF9,0xA4,0xB0,0x99,0x92,0x82,0xF8,0x80,
0x90,0x88,0x83,0xC6,0xA1,0x86,0x8E,0xFF};
uchar BitTab[] = {0x01,0x02,0x04,0x08,0x10,0x20,0X40,0X80};
uchar DispBuf[8] = {0,0,0,0,0,0,0,0};

#define LSB        0x01

#define WrEnDisCmd    0x8e          //写允许/禁止指令代码
#define WrEnDat       0x00          //写允许数据
#define WrDisDat      0x80          //写禁止数据
#define OscEnDisCmd   0x80          //振荡器允许/禁止指令代码
#define OscEnDat      0x00          //振荡器允许数据
#define OscDisDat     0x80          //振荡器禁止数据
#define WrMulti       0xbe          //写入多个字节的指令代码
#define WrSingle      0x84          //写入单个字节的指令代码
#define RdMulti       0xbf          //读出多个字节的指令代码


#define cClk RC3                    //与时钟线相连的PIC16F887芯片的引脚
#define cDat RC4                    //与数据线相连的PIC16F887芯片的引脚
#define cRst RC2                    //与复位端相连的PIC16F887芯片的引脚
#define SCL_CNT TRISC3              //SCL引脚控制位
#define SDA_CNT TRISC4              //SDA引脚控制位
#define RST_CNT TRISC2              //RST引脚控制位
```

```c
void mDelay(uint DelayTime)
{   uint temp;
    for(;DelayTime>0;DelayTime)
    {   for(temp=0;temp<270;temp++)
        {;}
    }
}

void interrupt Disp()
{   static uchar dCount;                        //用作显示的计数器
    if(TMR1IF==1&&TMR1IE==1)                    //TIMER1 中断
    {
        TMR1H = (65536-4000)/256;
        TMR1L = (65536-4000)%256;               //重置定时初值
    }
    PORTA = 0;                                  //关显示
    PORTD = DispTab[DispBuf[dCount]];           //显示第 i 位显示缓冲区中的内容
    PORTA| = BitTab[dCount];                    //位码
    dCount++;
    if(dCount==8)
        dCount = 0;
    TMR1IF = 0;                                 //清除中断标志
}

void uDelay(uchar i)
{   for(;i>0;i)
    {;}
}
void SendDat(uchar Dat)
{   uchar i;
    for(i=0;i<8;i++)
    {
        cDat = Dat&LSB;                         //数据端等于 tmp 数据的末位值
        Dat>>=1;
        cClk = 1;
        uDelay(1);
        cClk = 0;
    }
}
```

第9章 应用设计举例

```c
/*写入1个或者多个字节,第1个参数是相关命令
#define  WrMulti   0xbe          //写入多个字节的指令代码
#define  WrSingle  0x84          //写入单个字节的指令代码
第2个参数是待写入的值
第3个参数是待写入数组的指针
*/
void WriteByte(uchar CmdDat,uchar Num,uchar * pSend)
{
    uchar i = 0;
    SDA_CNT = 0;                 //数据端设为输出
    cRst = 0;
    uDelay(1);
    cRst = 1;
    SendDat(CmdDat);
    for(i = 0;i<Num;i++)
    {   SendDat( * (pSend + i));
    }
    cRst = 0;
}
/*读出字节,第1个参数是命令
#define  RdMulti   0xbf          //读出多个字节的指令代码
第2个参数是读出的字节数,第3个是指收数据数组指针
*/
void RecByte(uchar CmdDat,uchar Num,uchar * pRec)
{
    uchar i,j,tmp;
    SDA_CNT = 0;                 //数据端设为输出
    cRst = 0;                    //复位引脚为低电平
    uDelay(1);
    cClk = 0;
    uDelay(1);
    cRst = 1;
    SendDat(CmdDat);             //发送命令
    SDA_CNT = 1;                 //数据端设为输入
    for(i = 0;i<Num;i++)
    {   for(j = 0;j<8;j++)
        {   tmp>> = 1;
            if(cDat)
```

```
                    tmp| = 0x80;
                cClk = 1;
                uDelay(1);
                cClk = 0;
            }
            *(pRec + i) = tmp;
        }
        uDelay(1);
        cRst = 0;
    }
```

/* 当写保护寄存器的最高位为 0 时,允许数据写入寄存器。
写保护寄存器可以通过命令字节 8E、8F 来规定禁止写入/读出。
写保护位不能在多字节传送模式下写入。
当写保护寄存器的最高位为 1 时,禁止数据写入寄存器。

时钟停止位操作:当把秒寄存器的第 7 位时钟停止位设置为 0 时,启动时钟开始;当把秒寄存器的第 7 位时钟停止位设置为 1 时,时钟振荡器停止。

    根据传入的参数决定相关命令。
    第 1 个参数:命令字;第 2 个参数:写入的数据
    写允许命令;8EH,00H
    写禁止命令;8EH,80H
    振荡器允许命令;80H,00H
    振荡器禁止命令;80H,80H
*/
```
void WrCmd(uchar CmdDat,uchar CmdWord)
{   uchar CmdBuf[2];
    CmdBuf[0] = CmdWord;
    WriteByte(CmdDat,1,CmdBuf);
}

void Init()
{
    ANSEL = 0;
    ANSELH = 0;
    TRISA = 0;                          //PORTA 设为输出
    TRISD = 0;                          //PORTD 设为输出
```

```c
            //////////////////TIMER1 设置
            TMR1CS = 0;                                //将 TIMER1 设为定时器
            TMR1ON = 1;                                //启动 TIMER1
            TMR1IE = 1;
            ////以下设置 DS1302 操作相关引脚
            SCL_CNT = 0;                               //SCL 引脚控制位
            SDA_CNT = 0;                               //SDA 引脚控制位
            RST_CNT = 0;                               //RST 引脚控制位

            GIE = 1;
            PEIE = 1;
}
void main()
{       uchar SendBuf[8] = {0x30,0x32,0x01,0x10,0x01,0x01,0x08,33};
//发送数据缓冲区,内容依次是:秒,分,时,日,月,星期,年
        uchar RecBuf[8];                               //接收数据缓冲区
        Init();
        WrCmd(WrEnDisCmd,WrEnDat);                     //写允许
        WrCmd(OscEnDisCmd,OscEnDat);                   //振荡器允许
        WriteByte(WrMulti,8,SendBuf);
        DispBuf[0] = Hidden;
        DispBuf[1] = Hidden;
        for(;;)
        {
            RecByte(RdMulti,8,RecBuf);
            mDelay(100);                               //延时 100 ms
            DispBuf[2] = RecBuf[2]/16;
            DispBuf[3] = RecBuf[2]%16;
            DispBuf[4] = RecBuf[1]/16;
            DispBuf[5] = RecBuf[1]%16;                 //分
            DispBuf[6] = RecBuf[0]/16;
            DispBuf[7] = RecBuf[0]%16;                 //秒
        }
}
```

程序实现:输入源程序,命名为 ds1302.c,建立名为 ds1302 的工程,将源程序加入其中,编译、链接直到没有错误为止。

参考图 9-6 在 Proteus 中画出仿真电路图,双击 U1 打开 Edit Component 对话框,在 Program File 文本框中找到所生成的 DS1302.production.cof 文件,单击"▶"

按钮开始仿真。从图9-6中可以看到,仿真以后即显示 DS1302 芯片内部时钟设置及运行情况,见图9-6中数码管下方的 DS1302 Clock 小窗口。如果看不到这个窗口,则可在 Debug 菜单中选择 DS1302→Clock(U4)命令,打开该窗口。可以看到其 Time 和 Date 的设置值与程序中的设定完全相同,而当其时、分、秒发生变化时,数码管上所显示的数值也在不断变化。

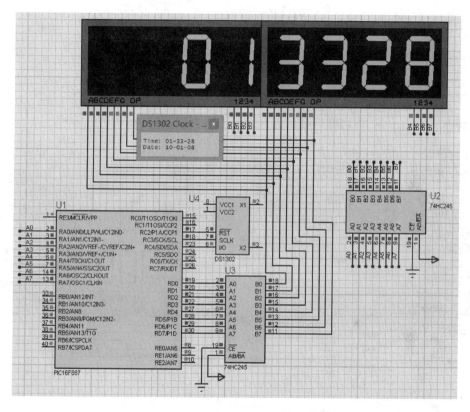

图9-6 使用 DS1302 制作的实时钟

注:配套资料\picprog\ch09\DS1302 文件夹中的 DS1302.avi 记录了使用 Proteus 演示的过程,供读者参考。

9.4 AT24C02 的综合应用

下面这个例子用来演示对 AT24C02 芯片的读/写操作,其中包含串口数据接收、发送及处理的程序,以及 AT24C02 的读/写操作程序。

1. 功能描述

本程序一共提供了两条命令,每条命令由3字节组成。

在第1条命令中:第1字节是0,表示向 EEPROM 中写入数据;第2字节表示要

第9章 应用设计举例

写入的地址;第3字节表示要写入的数据。例如:命令"0 10 22"表示将22写入10H单元中。

第2条命令中:第1字节是1,表示读EEPROM中的数据;第2字节表示要读出的单元地址;第3字节无意义,可以取任意值,但一定要有这个字节,否则命令不完整,不会被执行。例如:命令"1 12 1"表示将12单元中的数据读出、显示并送回主机。该命令中的最后一个数字可以是任意值。

至于命令中的数究竟是什么数制,由PC端的软件负责解释,写入或读出的数据会同时以十六进制数的形式显示在数码管上。

2. 实例分析

实验电路板相关部分的电路如图9-7所示。这里使用了实验板的8位LED数码管及其驱动电路、串行接口电路以及AT24C02的接口电路。

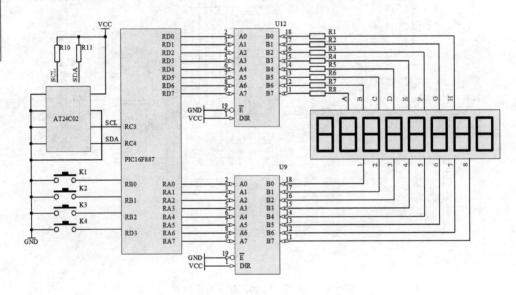

图9-7 AT24C02的综合应用实验

将不同的数送入缓冲器相应地址的方法是使用缓冲器指针,这实际上是一个名为Count的计数器,该计数器在0~2之间反复循环。在串行中断中,如果判断是接收中断,就将SBUF中的数据送到RecBuf[Count]中;然后将计数器Count的值加1,如果结果大于或等于3,就让Count回到0。

【例9-4】 AT24C02综合应用程序。

```
#include "htc.h"
typedef unsigned char uchar;
typedef unsigned int uint;
#define Hidden 16
__CONFIG(FOSC_INTRC_NOCLKOUT & WDTE_OFF & MCLRE_OFF );
```

```c
//配置文件,设置为内部RC方式振荡,禁止看门狗,不用MCLR复位
uchar DispTab[] = {0xC0,0xF9,0xA4,0xB0,0x99,0x92,0x82,0xF8,0x80,
0x90,0x88,0x83,0xC6,0xA1,0x86,0x8E,0xFF};
uchar BitTab[] = {0x01,0x02,0x04,0x08,0x10,0x20,0X40,0X80};
uchar DispBuf[8] = {0,0,0,0,0,0,0,0};

bit      Rec;                              //接收到数据的标志
uchar    RecBuf[3];                        //接收缓冲区

#define  SCL_CNT    TRISC3
#define  SDA_CNT    TRISC4

void  mDelay(uint DelayTime)
{   uchar  temp;
    for(;DelayTime>0;DelayTime)
    {   for(temp = 0;temp<65;temp ++ )
        {;}
    }
}

void interrupt Int_Process()
{   static uchar dCount;                   //用作显示的计数器
    static uchar Count;                    //用作接收缓冲区计数
    if(TMR1IF == 1&&TMR1IE == 1)           //定时器TIMER1中断
    {
        TMR1H = (65536 - 4000)/256;
        TMR1L = (65536 - 4000)%256;        //重置定时初值

        PORTA = 0;                         //关显示
        PORTD = DispTab[DispBuf[dCount]];  //显示第i位显示缓冲区中的内容
        PORTA| = BitTab[dCount];           //位码
        dCount ++ ;
        if(dCount == 8)
            dCount = 0;
        TMR1IF = 0;                        //清除中断标志
    }
    else if(TXIE&TXIF)                     //串行发送中断
    {
        if(TRMT)
            TXEN = 0;                      //停止发送
    }
    else if(RCIE&RCIF)                     //串行接收中断
```

```c
        {
            RecBuf[Count] = RCREG - 0x30;
            Count ++ ;
            if(Count >= 3)
            {   Count = 0;
                Rec = 1;                            //置位收到数据标志
            }
        }
}
```

……这里加入 AT24C02 芯片驱动程序

```c
void Init_Ser()
{   SYNC = 0;                                      //选择异步通信模式
    BRGH = 1;                                      //选择高速波特率发生模式
    BRG16 = 0;                                     //16 位模式
    SPEN = 1;                                      //串行通信端口打开
    CREN = 1;                                      //开启异步通信的接收功能
    RCIE = 1;                                      //允许接收中断
    SPBRG = 12;                                    //4 MHz 主频时,设置波特率为 19.2 Kbps,高速模式
}
void Init_IO()
{   ANSEL = 0;                                     //设定为数字端口
    TRISA = 0;                                     //PORTA 设为输出
    TRISD = 0;                                     //PORTD 设为输出
    TRISC & = 0xbf;                                //RC6 引脚为输出
    TRISC | = 0x80;                                //RC7 引脚作为输入
    ////////////////////TIMER1 设置
    TMR1CS = 0;                                    //将 T1 设为定时器
    TMR1ON = 1;                                    //启动 T1
    TMR1IE = 1;
    ////////////////////中断控制
    GIE = 1;                                       //总中断允许
    PEIE = 1;                                      //外围部件中断允许
}

void main()
{   uchar  RomDat[4];
    Init_IO();                                     //初始化端口
    Init_Ser();                                    //初始化串行口
    DispBuf[2] = Hidden;
    DispBuf[3] = Hidden;
```

```c
        DispBuf[4] = Hidden;
        DispBuf[5] = Hidden;

    SSPADD = 29;
    SSPIE = 0;                               //禁止 SSPIF 中断
    SSPCON = 0B00101000;                     //SSPEN = 1,I²C 主模式
    for(;;)
    {
        DispBuf[0] = RecBuf[1]/16;
        DispBuf[1] = RecBuf[1]%16;
        if(Rec)                              //接收到数据
        {   Rec = 0;                         //清除标志
            if(RecBuf[0] == 0)               //第一种功能,写入
            {   RomDat[0] = RecBuf[2];
                DispBuf[6] = RomDat[0]/16;
                DispBuf[7] = RomDat[0]%16;
                WrToRom(RomDat,RecBuf[1],1);
                TXREG = RomDat[0];
                TXEN = 1;                    //启动发送
            }
            else
            {   RdFromRom(RomDat,RecBuf[1],1);
                DispBuf[6] = RomDat[0]/16;
                DispBuf[7] = RomDat[0]%16;
                TXREG = RomDat[0];
                TXEN = 1;                    //启动发送
            }
        }
    }
}
```

程序实现：输入源程序，命名为 at24c02.c，建立名为 at24c02 的工程，加入源程序，编译、链接直到没有任何错误为止。

参考图 9-8 在 Proteus 中绘制电路图，其中数码管驱动部分与例 9-1 和例 9-2 中的图相同。为了调试方便，还需要加入虚拟终端和 I²C 调试器。单击侧边工具栏图标 ，在 INSTRUMENTS 栏中分别找到 VIRTUAL TERMINAL 和 I2C DEBUGGER，将它们加入图中并按图示接好连线。

单击"▶"按钮运行程序，单击 Virtual Ternal 窗口，在右键快捷菜单中按图 9-9 所示设置窗口特性，即要求输入的数据回显于窗口及使用十六进制格式显示。

按键盘上的数字键"0"，可发现在此窗口出现数字 30，随后分别按"1"和"9"键，可以看到窗口分别显示 31 和 39，并紧接着出现数字 09。其含义为：30、31、39 分别

第 9 章　应用设计举例

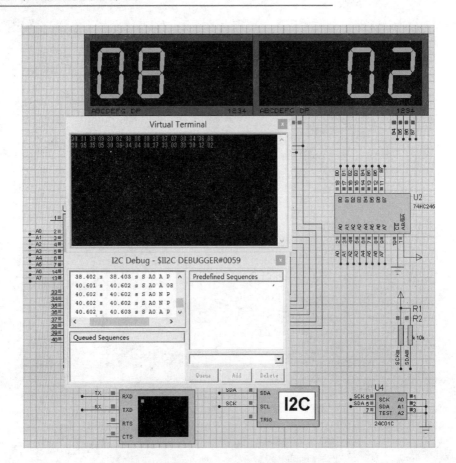

图 9-8　Proteus 中实现 AT24C02 编程器

图 9-9　设置 Virtual Terminal 显示模式

是这 3 个数字的 ASCII 码值,用十六进制表示。当按下这 3 个键时,相当于发出了一条写指令,要求将数据 9 写入地址为 1 的单元中,单片机成功执行后,返回写入数据 9 到串行口,因此在窗口出现 30、31、39 后,又出现了数字 9。参考图 9-5 分别向 2、3、4 单元中写入数据 8、7、6。写完后准备读出数据,按下数字键"1",再按下数字键

"4",然后再按一次,这样就输入了3个数据,即31、34、34,其中第1个数据是发出一条"读"指令,第2个数是指定读出4单元中的值,第3个数据是任意一个值,有了这个数据才算完整。输入3个数据后,屏幕上回显06,即读出的数据是0x06,而这正是前面我们写入的数据,说明写入、读出成功。

在进行练习时,注意 LED 显示器数值的变化,前 2 位始终是待写入或待读出的地址,后 2 位则是待写入或读出的数据。

有关 I^2C 调试的细节这里不讨论。如对 I^2C 工作过程有兴趣,可以观察 I^2C 调试窗口来了解 I^2C 工作过程中信号的传递。

9.5　93C46 的综合应用

下面这个例子演示了对 93C46 芯片的读/写操作,并提供了一种常用键盘程序设计的方法。

开机后,LED 数码管的第 1、2 位和第 7、8 位显示 00,分别表示地址和数据,而第 3、4、5、6 位消隐,RB7 所接 LED 点亮。

① 读指定地址的内容:按下 K1 或 K2 键,第 1、2 位显示的地址值加 1 或减 1,按下 K4 键,读出该单元的内容,并且以十六进制的形式显示在 LED 数码管的第 7、8 位上。

② 将值写入指定单元:按下 K1 或 K2 键,第 1、2 位显示的地址值加 1 或减 1,按下 K3 键,该地址值被记录,RB6 所接 LED 亮,按下 K1 或 K2 键,第 5、6 位显示的数据将随之变化,按下 K4 键,该数据被写入指定的 EEPROM 单元中。

为使表达更加明确,现将各键功能单独列出并描述如下:
- K1:加 1 键,具有连加功能,按下该键,显示器显示值加 1;如果按住不放,则过一段时间后将快速连加。
- K2:减 1 键,功能同 K1 类似。
- K3:切换键。按此键,将使 RB6 和 RB7 所接 LED 轮流点亮。
- K4:执行键。根据 RB6 和 RB7 所接 LED 点亮的情况分别执行读指定地址 EEPROM 内容和将设定内容写入指定的 EEPROM 单元中的功能。

这里使用了一键多用的编程方法,即同一按键在不同状态时用途不同。这里使用了 RB7 和 RB6 所接 LED 作为指示灯。如果 RB7 所接的 LED 亮,按下 K4 键,则表示读;如果 RB6 所接 LED 亮,按下 K4 键,则表示写。

该程序的特点在于键盘能够实现连加和连减功能,并且有双功能键,这些都是在工业生产、仪器、仪表开发中非常实用的功能。下面简单介绍其实现方法。

(1) 连加、连减的实现

图 9-10 所示为实现连加和连减功能的流程图。这里使用定时器作为键盘扫描,每隔 5 ms 即对键盘扫描一次,检测是否有键按下。从图中可以看出,如果有键按

下则检测 Kmark 标志,如果该标志为 0,则将 Kmark 置 1,将键计数器(KCount)置 2 后即退出;定时时间再次到时,又对键盘扫描,如果有键被按下,检测 Kmark 标志,如果 Kmark 为 1,则说明在本次检测之前,键就已经被按下了,将键计数器(KCount)减 1,然后判断是否到 0,如果 Kcount=0,则进行键值处理,否则退出;键值处理完毕后,检测 KFIRST 标志是否为 1,如果为 1,则说明处于连加状态,将键计数器减去 20,否则说明是第一次按键处理,将键计数器减去 200 并退出;如果检测到没有键按下,则清所有标志并退出。这里的键计数器(Kcount)代表了响应的时间,第一次输入 2,是设置去去键抖的时间,该时间是 10 ms(2×5 ms=10 ms);第二次输入 200,是设置连续按的时间超过 1 s(200×5 ms=1 000 ms)后进行连加的操作;第三次输入 20,是设置连加的速度是 0.1 s/次(20×5 ms=100 ms)。这些参数是完全分离的,可以根据实际要求加以调整。

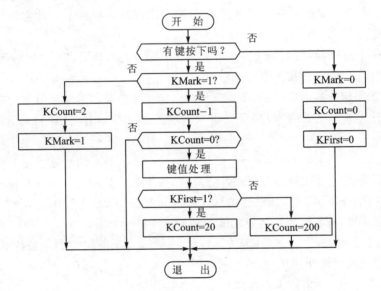

图 9-10 实现连加功能的键盘处理流程图

(2) 键盘双功能的实现

使用切换键来实现键盘双功能。要实现这一功能比较简单,由于只在两组功能之间切换,所以只要设置一个标志位(KFUNC),按下一次切换键,取反一次该位,然后在主程序中根据这一位是 1 还是 0 进行相应的处理。需要说明的是,由于键盘设计为具有连加、连减功能,人们可能习惯于长时间按住键盘的某一个键,因此,切换键也可能会被连续按下,这样会出现反复切换的现象。为此,再用一个变量 KFUNC1,在该键被处理后,将这一位变量置 1。在处理该键时,首先判断这一位是否为 1,如果为 1 就不再处理。这一位变量只有在键盘释放后才会被清 0,这样就保证了即使连续按下切换键(K3 键),也不会出现反复振荡的现象。

这个程序中的键盘程序有一定的通用性,读者可以直接将它应用于自己的项目中。

第9章 应用设计举例

【例9-5】 93C46手动编程器的实现。

```c
#include "htc.h"
typedef unsigned char uchar;
typedef unsigned int uint;
#define Hidden 16
__CONFIG(FOSC_INTRC_NOCLKOUT & WDTE_OFF & MCLRE_OFF  );
//配置文件,设置为内部RC方式振荡,禁止看门狗,不用MCLR复位
uchar DispTab[] = {0xC0,0xF9,0xA4,0xB0,0x99,0x92,0x82,0xF8,0x80,
0x90,0x88,0x83,0xC6,0xA1,0x86,0x8E,0xFF};
uchar BitTab[] = {0x01,0x02,0x04,0x08,0x10,0x20,0X40,0X80};
uchar DispBuf[8] = {0,0,0,0,0,0,0,0};

#define     EWEN    0X60
#define     EWDS    0x00
#define     CS      RC0
#define     SCK     RC3
#define     DI      RC4
#define     DO      RC5

#define     D1Led   RB7
#define     D2Led   RB6
#define     D3Led   RB5


bit     KFirst;              //第一次
bit     KFunc;               //代表两种功能
bit     KEnter;              //代表执行K4键的操作

uchar   AddrCount = 0;       //地址计数值
uchar   NumCount = 0;        //数据计数值

void mDelay(uint DelayTime)
{   uint temp;
    for(;DelayTime>0;DelayTime)
    {   for(temp = 0;temp<249;temp ++ )
        {;}
    }
}

void interrupt Disp()
{   static uchar    dCount;          //用作显示的计数器
```

```c
        static uchar    KCount;
        //用于键盘的计数器,控制去键抖延时、首次按下延时以及连续按下时的延时
        static bit    KMark;              //有键被按下
        static bit    KFunc1;             //用于 K3 键
        uchar    tmp;

        if(TMR1IF == 1&&TMR1IE == 1)      //TIMER1 中断
        {
            TMR1H = (65536 - 4000)/256;
            TMR1L = (65536 - 4000)%256;   //重置定时初值
        }
        PORTA = 0;                        //关显示
        PORTD = DispTab[DispBuf[dCount]]; //显示第 i 位显示缓冲区中的内容
        PORTA| = BitTab[dCount];          //位码
        dCount ++;
        if(dCount == 8)
            dCount = 0;
        TMR1IF = 0;                       //清除中断标志

        tmp = PORTB;
        tmp| = 0xf0;                      //高 4 位置 1
        tmp = ~tmp;                       //取反各位
        asm("nop");
        if(!tmp)                          //如果结果是 0 则表示无键被按下
        {   KMark = 0;
            KFirst = 0;
            KCount = 0;
            KFunc1 = 0;
            return;
        }
        if(!KMark)                        //如果键按下则标志无效
        {   KCount = 4;                   //去键抖
            KMark = 1;
            return;
        }
        KCount;
        if(KCount! = 0)                   //如果不等于 0
            return;
        if((tmp&0xfe) == 0)               //RB0 为低电平
        {   if(KFunc)                     //要求计数值操作
                NumCount ++;
            else
```

```c
                AddrCount ++ ;
        }
        else if((tmp&0xfd) == 0)               //RB1 为低电平
        {   if(KFunc)                          //要求计数值操作
                NumCount;
            else
                AddrCount;
        }
        else if((tmp&0xfb) == 0)               //RB2 为低电平
        {   if(!KFunc1)                        //该位为 0 才进行切换,防止反复切换
            {   KFunc = !KFunc;                //切换状态
                KFunc1 = 1;
            }
        }
        else if((tmp&0xf7) == 0)               //RB3 为低电平
        {   KEnter = 1;                        //回车键按下
        }
        else                                   //无键按下(出错处理)
        {   KMark = 0;
            KFirst = 0;
            KCount = 0;
            KFunc1 = 0;
        }
        if(KFirst)                             //不是第一次被按下(连加)
        {   KCount = 20;
        }
        else                                   //第一次被按下(间隔较长)
        {   KCount = 200;
            KFirst = 1;
        }
    }

    void SpiInit(void){
            TRISC0 = 0;
            TRISC3 = 0;
            TRISC4 = 1;
            TRISC5 = 0;
            SSPCON = 0X31;
    }

    void Delay(void){
        asm("nop");
```

```c
        asm("nop");
}

unsigned char OutPut(unsigned char SendData){
        unsigned char temp;
        SSPBUF = SendData;
        asm("nop");
        asm("nop");
        while(BF == 0){
                        asm("clrwdt");
        }
        temp = SSPBUF;
        return(temp);
}

void Ewen(void){
        unsigned char temp;
        CS = 1;
        Delay();
        temp = 0X02;
        OutPut(temp);
        temp = EWEN;                                    //写允许命令字
        OutPut(temp);
        Delay();
        CS = 0;
}
void Ewds(void){
        unsigned char temp;
        CS = 1;
        Delay();
        temp = 0x02;
        OutPut(temp);
        temp = EWDS;                                    //写禁止命令字
        OutPut(temp);
        Delay();
        CS = 0;

}

void WriteByte(unsigned char WData,unsigned char Adress){
        unsigned char wtemp;
        CS = 1;
```

```c
        Delay();
        wtemp = 0x02;
        OutPut(wtemp);
        wtemp = Adress|0x80;
        OutPut(wtemp);
        OutPut(WData);
        Delay();
        CS = 0;
}

unsigned char   ReadByte(unsigned char Adress){
        unsigned char wrtemp,rtemp;
        CKP = 1;
        CS = 1;
        Delay();
        wrtemp = 0x03;
        OutPut(wrtemp);
        wrtemp = Adress&0x7f;
        OutPut(wrtemp);
        CKP = 0;
        asm("nop");
        rtemp = OutPut(wrtemp);
        Delay();
        CS = 0;
        CKP = 1;
        return(rtemp);
}

void WriteBytes(uchar * WriteData,uchar Number,uchar Adress){
        unsigned char temp;
        Ewen();
        while(Number! = 0){
                temp = * WriteData;
                WriteByte(temp,Adress);
                asm("nop");
                asm("nop");
                CS = 1;
                asm("nop");
                asm("nop");
                while(DI = = 0){
                        asm("clrwdt");
                }
```

第 9 章　应用设计举例

```c
                Delay();
                CS = 0;
                WriteData ++ ;
                Adress ++ ;
                Number;
        }
}
//
void ReadBytes(uchar * ReadData,uchar Number,uchar Adress){
        while(Number! = 0){
        asm("clrwdt");
         * ReadData = ReadByte(Adress);
        ReadData ++ ;
        Adress ++ ;
        Number;
        }
}
//第 1 个参数放在第 1、2 位,第 2 个参数放入第 7、8 位
void Calc(uchar Dat1,uchar Dat2)
{     DispBuf[0] = Dat1/16;
      DispBuf[1] = Dat1 % 16;

      DispBuf[6] = Dat2/16;
      DispBuf[7] = Dat2 % 16;
}


void Init()
{     NSEL = 0;                              //设定为数字端口
      ANSELH = 0;
      TRISA = 0;                             //PORTA 设为输出
      TRISB = 0x0f;
      //PORTB 0～3 设为输入,PORTB 4～7 设为输出
      WPUB = 0xff;
      nRBPU = 0;                             //允许接入内部弱上拉
      TRISD = 0;                             //PORTD 设为输出

      ////////////////////////////////TIMER1 设置
      TMR1CS = 0;                            //将 T1 设为定时器
      TMR1IE = 1;                            //TMR1 中断允许
      TMR1ON = 1;                            //启动 T1
      //SpiInit();              //初始化 SPI 接口,在用 Proteus 演示时必须屏蔽掉
      ////////////////////////////////中断控制
```

```c
        GIE = 1;                              //总中断允许
        PEIE = 1;                             //外围部件中断允许
}
void main(void)
{
        Init();                               //初始化
        DispBuf[2] = Hidden;
        DispBuf[3] = Hidden;
        DispBuf[4] = Hidden;
        DispBuf[5] = Hidden;                  //中间4位数码管消隐
        D1Led = 1;                            //点亮"读"控制灯
        for(;;)
        {
            Calc(AddrCount,NumCount);         //计算1、2、7、8位数码管显示值
            if(KFunc)
            {   D2Led = 1;                    //点亮"写"指示灯
                D1Led = 0;                    //关断"读"指示灯
            }
            else
            {   D1Led = 1;                    //点亮"读"指示灯
                D2Led = 0;                    //关断"写"指示灯
            }
            if(KEnter)                        //按下回车键
            {   if(KFunc)                     //写数据
                {
                    D3Led = 1;                //点亮指示灯
                    // Ewen();
                                              //本程序行在用Proteus 演示时必须屏蔽掉
                    WriteByte(NumCount,AddrCount);//写入1字节
                }
                else                          //读数据
                {   D3Led = 1;                //点亮指示灯
                    //NumCount = ReadByte(AddrCount);
                    //本程序行在用Preoteus演示时必须屏蔽掉
                }
                KEnter = 0;                   //清回车键被按下的标志
                mDelay(100);
                                              //延时一段时间(为了看清D3被点亮过)
                D3Led = 0;
            }
        }
}
```

第9章 应用设计举例

程序实现：输入源程序，命名为93C46.c，建立名为93C46的工程，加入源程序，编译、链接直到没有任何错误为止。

本程序不能通过Proteus来完全仿真，必须通过硬件才能实现全部功能。不过，本程序中键盘功能的实现可以通过Proteus来仿真，只要参考程序中的说明将与93C46相关的操作语句注释掉，然后重新编译即可。参考图9-11绘制仿真电路图，双击U1打开Edit Component对话框，在Program File对话框选中生成的93C46.production.cof文件，单击OK按钮回到主界面，然后单击"▶"按钮运行程序。

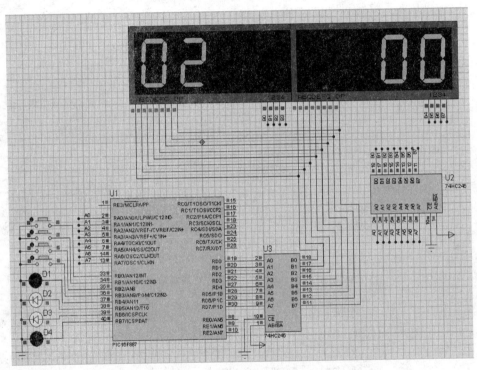

图9-11 93C46编程器部分功能仿真电路图

程序运行后，RB7所接LED点亮，单击K1按键，第1、2位数码管所显示表示地址值的数值不断增加，单击K2按键，地址值不断减少。当确定所需地址后，如果单击K4按键，则第5、6位数码管将显示所读出的93C46相应单元的内容，同时RB4所接LED将闪烁一次。由于该仿真图未绘制93C46，因此，读出来的数值始终是0。

如果设置好地址值后单击K3按键，则RB6所接LED点亮，此时单击K1、K2按键可以调整第5、6位数码管所显示的数值，这是将写入93C46相应单元中的值。设置完毕，单击K4，将第7、8位数码管所显示数值写入第1、2位数码管所显示地址单元中，同时RB4所接LED闪烁一次。

注：配套资料\picprog\ch09\93C46文件夹中的93C46.avi记录了使用Proteus演示的过程，供读者参考。

9.6 交通灯控制

交通灯控制电路如图 9-12 所示。PIC16F887 单片机控制一片 74HC595 连接 8 个 LED，这 8 个 LED 被分成 2 组，其中东西方向（水平方向）主干道上和南北方向（竖直方向）主干道上各放置 3 个 LED，代表红、黄、绿三色交通灯，人行道上各放置一个代表人行道的绿色交通信号灯。2 块由 74HC245 芯片驱动的 4 位数码管，前面的 4 位用作东西向交通灯计时，后 4 位用作南北向交通灯计时。

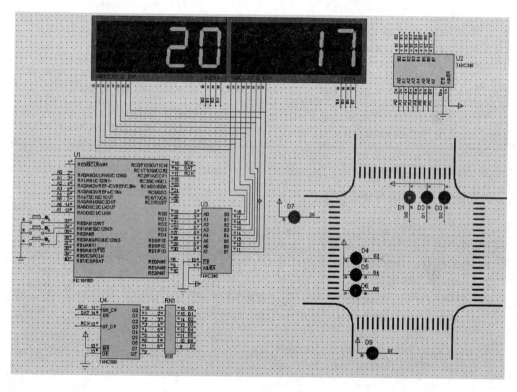

图 9-12　在 Proteus 中绘制交通灯控制电路

1. 动作过程分析

本例中交通灯按以下顺序运行，南北向绿灯亮 30 s，随即以 1 s 每次的速率闪烁 3 次，黄灯亮 2 s；东西向绿灯亮 20 s，随即以 1 s 每次的速率闪烁 3 次，黄灯亮 2 s，如此不断循环。在主路红、黄、绿灯切换时，人行道上的绿灯也相应变化。

能够实现这一要求的程序编写方法很多，这里介绍一种状态转移法，使用这种方法编程各阶段逻辑关系明确，各种设置灵活便于修改，不易出错。

表 9-1 中列出了交通灯工作时的状态、各种状态下的输出及其转移条件。

第9章 应用设计举例

表 9-1 控制状态转移表

状态	输出	转移条件
S0	南北向主道绿灯亮,红灯灭,黄灯灭;东西向主道红灯亮,黄灯灭,绿灯灭;南北向人行道绿灯亮;东西向人行道绿灯灭	S0→K1 条件:南北向绿灯亮定时时间到
K1	南北向主道绿灯闪,红灯灭,黄灯灭;东西向主道红灯亮,黄灯灭,绿灯灭;人行道绿灯均灭	K1→K2 条件:南北向绿灯闪烁计数次数到
K2	南北向主道黄灯亮,绿灯灭,红灯灭;东西向主道红灯亮,黄灯灭,绿灯灭;人行道绿灯均灭	K2→K3 条件:南北向黄灯亮定时时间到
K3	东西向主道绿灯亮,红灯灭,黄灯灭;南北向主道红灯亮,黄灯灭,绿灯灭;东西向人行道绿灯亮;南北向人行道绿灯灭	K3→K4 条件:东西向绿灯亮定时时间到
K4	东西向主道绿灯闪,红灯灭,黄灯灭;南北向主道红灯亮,黄灯灭,绿灯灭;人行道绿灯均灭	K4→S5 条件:东西向绿灯闪烁计数次数到
S5	东西向主道黄灯亮,绿灯灭,红灯灭;南北向主道红灯亮,黄灯灭,绿灯灭;人行道绿灯均灭	S5→S0 条件:东西向黄灯亮定时时间到

2. 程序编写及分析

根据表 9-1,编写程序如下:

```c
#include "htc.h"
typedef unsigned char uchar;
typedef unsigned int uint;
#define Hidden 16
__CONFIG(FOSC_INTRC_NOCLKOUT & WDTE_OFF & MCLRE_OFF );
//配置文件,设置为内部RC方式振荡,禁止看门狗,不用MCLR复位
uchar DispTab[] = {0xC0,0xF9,0xA4,0xB0,0x99,0x92,0x82,0xF8,0x80,
0x90,0x88,0x83,0xC6,0xA1,0x86,0x8E,0xFF};
uchar BitTab[] = {0x01,0x02,0x04,0x08,0x10,0x20,0X40,0X80};
uchar DispBuf[8] = {16,16,0,0,16,16,0,0};
#define  Clk    RC0                    //定义时钟端
#define  Dat    RC1                    //定义串行数据输入端
#define  RCK    RC2                    //定义控制端

void SendData(unsigned char SendDat)    //传送1字节的数据
{   unsigned char i;
    for(i=0;i<8;i++)
    {   if((SendDat&0x80) == 0)
            Dat = 0;
        else
            Dat = 1;
```

```
            Clk = 0;
            Clk = 1;
            SendDat = SendDat<<1;
        }
}

uchar   C100ms,C1s;
bit     b100ms,b1s;
bit     T1i = 0,T1o = 0;              //定义软件继电器线包和触点
uint    T1Num;                        //软件定时器计数值
bit     sMark;                        //秒标志
bit     esMark;

void interrupt Timer1()
{   static uchar sCount;
    static uchar dCount;
    if((TMR1IF = = 1)&&(TMR1IE = = 1))
    {
        TMR1H = (65536 - 5000)/256;
        TMR1L = (65536 - 5000) % 256;
        TMR1IF    =    0;              //清中断标志
        PORTA     =    0;              //关显示
        PORTD     =    DispTab[DispBuf[dCount]];   //显示第 i 位显示缓冲区中的内容
        PORTA    |=    BitTab[dCount]; //位码
        dCount ++ ;
        if(dCount = = 8)
            dCount = 0;
        if(esMark)
        {   sCount ++ ;
            if(sCount> = 200)
            {   sCount = 0;
                sMark = 1;
            }
        }
        else
            sMark = 0;
        if(b100ms = = 1)
            b100ms = 0;
        if(b1s = = 1)
            b1s = 0;
        if( ++ C100ms = = 20)
        {   C100ms = 0;
```

```c
            C1s++;
            b100ms = 1;
        }
        if(C1s == 10)
        {   C1s = 0;
            b1s = 1;
        }
        if(T1i)
        {   if(b100ms)
                T1Num;
            if(T1Num == 0)
            {   T1o = 1;
                T1i = 0;
            }
        }
        else
            T1Num = 0;
    }
}

void init_Timer1()
{   T1CKPS0 = 0;
    T1CKPK1 = 0;
    TMR1H = (65536 - 5000)/256;
    TMR1L = (65536 - 5000) % 256;
    TMR1CS = 0;
    TMR1IE = 1;                            //允许 TIMER1 中断
    TMR1ON = 1;
    PEIE = 1;
    GIE = 1;
}
union{
    unsigned char OutDat;
    struct{
        unsigned  G1:1;
        unsigned  Y1:1;
        unsigned  R1:1;
        unsigned  G2:1;
        unsigned  Y2:1;
        unsigned  R2:1;
        unsigned  L1:1;
        unsigned  L2:1;
```

```c
    };
}O1;

void    main()
{   uchar   Status = 0;
    uchar   fCount = 0;

    ANSEL = 0;                                  //设定为数字端口
    TRISA = 0;                                  //PORTA 设为输出
    TRISC = 0;                                  //PORTC 设为输出
    TRISD = 0;                                  //PORTD 设为输出
    init_Timer1();
    for(;;)
    {
        if((Status == 0)&&(T1o))                //切换条件:定时时间到
            Status = 1;
        else if((Status == 1)&&(fCount>6))      //切换条件:计数次数大于等于 6
            Status = 2;
        else if((Status == 2)&&(T1o))           //切换条件:1 s 时间到
            Status = 3;
        else if((Status == 3)&&(T1o))           //切换条件:20 s 时间到
            Status = 4;                         //状态 4:东西向绿灯闪,计数
        else if((Status == 4)&&(fCount>6))      //切换条件:闪烁次数到
            Status = 5;
        else if((Status == 5)&&(T1o))           //切换条件:1 s 时间到
            Status = 0;
        switch(Status)
        {   case    0:                          //南北向绿灯亮
            {   T1o = 0;
                O1.G1 = 1;O1.Y1 = 0;O1.R1 = 0;
                O1.R2 = 1;O1.Y2 = 0;O1.G2 = 0;
                O1.L1 = 1;O1.L2 = 0;
                if(!T1i)
                {   T1i = 1;
                    T1Num = 300;
                }
                DispBuf[2] = (T1Num/10 + 5)/10;  //东西向红绿灯计时
                DispBuf[3] = (T1Num/10 + 5)%10;
                DispBuf[6] = (T1Num/10)/10;      //南北向红绿灯计时
                DispBuf[7] = (T1Num/10)%10;
                break;
            }
```

```
            case    1:                              //南北向绿灯闪 3 次
            {   T1o = 0;                            //清 0 定时器 T1 触点
                O1.Y1 = 0;O1.R1 = 0;
                O1.R2 = 1;O1.Y2 = 0;O1.G2 = 0;
                O1.L1 = 0;O1.L2 = 0;
                if(!esMark)
                {   esMark = 1;
                    fCount = 0;
                }
                if(sMark)
                {   sMark = 0;
                    O1.G1 = !O1.G1;                 //绿灯闪烁
                    fCount ++ ;
                }
                DispBuf[2] = Hidden;
                DispBuf[3] = (6 - fCount)/2 + 2;
                DispBuf[6] = Hidden;
                DispBuf[7] = (6 - fCount)/2;
                break;
            }
            case    2:
            {   esMark = 0;
                O1.G1 = 0;O1.Y1 = 1;O1.R1 = 0;
                O1.G2 = 0;O1.Y2 = 0;O1.R2 = 1;
                if(!T1i)
                {   T1i = 1;
                    T1Num = 20;                     //2 s 定时
                }
                DispBuf[2] = Hidden;
                DispBuf[3] = T1Num/10;
                DispBuf[6] = Hidden;
                DispBuf[7] = T1Num/10;
                break;
            }
            case    3:
            {   T1o = 0;
                O1.G1 = 0;O1.Y1 = 0;O1.R1 = 1;
                O1.G2 = 1;O1.Y2 = 0;O1.R2 = 0;
                O1.L2 = 1;O1.L1 = 0;
                if(!T1i)
                {   T1i = 1;
                    T1Num = 200;
```

```c
            }
            DispBuf[2] = (T1Num/10)/10;          //东西向交通灯计时
            DispBuf[3] = (T1Num/10) % 10;
            DispBuf[6] = (T1Num/10 + 5)/10;      //南北向交通灯计时
            DispBuf[7] = (T1Num/10 + 5) % 10;
            break;
        }
    case    4:
        {
            T1o = 0;
            O1.G1 = 0;O1.Y1 = 0;O1.R1 = 1;
            O1.R2 = 0;O1.Y2 = 0;
            O1.L1 = 0;O1.L2 = 0;
            if(!esMark)
            {   esMark = 1;
                fCount = 0;
            }
            if(sMark)
            {   sMark = 0;
                O1.G2 = !O1.G2;
                fCount ++ ;
            }
            DispBuf[2] = Hidden;
            DispBuf[3] = (6 - fCount)/2;
            DispBuf[6] = Hidden;
            DispBuf[7] = (6 - fCount)/2 + 2;
            break;
        }
    case 5:
        {   esMark = 0;
            O1.G1 = 0;O1.Y1 = 0;O1.R1 = 1;
            O1.G2 = 0;O1.Y2 = 1;O1.R2 = 0;
            if(!T1i)
            {   T1i = 1;
                T1Num = 20;                      //2 s 定时
            }
            DispBuf[2] = Hidden;
            DispBuf[3] = T1Num/10;
            DispBuf[6] = Hidden;
            DispBuf[7] = T1Num/10;
        }
    default:break;
```

第 9 章 应用设计举例

```
        }
        DispBuf[0] = Status;
        RCK = 0;                        //存储寄存器输入禁止
        SendData(~O1.OutDat);
        RCK = 1;                        //存储寄存器输入允许
    }
}
```

程序实现：输入源程序，命名为 jtd.c，建立名为 jtd 的工程，加入源程序，编译、链接直到没有任何错误为止。参考图 9-12 绘制仿真电路图，双击 U1 打开 Edit Component 对话框，in Program File 对话框选中生成的 jtd.production.cof 文件，单击 OK 按钮回到主界面。单击"▶"按钮运行程序，可以观察到交通灯不断转换及相应数码管显示变化的过程。

程序分析：

(1) 软件定时器

程序中往往需要使用定时、延时等功能。通常延时功能可以使用无限循环方式。但是采用无限循环方式有个问题，就是一旦进入了这个循环当中，CPU 就不能再做其他工作(中断处理程序除外)，一直要等到循环结束，才能做其他工作，这往往难以满足实际工作需要。为此，可以使用定时器来实现"并行"工作，但是一般单片机仅有 2 个或 3 个定时器，不够使用，为此可以使用软件定时器来完成延时、定时等工作。

很多应用中对于定时器的定时精度要求并不很高，误差不超过 10 ms、100 ms 甚至 1 s 都可以，这样就便于扩展软件定时器。本程序借鉴 PLC 定时器的用法，分别定义了软件定时器的线包(T1i)、定时器的输出触点(T1o)和定时时间设定变量(T1Num)。在需要使用这些软件定时器时，让线包(T1i)接通即置为 1，并设定需要定时的时间值，以 100 ms 精度的定时器为例，设定值为 0.1 s 的倍数，如设定为 10 则定时时间为 1 s。随后在程序中不断检测 T1o，如果 T1o 为 0，则说明定时时间未到，如果 T1o 为 1，则说明定时时间已到，这个定时器的精度是 100 ms。代码如下：

```
    if(!T1i)
    {   T1i = 1;
        T1Num = 10;              //延时 1 s
    }
    if(T1o)
    {……这里放需要完成的工作
    }
```

上面的程序行是使用软件定时器的代码，有关软件定时器的代码在定时器 TIMER1 中实现。位变量 T1i、T1o 以及无符号字节型变量 T1Num 是全局变量，用来在调用软件定时器的函数和软件定时器处理函数之间进行数据传递。变量

C100ms用作计数器,由于这里定时器T1每5 ms产生一次中断,因此变量C100ms从0计到19共20个数时,说明100 ms时间到,设定变量b100 ms为1。判断T1i是否为1,如果为1,则使变量T1Num减1;如果变量T1Num为0,说明定时时间到,则将变量T1o置为1。代码如下:

```
    if(T1i)
  {   if(b100ms)
    {   T1Num;
        if(T1Num == 0)
            T1o = 1;
    }
      else
        T1Num = 0;
  }
```

有了这样的软件定时器以外,基本不再需要采用无限循环的延时方式,这会给编程带来很大的方便。因为它能使程序中各部分"并行"运行,也能使得编程者的思路与实际工作更为接近,可以直接以"时间"为单位来思考,而不是将"时间"转化为一个内部计数量来思考。如果一个软件定时器不够使用,可以很简单地扩展出第2个、第3个……第n个软件定时器。

软件定时器处理流程图如图9-13所示。

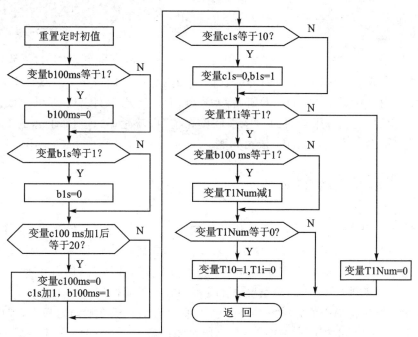

图9-13 软件定时器处理流程图

（2）位　域

本例中 8 个 LED 是接在 74HC595 的输出端，而不是直接接在单片机的 I/O 口上，因此程序对 LED 状态的变化，必须体现在 1 个字节值的变化上，然后将该字节的值送到 74HC595 芯片，才能够实现。这就出现了位和字节对应的要求，实现这一要求有多种方法，本例中使用了 union 和位域的方法使得操作直观而简洁。

所谓"位域"，是把 1 字节中的二进位划分为几个不同的区域，并说明每个区域的位数。每个域有一个域名，允许在程序中按域名进行操作。这样就可以把几个不同的对象用 1 字节的二进制位域来表示。HI-TECH 编译器支持 C 语言的位域结构。程序中的相关定义如下：

```
union{
    unsigned char OutDat;
    struct{
        unsigned G1:1;
        unsigned Y1:1;
        unsigned R1:1;
        unsigned G2:1;
        unsigned Y2:1;
        unsigned R2:1;
        unsigned L1:1;
        unsigned L2:1;
    };
}O1;
```

使用 struct 定义了 8 个位，正好占用 1 字节。这个位域与变量 OutDat 是共用体 union 的 2 个成员，根据 union 的特点，它们占用内存中的同一字节。这样对位域的操作即改变了 O1 成员 OutDat 的值，将 O1.OutDat 送到 74HC595 即可。根据 HI-TECH 的说明，位域占用空间的顺序是低位在前，也就是 G1 与 OutDat 的 bit 0 对应，Y1 与 OutDat 的 bit 1 对应，依次类推。

9.7　模块化编程

当编写的程序较短时，将所有的功能函数写在一个文件中是恰当的，这样编译、调试等都很方便。当编写的程序规模越来越大时，再将所有的源程序全部放在一个文件中就不合适了。这时应该将不同功能的函数分别写成文件，然后在一个项目中将它们集成起来进行编译，即采用模块化编程的方式来编程。

为学习模块化编程的方法，这里将一个实际产品移植到实验电路板上，利用实验电路板上的 LCM 和按键等来实现一个手持式编程器。

图 9-14 所示为手持式编程器的电路原理图。

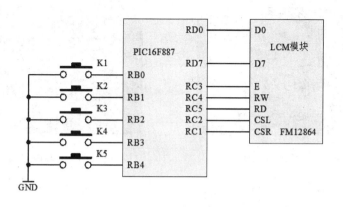

图 9-14　手持式编程器的电路原理图

由图 9-14 可见，本编程器由 5 个按键和液晶显示器组成。本设备用于对从设备进行通信，因此还有通信部分的电路，但因与本例无关，故图 9-14 中未画出。

1．功能描述

为便于读者自行练习这个例子，下面先详细说明其操作方法。

本编程器的用途是设置从设备的时间。从设备最多有 64 台，但每一台的地址都各不相同。只要在本编程器上设定好地址，就能对各从设备分别进行操作，互不干扰。图 9-15 所示为本编程器开机后的界面，提示可以用"↑"键、"↓"键修改地址，用"←"键选择联机通信/地址设定功能。地址设定完成后，按下"←"键（即 K3 键）可选择"联机通信"，如图 9-16 所示。

图 9-15　修改地址值

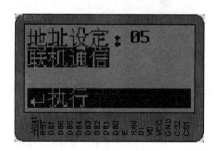

图 9-16　选择联机通信

按 9-17 中的提示，按下"←"键（即 K1 键）可执行联机通信功能，如果通信正常，那么就会将从设备中的当前时间和预置时间读取过来，并显示，如图 9-17 所示。

此时按"←"键（即 K3 键）可以移动光标，当光标停在某个数字之下时，按"↑"、"↓"键（即 K4、K5 键）可修改这个数字，按下"←"键（即 K1 键）可以将设定好的时间送往从设备，发送成功则显示如图 9-18 所示界面。

第9章 应用设计举例

图 9-17 修改当前时间

图 9-18 当前时间成功发送

按下"→"键(即 K2 键)进入预置时间的设定,此时显示器上显示的是读取到的从设备中的预置时间,按同样的方法可以修改这个时间,如图 9-19 所示。

设置完毕,按下"↵"键(即 K1 键)将预置时间送出。如果发送成功,则显示如图 9-20 所示界面,此时再次按"↵"键(即 K1 键)可回到如图 9-15 所示界面,开始下一台设备的设置工作。

图 9-19 设定预置时间

图 9-20 预置时间成功发送

为实现这些功能,需要用到 LCM 操作函数、按键处理函数、字符串处理函数、通信函数等。而且各部分函数的内容都较多,如果将这些函数全部放在一个文件中,会使文件很长,不便于调试,也不利于代码重用。这时,采用多模块编程方式就比较合理。

2. 模块化编程的实现

本项目用了 3 个文件(main.c、lcm.c 和 fun.c)来实现全部功能,在组成同一个项目的所有文件中,有且只有一个文件中包含 main 函数。本例的 main.c 函数中包含了 main() 函数。

在 Keil 软件中可以方便地进行模块化编程,只需要组成同一模块的各个文件逐一加入到同一个项目中即可,与实现单一文件编程并没有什么区别。如图 9-21 所示,分别双击各个待加入的文件,当所有文件全部加入完毕后,即建好一个多模块的项目。

图 9-22 所示为 Keil 中实现手持式编程器项目所包含的各个 C 源程序文件的结构图。

第 9 章 应用设计举例

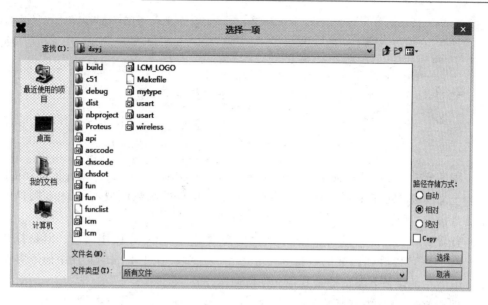

图 9-21 将所有文件加入项目中

图 9-22 模块化编程

wirless.c 文件内容如下：

```
#include "lcm.h"
#include "lcm_logo.h"
#include "fun.h"
__CONFIG(FOSC_INTRC_NOCLKOUT & WDTE_OFF &LVP_OFF );
//配置文件,设置为内部 RC 方式振荡,禁止看门狗,禁止 PWRT,不用 MCLR 复位
uchar flag;
bitf lash;                      //用于光标闪烁
```

第9章 应用设计举例

```
    bit DispFlash;            //显示刷新,该位为1时允许显示,否则直接返回
    uchar AddrChn = 1;        //地址
    uchar status = 0;
    struct Tim Now,Set;
    //根据状态字的不同,发送相应数据,并且转入接收模式
    void main()
    {……
    }
```

程序分析：文件开头使用#include 预处理命令,将 lcm.h、lcm_logo.h 和 fun.h 这 3 个文件包含进来。其中 lcm.h 提供了对 lcm 操作的函数原型,而 fun.h 则提供了键盘操作、字符显示等自定义函数的函数原型。

查看 lcm.h 文件,可以看到这个文件中提供了 6 个 LCM 操作函数。但是打开 lcm.c 文件,可以看到函数的数量远不止 6 个。那些存在于 lcm.c 文件中但不存在于 lcm.h 中的函数名不能够被其他文件所调用。

例如：在 lcm.c 中有函数

```
    void   WaitIdleL(void)
    void   WaitIdleR(void)
```

但它们并没有出现在 lcm.h 中,因此在 main.c 文件中就不能调用这两个函数。事实上,这两个函数仅仅是为 lcm 中的其他函数服务,它们并不需要也不应该被其他文件所调用。通过这样的方式,可以让复杂的操作具有简单的接口。当编程者在其他应用中需要使用 LCM 时,只要把 lcm.c 和 lcm.h 两个文件复制过去并加入工程中,对这 6 个函数进行操作就可以,不必理会 lcm.c 中的其他函数。由此可见,模块化编程给代码的重用带来了很大的便利。

fun.h 文件内容如下：

```
    #include "mytype.h"
    #include "htc.h"

    #define Key1 RB0              //确认
    #define Key2 RB1              //右箭头
    #define Key3 RB2              //左箭头
    #define Key4 RB3              //上箭头
    #define Key5 RB4              //下箭头


    #define   ENTER 0xfd
    #define   RIGHTARROW 0xfe
    #define   LEFTARROW 0xfb
    #define   UPARROW 0xf7
```

```c
#define DOWNARROW  0xef

#define firstEnter 1500
#define continue    150

void mDelay(unsigned int DelayTime);
uchar Key(uchar status);
void KeyProc(uchar KeyV);
void Comm(uchar Status);
void DispComm();

void DispCommErr();
/*预设时间已发送,返回主菜单*/
void DispSendNowTim();
/*当前时间已发送,返回主菜单*/
void DispSendSetTim();
/*预设时间:
   年   月   日
   时   分   秒
   翻页   执行
*/
void DispNowTim();
/*当前时间:
   年   月   日
   时   分   秒
   翻页   执行
*/
void DispSetTim();
/*
地址设置:
联机通信
选择   执行
*/
void DispComm();
void DispChgSetTim();
void DispChgNowTim();
void DispTim(uchar hour,uchar minute,uchar sec);
void DispDate(uchar year,uchar month,uchar date);
void DispChgAddr();
```

fun.h 文件中定义了引脚以及一些宏定义,列出了需要被其他文件调用的函数原型。

第9章 应用设计举例

fun.c 文件内容如下:

```c
#include "lcm.h"
#include "fun.h"


uchar code strXGFS[] = {49,50,46,47,51,40,41,42,0xff};
//"上箭头"、"左箭头"、"下箭头"、"右箭头"修改,
uchar code strDZSD[] = {0,1,2,3,35,0xff};                //地址设定
uchar code strLJTX[] = {4,5,6,7,0xff};                   //联机通信
……


bit       msMark;
extern    bit     flash;
extern    bit     DispFlash;
extern    uchar AddrChn = 10;
uchar NowStation = 1;


extern struct Tim Now,Set;
extern uchar status;

……

void KeyProc(uchar KeyV)
{   LedCntTim = 0;
    DispFlash = 1;                                       //刷新显示
    if(KeyV == UPARROW)                                  //Up 键按下
    {  ……
    }
    else if(KeyV == DOWNARROW)                           //Down 键按下
    {
       ……
    }
    else if(KeyV == LEFTARROW)                           //左箭头键按下移位
    {  ……
    }
    else if(KeyV == ENTER)                               //确认键按下
    {  NowStation = 0;
       if((status == 1)||(status == 2)||(status == 4))   //要求通信
       {  LcmFill(0);
          status ++ ;              //不调用通信模块,直接模拟设置当前时间的状态
          NowStation = 1;                                //进入修改状态
```

```
            }
            else                      //不要通信
            {   LcmFill(0);
                if(status == 3)
                {   status = 4; NowStation = 1;}
                if(status == 5)
                    status = 0;
                if(status == 6)
                    status = 0;
            }
        }
}
……
void DispComm()
{
    uchar cTmp1,cTmp2;
    if(!DispFlash)                    //如果 DispFlash = 0
        return;                       //直接返回
    PutString(strDZSD,0,0,0);         //用 select 来决定
    PutString(strLJTX,0,2,1);
    PutString(strXZZX,0,6,1);
    cTmp1 = AddrChn/10;
    cTmp2 = AddrChn % 10;
    AscDisp(cTmp1,80,0,0);
    AscDisp(cTmp2,88,0,0);
}
```

说明：限于篇幅，这里没有提供全部代码，但是在配套资料中提供了完整的代码、操作的视频等供读者学习和测试。

程序分析：

① 字符串函数中的数字表示该字符在小字库中的位置。如：

```
uchar const strDZSD[] = {0,1,2,3,35,0xff};    //地址设定
```

是用来产生"地址设定："这 4 个汉字和 1 个符号，其"中地"、"址"、"设"、"定"4 个字在字库中分别排列在第 0、1、2、4 位，"："字符在第 35 位。这个字库是将本项目所用到的所有汉字、字符抽取出来，生成字模，并将它们做成二维数组，保存在名为 chsdot. h 的文件中，并且在 lcm. c 文件中包含这个文件。该文件部分内容如下：

```
# include "mytype.h"
unsigned char code DotTbl16[][32] =           // 数据表
{
// 地           0
```

第9章 应用设计举例

```
            0x40,0x20,0x40,0x60,0xFE,0x3F,0x40,0x10,
            0x40,0x10,0x80,0x00,0xFC,0x3F,0x40,0x40,
            0x40,0x40,0xFF,0x5F,0x20,0x44,0x20,0x48,
            0xF0,0x47,0x20,0x40,0x00,0x70,0x00,0x00,
//  址              1
            0x10,0x20,0x10,0x60,0x10,0x20,0xFF,0x3F,
            0x10,0x10,0x18,0x50,0x10,0x48,0xF8,0x7F,
            0x00,0x40,0x00,0x40,0xFF,0x7F,0x20,0x40,
            0x20,0x40,0x30,0x60,0x20,0x40,0x00,0x00,
//  设              2
            0x40,0x00,0x40,0x00,0x42,0x00,0xCC,0x7F,
            0x00,0xA0,0x40,0x90,0xA0,0x40,0x9F,0x43,
            0x81,0x2C,0x81,0x10,0x81,0x28,0x9F,0x26,
            0xA0,0x41,0x20,0xC0,0x20,0x40,0x00,0x00,
//  定              3
            0x10,0x80,0x0C,0x40,0x04,0x20,0x24,0x1F,
            0x24,0x20,0x24,0x40,0x25,0x40,0xE6,0x7F,
            0x24,0x42,0x24,0x42,0x34,0x43,0x24,0x42,
            0x04,0x40,0x14,0x60,0x0C,0x20,0x00,0x00,
……
```

每个字符串以 0xFF 结束。显示函数读到 0xFF，即说明这个字符串已结束。

② 本例是一个工程实例的简化，没有加入通信部分，因此，在处理回车键按下时，直接用

```
    status ++;              //不调用通信模块，直接进入下一个状态
```

来直接进入下一个状态。实际工程中，这里要调用一次通信处理函数，并且根据从设备返回的信息来决定进入设置状态还是进入错误显示状态。

3. 模块化编程方法的总结

① 每个模块就是一个 C 语言文件和一个头文件的结合。

例如：将 LCM 操作的所有功能集中于 lcm.c 文件，将各种函数的声明提取出来，专门放在一个名为 lcm.h 文件中。如果其他文件需要用到 lcm.c 文件中的函数，则只要将 lcm.h 文件包含进去就可以。

② 在头文件中，不能有可执行代码，也不能有数据的定义，只能有宏、类型、数据和函数的声明；

例如：lcm.h 中的定义如下：

```
# include "mytype.h"
# include "htc.h"

# define    DPORT       PORTD
```

```
#define    RsPin     RC5
#define    RwPin     RC4
#define    EPin      RC3
#define    CsLPin    RC2
#define    CsRPin    RC1

void LcmReset();
void AscDisp(uchar AscNum,uchar xPos,uchar yPos,uchar   attr);
void ChsDisp16(uchar HzNum,uchar xPos,uchar yPos,uchar   attr);
void LcmFill(uchar FillDat);
void PutString(uchar * pStr,uchar xPos,uchar yPos,uchar   attr);
void LogoDisp(uchar * pLogo);
```

③ 头文件中不能包括全局变量和函数,模块内的函数和全局变量需在.c文件开头冠以 static 关键字声明。

④ 如果一个头文件被多个文件包含,可以使用条件编译来避免重复定义。

打开 MYTYPE.h 文件,可以看到这个文件的结构为:

```
#ifndef __MY_TYPE_H__
#define __MY_TYPE_H__

typedef unsigned char uchar;
typedef unsigned int uint;
typedef unsigned long ulong;

struct Tim{
        uchar year;uchar month;uchar date;uchar hour;uchar minute;uchar sec;
    };
#endif
```

也就是首先判断是否存在 __MY_TYPE_H__ 这个宏定义,如果没有这个宏定义则编译后面的程序行,否则其后的内容全部不被编译。在编译内容中,首先就是定义一个宏 __MY_TYPE_H__,这样下次遇到这个文件时,就不再编译其中的内容,避免出现重复定义的错误。

如果我们将其中的"#define __MY_TYPE_H__"前加上"//"注释掉该行,再次编译,就会出现错误,如图 9-23 所示。

错误的原因是 mytype.h 被多个文件包含,每个文件编译时都会进行一次 Tim 结构的定义,所以就会发生重复定义的错误。

⑤ 如果有 2 个或者 2 个以上的文件需要使用同一变量,那么这个变量应在其中的任一个文件中定义,而在其他文件中用 extern 关键字说明;

例如:这个项目中 main.c 文件和 fun.c 函数用到多个相同的变量,并依赖于这

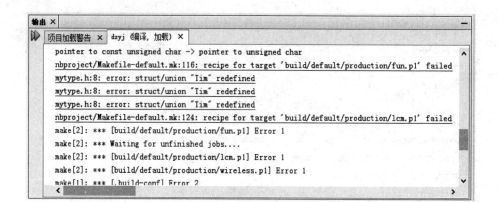

图 9-23 重复定义引起的错误

些变量进行数据的传递,则其定义分别如下:

在 wireless.c 文件中:

bit	flash;	//用于光标闪烁
bit	DispFlash;	//显示刷新,该位为1时允许显示,否则直接返回
uchar	AddrChn = 1;	//地址

而在 fun.c 中则说明如下:

extern	bit	flash;
extern	bit	DispFlash;
extern	uchar	AddrChn;

注意:在使用 extern 前缀进行说明时不要再对此变量赋初值,否则会产生编译警告。如果在 fun.c 文件中这样说明:

extern uchar AddrChn = 10;

则会产生如下编译警告:

fun.c:37 warning: initializer in extern declaration   MODULE: fun.obj (FUN)

参考文献

[1] 窦振中. PIC 系列单片机原理和程序设计[M]. 北京:北京航空航天大学出版社, 2001.

[2] 窦振中,汪立森. PIC 系列单片机应用设计与实例[M]. 北京:北京航空航天大学出版社, 2002.

[3] 武锋. PIC 系列单片机的开发应用技术[M]. 北京:北京航空航天大学出版社, 2001.

[4] HI-TECH Software. PICC User's Manual. http://www.microchip.com.

[5] PIC16F887 数据手册. http://www.microchip.com/downloads/cn/DeviceDoc/41291e_cn.pdf.

[6] 张明峰. PIC 单片机入门与实战[M]. 北京:北京航空航天大学出版社, 2004.